普通高等教育实验实践系列教材

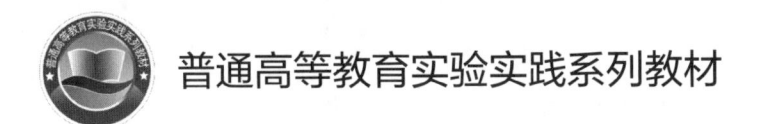

暖通空调BIM实训

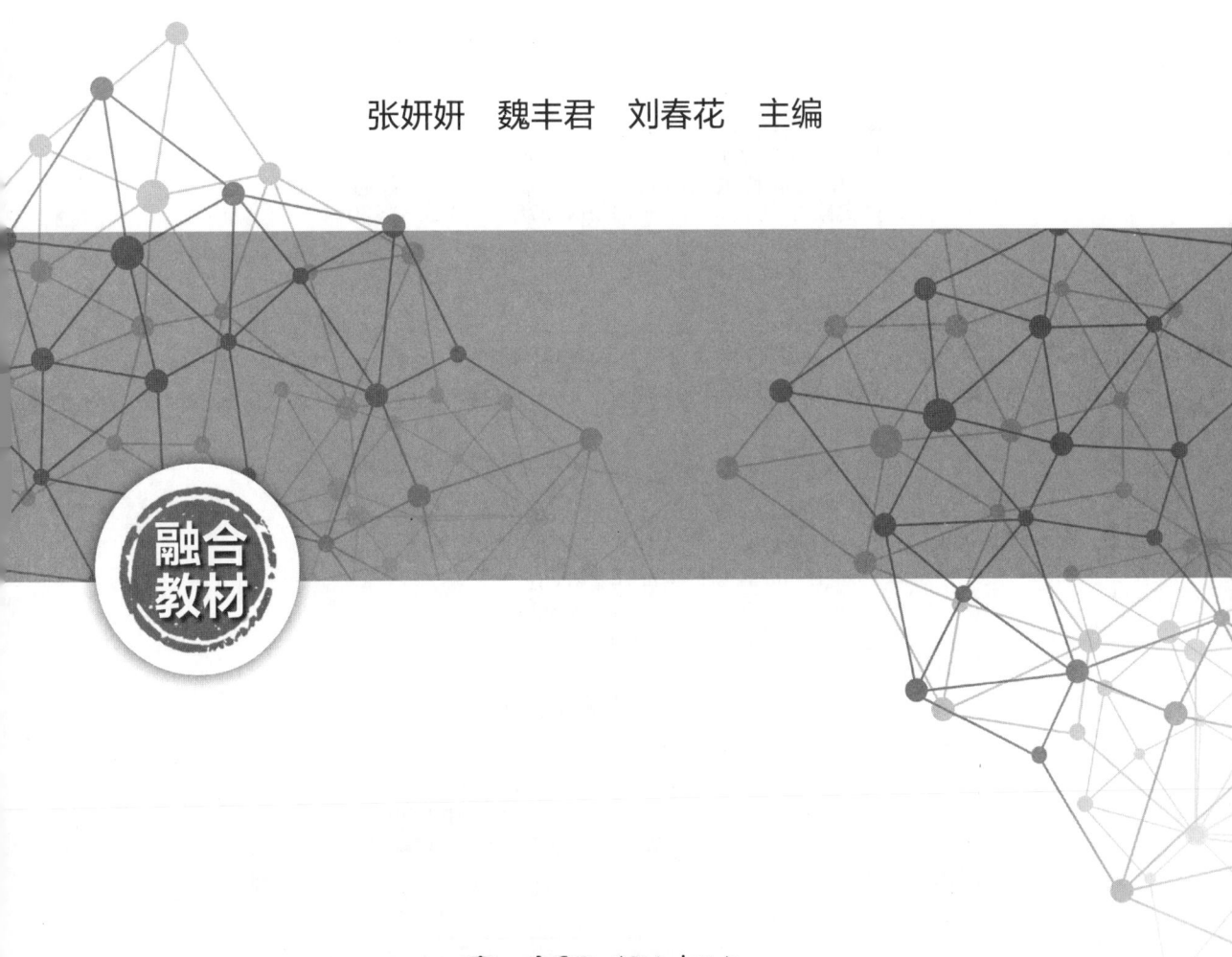

张妍妍　魏丰君　刘春花　主编

融合教材

中国水利水电出版社
www.waterpub.com.cn
·北京·

内 容 提 要

随着信息技术的飞速发展，暖通空调 BIM 实训技术正逐步成为建筑行业数字化转型的核心驱动力。本书主要包括暖通空调系统、BIM 软件、负荷计算、采暖系统设计、空气调节系统设计、通风系统设计等内容，系统介绍了暖通空调系统模型创建、暖通设备布置、系统参数设置等步骤，旨在为读者奠定暖通空调领域的基础知识框架，对推动行业创新发展具有重要意义。

本书适合作为高等院校建筑环境与能源应用工程及其相关专业的教材使用，也可作为相关行业工程技术人员参考用书。

图书在版编目（CIP）数据

暖通空调BIM实训 / 张妍妍，魏丰君，刘春花主编. 北京：中国水利水电出版社，2024. 5. --（普通高等教育实验实践系列教材）. -- ISBN 978-7-5226-2520-1

Ⅰ. TU83-39

中国国家版本馆CIP数据核字第2024ZE3763号

书　　名	普通高等教育实验实践系列教材 **暖通空调 BIM 实训** NUANTONG KONGTIAO BIM SHIXUN
作　　者	张妍妍　魏丰君　刘春花　主编
出版发行	中国水利水电出版社 （北京市海淀区玉渊潭南路 1 号 D 座　100038） 网址：www.waterpub.com.cn E - mail：sales@mwr.gov.cn 电话：（010）68545888（营销中心）
经　　售	北京科水图书销售有限公司 电话：（010）68545874、63202643 全国各地新华书店和相关出版物销售网点
排　　版	中国水利水电出版社微机排版中心
印　　刷	清淞永业（天津）印刷有限公司
规　　格	184mm×260mm　16 开本　19.25 印张　468 千字
版　　次	2024 年 5 月第 1 版　2024 年 5 月第 1 次印刷
印　　数	0001—1000 册
定　　价	**72.00 元**

凡购买我社图书，如有缺页、倒页、脱页的，本社营销中心负责调换

版权所有·侵权必究

丛书编委会

顾　问：魏庆朝　王　强

主　任：魏丰君

副主任：王　燕

委　员（按姓氏笔画排序）：

　　　　刘　敏　刘春花　宋春花　张春惠

　　　　张妍妍　杨　勇　董　敏

前　言

　　党的二十大报告指出，实现碳达峰碳中和是一场广泛而深刻的经济社会系统性变革。立足我国能源资源禀赋，坚持先立后破，有计划分步骤实施碳达峰行动。完善能源消耗总量和强度调控，重点控制化石能源消费，逐步转向碳排放总量和强度"双控"制度。推动能源清洁低碳高效利用，推进工业、建筑、交通等领域清洁低碳转型。

　　随着"双碳"目标的提出，绿色化、低碳化已成为能源产业发展的必然趋势，因此产业发展对掌握低碳节能技术方面的人才有迫切需求。2022年4月，教育部印发《加强碳达峰、碳中和高等教育人才培养体系建设工作方案》（教高函〔2022〕3号），明确指出要深化教育教学改革，提高教育教学质量，培养新时代的应用型本科人才，全面推进应用型本科教育发展，是时代赋予应用型本科高校的重要责任。

　　我国正处于经济、社会转型的关键时期，学习与就业是社会关注的重大问题。而"产学融合、校企合作"恰是应用型本科院校的显著特征，培养应用型人才，面向行业、面向产业做应用研究，已经成为一个有全局意义的社会方向。本教材以此为立足点，邀请企业专家与校内教师共同组建团队，结合企业工作的实际要求，对工作任务应具备的职业能力做出详细的描述，同时结合学生自身发展的规律，制订实训教材的内容和具体教学标准，既保证学生对于学科知识的系统性学习，又锻炼其面向相关行业的实践技巧，满足应用型本科人才培养的要求。

　　本书引入"建筑能耗""室内空气品质"等绿色、节能、环保发展观念，融入绿色建设设计规范，合理设计室内外参数，正确计算冷热湿负荷，从而更进一步理解习近平总书记强调的"绿水青山就是金山银山"的内涵，明白保护环境的重要性，引导学生增加环保责任。希望通过学习让学生具备暖通空调工程设计及优化的能力，基本达到从事暖通空调工程人员应具备的素质和能力要求。本书适合建筑环境与能源应用工程专业学生及企业技术人员使用。

　　本书由张妍妍、魏丰君、刘春花担任主编。张妍妍编写第1章、第2章、第5章和第6章，并负责全文的校对与审核；魏丰君编写第3章；刘春花编写第4章。参与本书编写的还有王燕、郭长保、李丹晖、车建成、王承志、岳猛、杨强、李勇，其中，北京鸿业同行有限公司工程师李勇、德州亚太集团有限公司工程师杨强根据当前暖通空调企业对人才工程实践能力需求对本书提出了宝贵意见。在此对所有参编人员和审稿专家表示衷心感谢。同时，还要向书中所附参考文献的作者致以衷心感谢。

　　最后，特别感谢山东建筑大学王强教授在本书编写过程中提出的宝贵意见，付出的辛勤劳动。在此谨致深切的感谢！

　　由于时间仓促及水平所限，笔者虽在编撰过程花了不少精力，但仍难免存在疏漏、错误，殷切期望广大读者批评指正。

作者

2024 年 3 月

目 录

前言

第1章 暖通空调系统 … 1
- 1.1 采暖系统 … 1
- 1.2 采暖设备 … 17
- 1.3 空气调节系统 … 48
- 1.4 空气调节设备 … 65
- 1.5 通风系统 … 110
- 1.6 通风设备认知 … 113

第2章 BIM软件 … 119
- 2.1 BIM软件介绍 … 119
- 2.2 通用工具认知实训 … 121
- 2.3 视图类认知实训 … 123
- 2.4 选择类认知实训 … 128
- 2.5 构件类认知实训 … 130
- 2.6 竖向菜单认知实训 … 133
- 2.7 设置认知实训 … 134
- 2.8 规范/模型检查认知实训 … 137
- 2.9 净高分析认知实训 … 139
- 2.10 专业标注/协同认知实训 … 141
- 2.11 标注/出图认知实训 … 153
- 2.12 快模认知实训 … 166

第3章 负荷计算 … 177
- 3.1 负荷计算实训 … 177
- 3.2 BIM软件负荷计算实训 … 184

第4章 采暖系统设计 … 200
- 4.1 采暖系统设计实训 … 200
- 4.2 散热器采暖系统BIM设计实训 … 210
- 4.3 辐射采暖系统BIM设计实训 … 219

第5章 空气调节系统设计 ……………………………………………………………… 225
5.1 空气调节系统设计实训 ……………………………………………………… 225
5.2 空调风管道系统 BIM 设计实训 …………………………………………… 235
5.3 空调水系统 BIM 设计实训 ………………………………………………… 263
5.4 多联机系统 BIM 设计实训 ………………………………………………… 280

第6章 通风系统设计 ……………………………………………………………… 290
6.1 通风系统设计实训 …………………………………………………………… 290
6.2 通风系统 BIM 设计实训 …………………………………………………… 293

参考文献 …………………………………………………………………………… 296

第1章 暖通空调系统

1.1 采 暖 系 统

实训目的：
(1) 了解采暖及采暖期的概念。
(2) 熟悉采暖系统的组成。
(3) 掌握采暖系统的分类、特点及热媒选择。
实训内容：

1.1.1 采暖及采暖期的概念

采暖就是用人工方法向室内供给热量，使室内保持一定的温度，以达到适宜的生活条件或工作条件的技术，也称供暖。

数千年来人们为了更好地在冬天寒冷的环境下生存，对于采暖方法及方式的探索从未停止过。从远古"衣不遮体"时最简单的钻木取火，到火盘、火炉、火炕时代懂得用"衣物遮体"。从东方的床炕及西方的壁炉，到之后蒸汽机的出现使锅炉制造业得到发展。在19世纪的早期，欧洲开始出现了把蒸汽和热水作为热媒来给室内供热。到了19世纪40年代，随着资本主义国家由工业到机器大工业转型的完成，第一次工业革命在这个时期也基本完成，人类进入一个全新的时代——水暖时代。

我国采暖分界线位于北纬33°附近的秦岭和淮河一带，由于当时我国正面临严峻能源短缺，于是作为我国南北分界的秦岭—淮河线就成为集中采暖的界限。在20世纪五六十年代，我国参照苏联模式初步为城市居民提供住宅锅炉集中采暖系统，到了20世纪八九十年代，多数北方人才真正过上了屋里有暖气的生活。在此之前，绝大多数市民取暖还是以小火炉、火炕和地炕为主。

多数集中采暖城市的底线温度是18℃，这是因为当时采暖通风等房屋建造标准大多是照搬苏联，苏联早已制定了不同气候区的冬季室温标准：寒带为21~22℃、亚寒带18~21℃、温带为18~20℃。我国北方基本上处于温带气候区，根据苏联的标准，18℃一般被认为是冬季室内标准温度。

然而，由于各地的气候、居民衣着习惯等情况存在差异，20世纪50年代末期，各地陆续开始研究适合自己的冬季室温,哈尔滨医科大学提出冬季室内适宜温度在 18~20℃之间。天津也于 1959 年进行调查研究,根据主观感受和皮肤温度变化发现,冬季集中采暖适宜温度在 14~17℃之间。各地的适宜温度范围基本在 18℃左右。

尽管各地都陆续启动了研究,但由于当时标准建设工作停滞,采暖各项标准没能正式成文。直到 1975 年,饱含我国专业工作者研究成果的《工业企业采暖通风和空气调节设计规范》(TJ 19—1975)的问世,才结束了暖通空调工程设计无章可循的历史。

随着城市供热行业的崛起和人们生活水平的提高,相关标准也必须与时俱进。2012 年,与工业建筑区分开来的《民用建筑供暖通风与空气调节设计规范》(GB 50736—2012)(以下简称《暖通空调规范》)颁布,其中规定了严寒和寒冷地区(基本上是秦岭—淮河线以北的地区),居民主要房间适宜温度在 18~24℃之间,这也是现行的国家标准。

从此以后,18℃基本成为各集中采暖城市的室内达标温度。

采暖期是指从开始采暖到结束采暖的期间。《暖通空调规范》规定,设计计算用采暖期天数应按累年日平均温度稳定低于或等于采暖室外临界温度的总日数确定。对一般民用建筑和工业建筑,采暖室外临界温度宜采用 5℃。各地的采暖期天数及起止日期可从有关资料查取。我国幅员辽阔,各地设计计算用采暖期天数不一,东北、华北、西北、新疆、西藏等地区的采暖期均较长,少的也有 100 多天,多的可达 200 天以上。例如,北京设计计算用采暖期天数可达 129 天。设计计算用采暖期是计算采暖建筑物的能量消耗,进行技术经济分析、比较等不可缺少的数据,并不指具体某地方的实际采暖期,各地的实际采暖期应由各地主管部门根据实际情况自行确定。

1.1.2 采暖系统的组成

采暖系统由热源(热媒制备)、热循环系统(管网或热媒输送)及散热设备(热媒利用)3 个主要部分组成(图 1.1)。

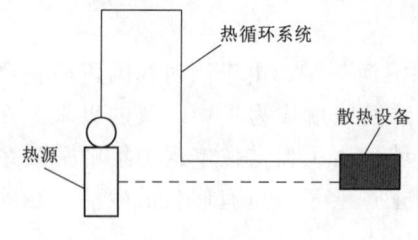

图 1.1 采暖系统示意图

热源主要是指生产和制备一定参数(温度、压力)热媒的锅炉房或热电厂等,作为热能的发生器,在热能发生器中燃料燃烧产生热,经载热体热能转化,形成热水或蒸汽。也可利用工业余热、太阳能、地热、核能等作为采暖系统的热源。

热循环系统是指输送热媒的室外供热管路系统,主要解决建筑物外部从热源到热用户之间的热能输配问题。

散热设备是指直接使用或消耗热能的室内采暖、通风空调、热水供应和生产工艺用热设备等。

采暖系统的基本工作原理:低温热媒在热源中被加热,其吸收热量后,变为高温热媒（高温水或蒸汽），经输送管道送往室内，通过散热设备放出热量，使室内的温度升高；散热后温度降低，变成低温热媒（低温水），再通过回收管道返回热源，进行循环使用。如此不断循环，从而不断将热量从热源送到室内，以补充室内的热量损耗，使室内保持一定的温度。

采暖系统的研究对象包括室内采暖系统、室外供热热网两大部分内容，室内采暖系统是冬季消耗热能的大户，因此作为主要研究对象。

1.1.3　采暖系统分类及特点

采暖系统有很多种不同的分类方法，按照热媒的不同分为热水供暖系统、蒸汽供暖系统、热风供暖系统、辐射散热采暖系统、热泵采暖系统、燃气采暖系统、太阳能供热采暖系统；按照热源的不同分为热电厂采暖系统、区域锅炉房采暖系统、集中采暖系统；按照热源和散热设备的布置位置分为局部采暖系统和集中采暖系统；按末端设备散热方式分对流散热采暖系统、辐射散热采暖系统等，下面对主要采暖系统进行介绍。

1.1.3.1　热水采暖系统

热水采暖系统是以水作为热媒的采暖系统，通过加热水，使水通过管道在房间内地板下面流动来保证室内的温度，是目前应用最广的采暖系统。热水采暖系统一般由热水锅炉、末端装置、供水管道、回水管道、循环水泵和膨胀水箱等组成（图1.2），广泛应用在民用和公共建筑以及工矿企业的厂房中。常用末端装置有散热器、暖风机、风机盘管、辐射板。

1. 热水采暖系统分类

（1）按系统循环动力的不同分类。按系统循环动力的不同，热水采暖系统可分为自然循环热水采暖系统和机械循环热水采暖系统。靠流体的密度差进行循环的系统，称为自然循环热水采暖系统；靠外加的机械（水泵）力循环的系统，称为机械循环热水采暖系统。目前新建建筑多采用的低温地板辐射采暖即为机械循环热水采暖系统。

（2）按供、回水方式的不同分类。按供、回水方式的不同，热水采暖系统可分为单管热水采暖系统和双管热水采暖系统。在高层建筑热水采暖系统中，多采用单、双管混合式热水采暖系统形式。

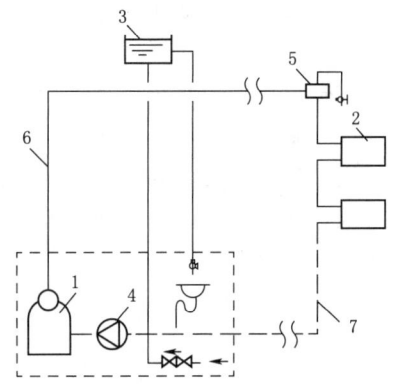

图1.2　机械循环热水采暖系统示意图
1—锅炉；2—散热器；3—膨胀水箱；
4—水泵；5—集气罐；6—供水管；
7—回水管

（3）按管道敷设方式的不同分类。按管道敷设方式的不同，热水采暖系统可分为垂直式热水采暖系统和水平式热水采暖系统。

1）垂直式热水采暖系统指将垂直位置相同的各个散热器用立管进行连接的系统。其按散热器与立管的连接方式又可分为单管系统和双管系统2种；按供、回水干管的布置位置和供水方向的不同也可分为上供下回、上供上回、下供下回、下供上回、中供式等几种方式。

2)水平式热水采暖系统指将同一水平位置（同一楼层）的各个散热器用一根水平管道进行连接的系统。其可分为顺序式和跨越式2种方式。顺序式的优点是结构较简单，造价低，但各散热器不能单独调节；跨越式中各散热器可独立调节，但造价较高，且传热系数较低。

(4) 按热媒温度的不同分类。按热媒温度的不同，热水采暖系统可分为低温采暖系统（供水温度 $t<100℃$）和高温采暖系统（供水温度 $t\geq100℃$）。各个国家对高温水和低温水的界限，都有自己的规定。在我国，习惯认为低于或等于100℃的热水，称为低温水；超过100℃的水，称为高温水。室内热水采暖系统大多采用低温水采暖，高温水采暖系统宜在生产厂房中使用。

我国现行标准规定，民用建筑散热器热水采暖系统供回水温度按75℃/50℃进行设计，且设计供水温度不宜大于85℃，设计供回水温差不宜小于20℃。热源采用地热、太阳能等可再生、绿色能源，供水温度可取50～60℃。

(5) 按并联回路的水的流程分类。按并联回路的水的流程不同，可分为同程式热水采暖系统和异程式热水采暖系统2种。同程式热水采暖系统是指热媒沿各组合体的流程基本相等的系统，即各环路管路总长度基本相等的系统；异程式热水采暖系统是指热媒沿各组合体的流程不相等的系统。若系统只有一个基本组合体，则没有同程、异程之分。

2. 热水采暖系统特点

(1) 优点。其室温比较稳定，卫生条件好；可集中调节水温，便于根据室外温度变化情况调节散热量；系统使用的寿命长，一般可使用25年。

(2) 缺点。采用低温热水作为热媒时，管材与散热器的耗散较多，初期投资较大；当建筑物高度较高时，系统的静水压力大，散热器容易产生超压现象；水的热惰性大，房间升温、降温速度较慢；热水排放不彻底时，容易发生冻裂事故。

1.1.3.2 蒸汽采暖系统

蒸汽采暖系统是利用蒸汽凝结时放出的汽化潜热来采暖（图1.3）。蒸汽采暖系统由热源、蒸汽管道、用热设备、疏水器、凝水管路、凝水箱、凝水泵等设备组成。系统的加热和冷却过程都很快，特别适合于人群短时间迅速集散的建筑如大礼堂、剧院等。

1. 蒸汽采暖系统分类

(1) 按照供气压力的大小，蒸汽采暖系统分为：

1) 低压蒸汽采暖系统。供气的表压力≤70kPa，主要用于工业建筑采暖，特别是

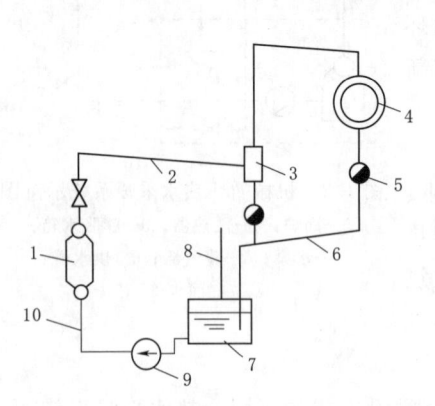

图1.3 蒸汽采暖系统原理图
1—热源；2—蒸汽管道；3—分水器；4—用热设备；5—疏水器；6—凝水管路；7—凝水箱；8—空气管；9—凝水泵；10—凝水管

有低压蒸汽可利用的场合。

2) 高压蒸汽采暖系统。供气的表压力>70kPa，主要用于工业建筑采暖，特别是工艺上使用高压蒸汽的场合。

3) 真空蒸汽采暖系统。系统内压力小于大气压强，适用于民用建筑。

（2）按照蒸汽干管布置的不同，蒸汽采暖系统可分为上供式蒸汽采暖系统、中供式蒸汽采暖系统、下供式蒸汽采暖系统。

（3）按照回水动力的不同，蒸汽采暖系统可分为重力回收式蒸汽采暖系统和机械回收式蒸汽采暖系统。

（4）按照凝结水是否连通大气，蒸汽采暖系统可分为开式蒸汽采暖系统和闭式蒸汽采暖系统。

（5）按照凝结水是否充满管道截面，蒸汽采暖系统可分为干式回水蒸汽采暖系统和湿式回水蒸汽采暖系统。

2. 蒸汽采暖系统特点

与热水采暖系统对比，蒸汽采暖系统具有以下特点：

（1）蒸汽采暖系统的散热器表面温度高，散热器内热媒的温度一般均在100℃以上。

（2）蒸汽采暖系统的热惰性很小，系统的加热和冷却速度都很快。当系统间歇运行时，房间温度变化幅度较大。

（3）蒸汽采暖系统的使用年限较短。管道易被空气氧化腐蚀，尤其是凝水管中经常存在大量的空气，严重地影响了其使用寿命。

（4）蒸汽采暖系统可用于高层建筑中。蒸汽采暖系统中热媒（蒸汽）的容重很小，因此本身所产生的静压力也较小。蒸汽采暖用于高层建筑中可不致因底层散热器承受过高的静压而破裂，也不必进行竖向分区。

（5）蒸汽采暖系统的热损失大。在蒸汽采暖系统中经常会出现疏水器漏气，凝结回水产生二次蒸汽，管件损坏等跑、冒、滴、漏的现象，因此其热损失相对热水采暖系统较大。

1.1.3.3 热风采暖系统

利用热空气向房间采暖的系统，称为热风采暖系统（图1.4）。热风采暖系统由热源、空气换热器、风机和送风管道组成，由热源提供的热量加热空气换热器，用风机强迫温室内的部分空气流过换热器，当空气被加热后进入温室内进行流动，如此不断循环，加热整个温室内的空气。

热风采暖系统可以让室内温度保持均匀，让人感觉十分的舒适，热风采暖系统的成本较低，而且十分节能，具有较高的性价比。同蒸汽及热水采暖系统

图1.4 热风采暖系统

相比,采暖效率可提高60%以上,节约能源可达70%以上,投资维修率可降低60%左右,具有明显的经济效益。其适用于耗热量大的高大空间建筑和间歇采暖的建筑,如可以循环使用室内空气的工业厂房的车间、场馆等大空间场所。

热风采暖系统不需要水、送水管道、暖气片及循环泵等,而是将热风直接送入采暖点及空间,热损失极小,热风采暖系统附属设备投资小,热风采暖升温快。热风采暖系统为常压型热风炉,温度可自由调节,无须承压运行,不需专职锅炉工,可调性强,停开均可,可灵活机动掌握。当有防火防爆和卫生要求,而必须采用全新风或与机械送风合并时,或者利用循环空气采暖技术经济合理时,均应采用热风采暖系统。

目前热风采暖的送风可以进行加热或者是加湿,但是没有冷却,我国使用热风采暖系统的比较少,一般都集中在国外,热风采暖作为一种重要的采暖方式,主要是利用燃气燃烧获得的热量来加热室内的空气,从而达到采暖的目的。

1. 热风采暖系统分类

(1) 根据风机的型式分为轴流式和离心式。

(2) 根据热媒的种类分为蒸汽暖风机、热水暖风机、蒸汽—热水两用机。

(3) 根据外形与构造分为横吹式、顶吹式、落地式。

(4) 根据风量大小范围,从 $1000 \sim 50000 m^3/h$ 可分为 18 种规格。

2. 热风采暖系统特点

优点:具有占地小、热惰性小、升温快、室内温度分布均匀、温度梯度小、设备简单和投资少等优点。

缺点:具有运行有噪声,如全部采用室内循环空气,室内空气品质差等缺点。

1.1.3.4 辐射散热采暖系统

辐射散热采暖是利用建筑物内部顶面、墙面、地面或其他表面进行采暖的系统。主要依靠温度较高的辐射散热采暖末端设备与围护结构内表面间的辐射换热和与室内空气的对流换热向房间供热(图1.5)。辐射采暖的热媒可用热水、蒸汽、空气、电和可燃气体或液体(如人工煤气、天然气、液化石油气等)。辐射采暖系统中的末端设备称为辐射板,以水为热媒的辐射板可采用热塑性塑料管、铝塑复合管、钢管、铜管等作为换热管。其适用于住宅、高大空间的房间、游泳池等场所。

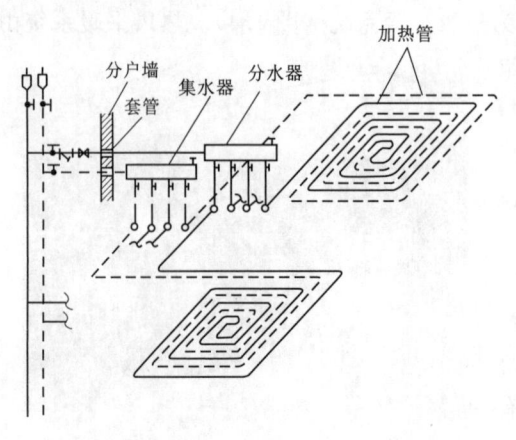

图1.5 低温热水地板辐射采暖系统示意图

1. 辐射采暖系统分类

(1) 根据所用热媒的不同,辐射采暖系统可分为:

1) 低温热水式。热媒水温度低于100℃(民用建筑的供水温度不大于60℃)。以低温热水为热媒,通过埋设在地板内的塑料管(常用PE-X管和PP-R管)把地板加热,以整个地面作为散热面，均匀地向室内辐射热量，是一种对房间微气候进行调节的节能采暖系统。低温热水地板辐射采暖系统，可以克服散热器采暖系统不便于按热计量、分户分室控温等缺点。

2）高温热水式。热媒水温度等于或高于100℃。

3）蒸汽式。热媒为高压或低压蒸汽。

4）热风式。以加热后的空气作为热媒。

5）电热式。直接将电能转换为热能的采暖，以电热元件加热特定表面或直接发热。

6）燃气式。是利用燃气在专门的燃烧设备中燃烧而辐射出红外线进行采暖。

目前，应用最广的是低温热水辐射采暖。

（2）根据温度不同，辐射采暖可分为：

1）低温辐射采暖。低温辐射采暖是把加热管（或其他发热体）直接埋设在建筑构件内而形成散热面。

2）中温辐射采暖。中温辐射采暖是通过由小钢板和小管径的钢管制成的矩形块状或带状散热板进行散热。其表面温度高，传热强度高，通常用于工业厂房。

3）高温辐射采暖。燃气红外辐射器、电红外线辐射器等均为高温辐射散热设备。

2. 辐射采暖系统特点

（1）优点。

1）热舒适度提高。辐射比对流内表面温度高，向外辐射少。

2）辐射热比率高。顶面式热比率为70%～75%，辐射热占优势；地面式热比率为30%～40%，对流热占优势；墙面式热比率为30%～60%，对流热占优势，位置高，辐射热比率提高。

3）沿高度方向温度分布较均匀。

4）扩大了房间的有效使用面积，可冬、夏两用。

5）减少了楼层噪声，消除了散热设备的积尘和异味。

6）节能。房间气温可比对流采暖时低1.3℃，减少了因房间上部温度较高而产生的无效热损失。

7）实现了分户分室自动高温。

8）使用寿命长达50年以上。

（2）缺点。

1）地暖属于埋地隐蔽工程，存在安全隐患。

2）需占用空间高度60～80cm，与不设置辐射采暖的室内其他空间形成高度差，需增加地面荷载约120kg/m^2。

3）对热媒温度和流量的要求与原有散热器采暖系统不同，需设置单独热源系统。

4）因热媒温差较小，相应流量较大，故热媒输送管道断面和输送能耗较散热器采暖系统增大约一倍。

5）施工、调试和验收程序困难。

1.1.3.5 热泵采暖系统

热泵装置是一种高效能源转换系统，它通过电力做功，从自然界中捕获低品位热能，通过技术手段转移并提升至可供人们生产、生活利用的高品位热能。热泵装置每消耗1份电能，可产生3~6份（甚至更多）高品位热能。因此，热泵装置的一次能源利用率超过100%，相比传统的采暖方式，它可节省高达30%的能源消耗，被称为规模利用自然能源和可再生能源的"生态精灵"。

1. 热泵采暖系统分类

（1）空气源热泵系统。冬天热泵是以制冷剂为热媒，在空气中吸收热能（在蒸发器中间接换热），经压缩机将低温位热能提升为高温位热能，加热系统循环水（在冷凝器中间接换热）。夏天热泵是以制冷剂为冷媒，在空气中吸收冷量（在冷凝器中间接换热），经压缩机将高温位热能降低为低温位冷能，对系统循环水（在蒸发器中间接换热）制冷。空气源热泵系统示意图如图1.6所示。

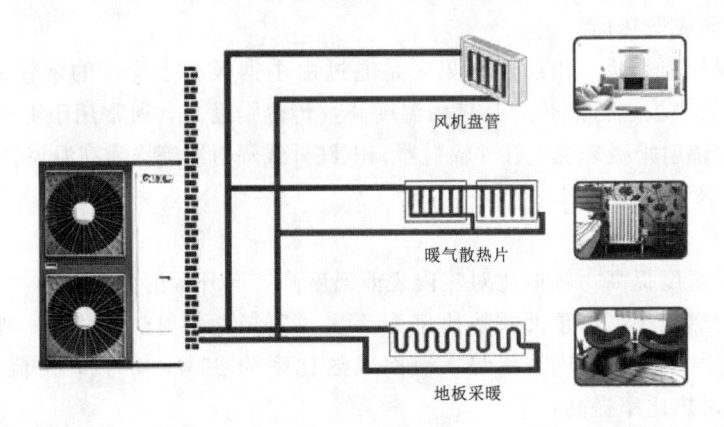

图1.6 空气源热泵系统示意图

1）空气源热泵系统的优点较多，主要有以下几点：

a. 适用范围广。因为空气源热泵主要使用空气中的低温热量制热，所以从理论上来说，只要有空气的地方，空气源热泵就能使用，不受天气、环境等因素影响。但受限于技术水平，目前的空气源热泵仅适用于-25~40℃的环境（个别机型可在-55~-35℃的环境里工作），该适用温度已经基本上能满足我国北方大多数地区的冬季采暖需求。

b. 节能效果突出。空气源热泵并非采用电—热转换的方式制热，因此空气源热泵制造热水的效率非常高，每耗电1kW平均可以产生4kW的热能，效率是电热水器的4倍，太阳能热水器的2倍。

c. 环保安全。空气源热泵制热时不用燃气、煤和油，没有明火，没有排放，同时水电分离，水箱里没有任何电元件，因此空气源热泵不仅环保，而且不会发生火灾、爆炸、中毒、触电等安全事故。

d. 舒适度高。空气源热泵的采暖末端主要是地暖、地暖机、风机盘管。地暖是一种舒适度非常高的采暖方式，热气自地表由下而上均匀上升，并逐渐递减，给人脚暖头凉的舒适感，符合我国传统医学"温足凉顶"的健身理论；地暖机和风机盘管都是采用将热水转换成热风的方式采暖，因为是水循环，所以吹出来的是热风且出风不干，不会影响室内空气湿度，同时风力比较柔和，更类似于自然风，人体感知会更舒服。

e. 智能化程度高。空气源热泵内置微电脑安全系统，用户使用时只要在第一次设置好，热泵就会根据室外气温和水箱热水情况，自动进行补水、加热、断电、保温、采暖的工作，无人工值守。

f. 空气源可实现建筑一体化设计。空气能冷暖热水机组集制冷、采暖、供热水于一身，适用于需要集中采暖并供应生活热水的民用建筑中，可满足住宅小区、学校、医院、澡堂、宾馆、洗浴中心等行业的暖通和热水需求，实现了建筑一体化设计。

2) 空气源热泵的缺点比较少，最主要的有以下两点。

a. 耐低温能力比较差。空气能热泵的制热效率与室外温度成正比，因此在低温环境下，空气源热泵的制热效率会大大降低，甚至不能使用。空气源热泵多在北方地区使用，非常容易因为低温出现结霜的情况，北方用户如果想用空气源热泵，必须购买低温空气源热泵（低温空气源热泵购机价格比较高），这种热泵在−25℃的低温环境下依旧可以运行，适用于我国北方大多数地区。

b. 对安装环境有一定要求。空气源热泵有水箱，占地面积比较大，而且对环境要求比较高，要安装在通风的地面或是楼顶。空气源热泵作为一款高新科技产品，不仅科技含量高，而且安装、维护都比较烦琐，需要专门的技术人员来操作。

(2) 地源热泵系统。地源热泵系统（图1.7）利用很少的电能作为动力牵引机组运行，将土壤中储存的能量充分利用起来。地源热泵系统可供采暖、空调制冷，还可提供生活热水，一机多用，一套系统可以替换原来的锅炉加空调的两套装置或系统，特别是对于同时有供热和供冷要求的建筑物。地源热泵可应用于宾馆、居住小区、公寓、厂房、商场、办公楼、学校等建筑，小型的地源热泵更适合于别墅住宅的采暖。

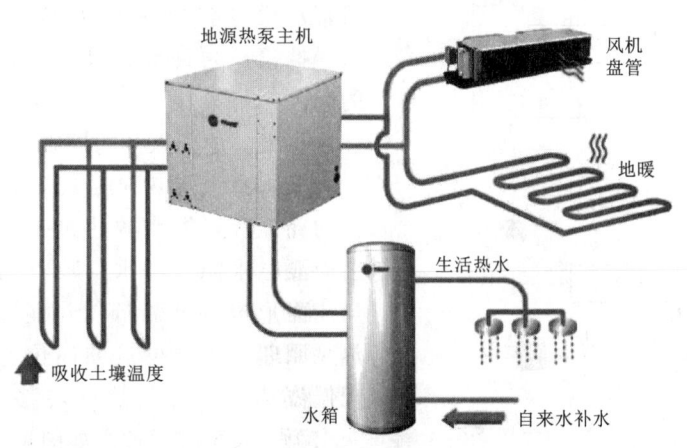

图1.7 地源热泵系统示意图

1) 地源热泵系统有以下优点：

a. 绿色环保。地源热泵利用的是少量电能作为驱动力，汲取储存在大地的太阳能取暖，或把来自室内的热量排入大地制冷。地源热泵系统是可再生资源的转换，并且地源热泵的污染物排放与空气源热泵相比会减少40%以上，与电采暖相比会减少70%以上。环保效果非常显著。

b. 高效节能。地源热泵利用的地下水或土壤温度在15℃左右，只需要少量电能来实现热交换，因此机组的能效比可达到4.5~6，即用1kW的电可以产生4.5~6kW的能量，比传统空调节能40%~60%，2~4年即可收回多余投资。

c. 一机多用、维护费用低。地源热泵系统不仅能够起到很好的制冷采暖作用，还可以提供人们所需的生活热水，做到一机多用。现在一套热泵系统可以替换原有的供热锅炉、制冷空调和生活热水加热的3套装置或系统，经济效益显著，使用成本大大降低。另外地源热泵系统的运动部件要比常规系统少，因而在维护方面会更加简单容易。

2) 地源热泵系统有以下缺点：

a. 对于地埋管系统，由于地下岩土层导热系数很小，热容量极大，热扩散能力极差，因此从地下取热需要大量的埋管量，初投资偏大、需用大面积土地；同时，冬夏负荷不平衡的情况会造成地下能量积聚，需要辅助能源。

b. 对于地下水系统，在打井技术方面，尚未很好解决回灌问题，很多工程实际上并未达到百分百回灌。回灌井与生产井的数量配置和是否需要冬夏对调轮换、单井回灌是否合理有效、是否会破坏地下含水层等问题，在行业内尚存在互为对立的观点。现在国内地下水源热泵系统在实际使用过程中，许多工程由于回灌堵塞问题没有得到根本解决，存在地下水直接由地表排放的情况，这将加重地面沉降对周边环境的影响。

c. 现在国内地下水源热泵的地下水回路都不是严格意义上的密封系统，回灌过程中的回扬、水回路中产生的负压和沉砂池，都会使外界的空气与地下水接触，导致地下水氧化，地下水氧化会产生一系列的物理、化学和生态问题。

d. 目前国内的地下水回路材料基本不做严格的防腐处理，地下水经过这个系统后，水质也会受一定的影响。同时，地下水经抽出后再回灌，可能会将运行管路中的细菌、病毒等带回含水层，造成细菌或病毒污染，危及人畜的健康。

(3) 海水源热泵系统。大海是一个巨大的储能库，海水源热泵技术是利用地球表面浅层水源（海水）吸收的太阳能和地热能而形成的低温低位热能资源，并采用热泵原理，通过少量的高位电能输入，实现低位热能向高位热能转移的一种技术。海水源热泵系统示意图如图1.8所示。

海水源热泵系统原理就是将海水中存

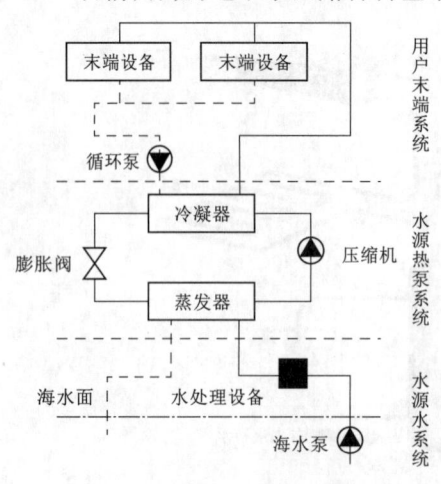

图1.8 海水源热泵系统示意图

在的大量的低位能收集起来，借助压缩机系统，通过消耗少量电能，在冬季把存于海水中的低品位能量"取"出来，给建筑物供热；夏季则把建筑物内的能量"取"出来释放到海水中，以达到调节室内温度的目的。这种机组的最大优势在于对资源的高效利用。

海水源热泵系统主要有以下优点：

1) 海水源热泵系统是利用了地球水体所储藏的太阳能资源作为热源，利用地球水体自然散热后的低温水作为冷源，进行能量转换的采暖空调系统。其虽然以海水为"源体"，但不消耗海水，也不对海水造成污染。

2) 高效节能。海上源热泵系统热效率高，消耗1kW的电能，可以获得3～4kW的热量或冷量，从根本上改变了传统的能源利用方式。

3) 节水省地。以地表水为冷热源，向其放出热量或吸收热量，不消耗水资源，不会对其造成污染；省去了锅炉房及附属煤场、储油房、冷却塔等设施，机房面积远小于常规空调系统，节省建筑空间，也可以使建筑更美观。

4) 环保效益显著。海水源热泵机组供热时省去了燃煤、燃气、燃油等锅炉房系统，无燃烧过程，避免了排烟、排污等污染；供冷时省去了冷却水塔，避免了冷却塔的噪音、霉菌污染及水耗。因此，海水源热泵机组运行无污染、无燃烧、无排烟，不产生废渣、废水、废气和烟尘，不会产生城市热岛效应，对环境非常友好，是理想的绿色环保系统。

5) 一机多用，应用范围广。海水源热泵系统可供采暖、调温，还可供生活热水，一机多用，一套系统可以替换原来的锅炉加空调两套装置或系统。特别是对于同时有供热和供冷要求的建筑物，海水源热泵有着明显的优点。其不仅节省了大量能源，而且用一套设备可以同时满足供热和供冷的要求，减少了设备的初投资。其总投资额仅为传统空调系统的60%，并且容易安装，安装工作量比传统空调系统少，安装工期短，更改安装也容易。

(4) 地下水源热泵系统。地球表面浅层水源如深度在1000m以内的地下水、地表的河流、湖泊和海洋中，吸收了太阳进入地球相当的辐射能量，并且水源的温度一般都十分稳定。地下水源热泵原理就是在夏季将建筑物中的热量转移到水源中，由于水源温度低，因此可以高效地带走热量，而冬季，则从地下水源中提取能量，由热泵通过空气或水作为载冷剂提升温度后送到建筑物中。

地下水源热泵系统有以下优点：

1) 高效节能。地下水源热泵是目前空调系统中能效比（COP值）最高的制冷、制热系统，理论计算可达到7，实际运行为4～6。地下水源热泵机组可利用的水体温度冬季为12.22℃，水体温度比环境空气温度高，因此热泵循环的蒸发温度提高，能效比也提高。而夏季水体温度为18～35℃，水体温度比环境空气温度低，因此制冷的冷凝温度降低，使得冷却效果好于风冷式和冷却塔式，从而提高机组运行效率。地下水源热泵系统消耗1kW·h的电量，用户可以得到4.3～5.0kW·h的热量或5.4～6.2kW·h的冷量。与空气源热泵系统相比，其运行效率要高出20%～60%，运行费用仅为普通中央空调的40%～60%。

2）能源可再生。水源热泵是利用地球水体所储藏的太阳能资源作为热源，利用地球水体自然散热后的低温水作为冷源，进行能量转换的采暖空调系统。其中可以利用的水体包括地下水或河流、地表的河流、湖泊和海洋。地表土壤和水体不仅是一个巨大的太阳能集热器，收集了 47% 的太阳辐射能量，超过人类每年利用能量的 500 倍（地下的水体是通过土壤间接地接受太阳辐射能量），而且地表土壤和水体是一个巨大的动态能量平衡系统，能自然地保持能量接受和发散的相对均衡。这使得利用储存于其中的近乎无限的太阳能或地能成为可能。因此，地下水源热泵系统是利用清洁可再生能源的一种技术。

地下水源热泵系统有以下缺点：

1）受可利用水源条件的限制。地下水资源的利用受到当地的水量、水温等条件的限制。同一个地区的不同位置的水井出水量也不尽相同，水量过少就会增加初投资的成本，也会影响地下水源热泵系统运行的稳定性及效率。

2）投资的经济性。由于受到不同地区相关政策的影响，水源的基本条件不同、一次性投资及运行费用会随着不同用户的使用而有所区别。一般在不同地区不同需求的条件下，地下水源热泵系统的投资经济性也会有所不同。因此，地下水源热泵系统的使用也需要因地制宜，并不适合所有地区。

3）水层地理结构的限制。对于从地下抽水回灌的使用，必须考虑到使用地的地质结构和土壤条件，确保可以在经济条件下打井并找到合适的水源，以及可以实现用后尾水的回灌。

4）经济可行地利用江、河、海水作为冷热源时，只能对江、河、海水作粗效预处理，以解决大量泥沙和悬浮物对流通面的阻塞问题，但水中依然含有小粒径的固体物，将影响换热器的流动换热特性，这样也增加了运行、维护的费用。

（5）蓄联热泵系统。蓄联热泵系统是由水—水热泵、空气—水热泵通过相变蓄能技术的互联，形成的优势综合利用的应用技术，特别适用于严寒地区冬季采暖。该系统可有效采集自然界空气中蕴含的太阳热能（昼夜温差现象）及各种其他低品质热能，增加热能供应的稳定性、降低系统初投资、节省运行费用、延长设备维护周期。此外，还可在电力高峰期间减少设备的电力消耗，并将该部分的用电需求转移到电力低谷期，有助于平衡电网运行压力，同时利用"峰谷电价"鼓励政策，获取经济和环保效益。与现有的空气源空调采暖系统相比，降低了系统的配电容量，缓解了电网的增容压力。蓄联热泵系统有效地突破了单一技术运用的客观限制，为采暖空调领域开创了节能减排降霾的新天地。

蓄联热泵系统有以下优点：

1）蓄联热泵系统突破了地下水源热泵系统的使用限制，解决了北方寒冷地区因水资源匮乏且政府禁止打井取水、地埋管热泵系统成本高、占地大，导致冷热不平衡的问题，相比土壤源地埋管热泵系统投资大幅减少。

2）降低了空气源热泵压缩机低环温时的运行压缩比，缓解了空气源热泵系统在低温环境下能效比低、运行费用高、结霜严重、故障率高、空置率高的难题。

3）蓄能互联热泵系统相比常规的空气源热泵采暖及空调制冷系统，可节省投资、降低配电功率、减少运行费用。

2. 热泵采暖系统特点

热泵采暖技术作为一种利用自然力量进行热量交换产生热水的技术，在节能环保方面很受用户的欢迎，空气源热泵和地下水源热泵技术是人们最为常用的采暖技术，用户在选择时需根据自身需求合理选择。

1.1.3.6 燃气采暖系统

燃气是气体燃料的总称，其通过燃烧放出热量，供城市居民和工业企业使用。我国燃气供应行业和发达国家相比起步较晚，配送的燃气主要包括煤气、液化石油气和天然气3种。我国的燃气供应从20世纪90年代起有了大幅增长。其中，人工煤气供应量自1990年的大幅增长后，由于其污染较大、毒性较强等缺点，目前处于较为缓慢的增长阶段；液化石油气受到石油价格上涨的影响，供应量维持稳定；产生相同热值的天然气相对汽油和柴油而言，价格便宜30%～50%，具有明显的经济性。同时，国家日益重视环境保护，市场对清洁能源需求持续增长，作为清洁、高效、便宜的能源，天然气消费获得快速发展。

燃气采暖系统由供热设备、管道系统、转换装置、控制装置和终端装置构成，其管道系统由自来水管和水阀、供水管和水阀、回水管和水阀，以及蒸汽管道和蒸汽阀组成；供热设备为燃气热水器，转换装置为蒸汽发生器；控制装置为压力控制器或液体温控器；终端装置为散热片；以天然气或液化气作为热源，以自来水阀控制的水作为热媒介，燃气锅炉或热水器等安装在避开火源的位置，底部与燃气管和燃气阀相连（图1.9）。

1. 燃气采暖系统分类

按燃气的来源，通常可以把燃气分为天然气、人工燃气、液化石油气和生物质气（沼气）、煤制气等。

(1) 天然气。天然气主要是由低分子的碳氢化合物组成的混合物。根据天然气来源一般可分为气田气（或称纯天然气）、石油伴生气、凝析气田气、煤层气和页岩气5种。

1) 气田气是从气井直接开采出来的燃气。气田气的成分以甲烷为主，甲烷含量在90%以上，还含有少量的二氧化碳、硫化氢、氮和微量的氦、氖、氩等气体，其低热值约为36MJ/m³。

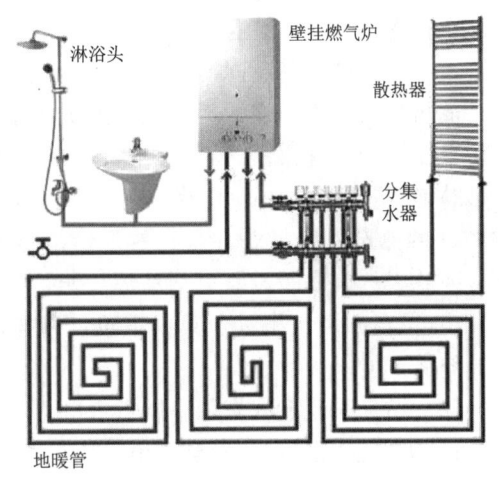

图1.9 燃气采暖系统示意图

2) 石油伴生气是伴随石油一起开采出来的低烃类气体。石油伴生气的甲烷含量约为80%，乙烷、丙烷和丁烷等含量约为15%，低热值约为45MJ/m³。

3) 凝析气田气是含石油轻质馏分的燃气。凝析气田气除含有大量甲烷外，还含有2%～5%的戊烷及其他碳氢化合物，低热值约为48MJ/m³。

4）煤层气是指赋存在煤层中以甲烷为主要成分，以吸附在煤基质颗粒表面为主，部分游离于煤孔隙中或溶解于煤层水中的烃类气体，是煤的半生矿产资源，属非常规天然气。煤层气属于自生自储式，煤层既是气源岩，又是储集岩。

5）页岩气是指赋存于以富有机质页岩为主的储集岩系中的非常规天然气，是连续生成的生物化学成因气、热成因气或二者的混合，可以游离态存在于天然裂缝和孔隙中，以吸附态存在于干酪根、黏土颗粒表面，还有极少量以溶解状态储存于干酪根和沥青质中，游离气比例一般在20%～85%。

（2）人工燃气。人工燃气是指以固体、液体（包括煤、重油、轻油等）为原料经转化制得，且符合现行国家标准《人工煤气》（GB/T 13612—2006）质量要求的可燃气体。根据制气原料和加工方式的不同，可生产多种类型的人工燃气。

（3）液化石油气。液化石油气作为一种化工基本原料和新型燃料，已越来越受到人们的重视。用液化石油气作燃料，由于其热值高、无烟尘、无炭渣，操作使用方便，已广泛地进入人们的生活领域。

（4）生物质气（沼气）。生物质气是以农作物秸秆、林木废弃物、食用菌渣、禽畜粪便、污水污泥等含有生物质体的物质为原料，在高温下，生物质体热解或者气化分解产生的一种可燃性气体。具有可再生性，而且其含硫量极低，所以又是一种清洁环保型能源。

（5）煤制气。煤制气是以煤为原料加工制得的含有可燃组分的气体。主要成分是一氧化碳、二氧化碳、氢、甲烷及微量的硫化氢。

2. 燃气采暖系统特点

（1）燃气采暖系统有以下优点：

1）采暖舒适。壁挂炉通过加热循环水来为散热末端（地暖管或暖气片）采暖，热量散热均匀，不干燥，尤其是与地暖相结合进行采暖时，用户可以获得非常好的采暖享受，舒适健康。

2）经济节能。$1m^3$天然气的发热量大约是35587.8kJ，$1kW·h$的电可产生3600kJ的热量，即每立方米天然气燃烧热值相当于9.3～9.88$kW·h$电产生的热量，因此天然气取暖设备更加经济节能。

3）灵活方便。相对于集中采暖，壁挂炉取暖设备可以随意调节温度，灵活方便、舒适节能。

（2）燃气采暖系统有以下缺点：

1）噪声较大，存在安全隐患及小区局部环境污染问题。天然气本身虽然是清洁燃料，但在分散到各家，特别是高层住宅，并同时使用时，其产生的二氧化碳、二氧化氮、一氧化碳等对环境的影响不容小觑。

2）使用天然气壁挂炉在厨房或阳台时，若空间狭小或紧邻居住房间，容易存在安全隐患。因此，这种采暖方式更适合多层和小高层住宅，高层（18层以上）使用需谨慎，以防范安全风险。

3）燃烧效率低、采暖成本高。如果白天也有采暖需求，则采暖费用会更高，与燃煤集中采暖相比，成本差距较大。

1.1.3.7 太阳能供热采暖系统

太阳能供热采暖系统（图 1.10）是利用太阳能集热器收集太阳辐射并转化成热能，以液体或气体作为传热介质，以水或相变材料作为储热介质，热量经由散热部件送至室内进行供热。太阳能供热采暖系统除冬季供热外还可提供生活洗浴热水，是一举多得的节能减排工程。

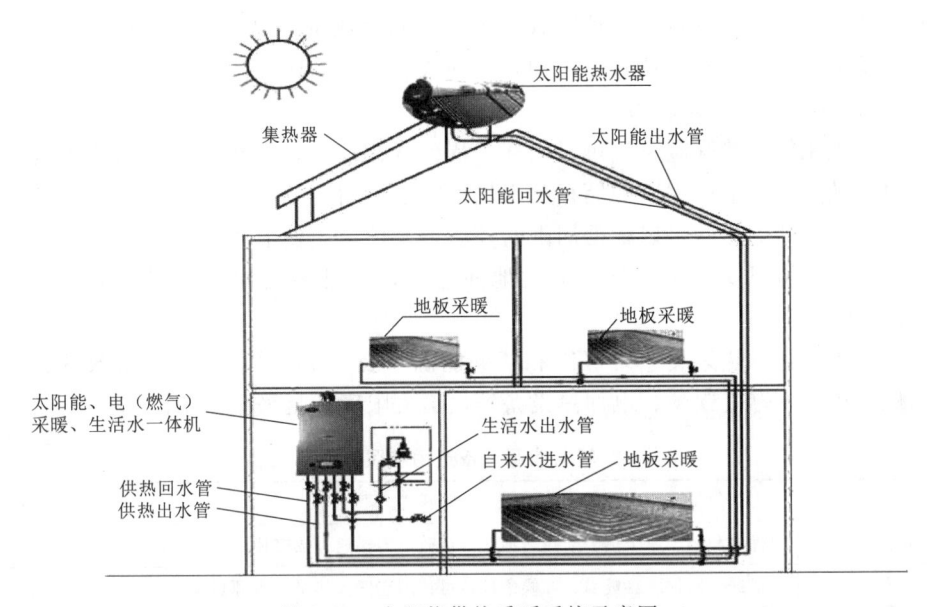

图 1.10 太阳能供热采暖系统示意图

太阳能供热采暖系统与常规能源采暖系统的主要区别在于其是以太阳能集热器作为能源，替代或部分替代以煤、石油、天然气、电力等作为能源的锅炉。太阳能集热器获取太阳辐射能而转化的热量，通过散热系统送至室内进行采暖，过剩热量储存在储热水箱中，当太阳能集热器收集的热量小于采暖负荷时，由储存的热量来补充，若储存的热量不足时，由备用的辅助热源提供热量。

太阳能供热采暖系统由太阳能集热器（主要有平板太阳能集热器、全玻璃真空管太阳能集热器、热管太阳能集热器、U 型管太阳能集热器等）、辅助能源、储热水箱及换热装置、控制系统、管路管件及相关辅材、建筑末端散热设备等组成。

作为可再生能源利用的重要领域，太阳能供热采暖系统具有使用寿命长、应用场景广泛等特点，在同等供热情况下，可减少 40%～60% 的能源消耗。

1. 太阳能供热采暖系统分类

按照国际上的惯用名称，太阳能供热采暖系统的采暖方式可分为主动式和被动式两大类。

（1）主动式。主动式太阳能供热采暖系统是一种可控制的系统，通过太阳能集热器、储热器、管道、风机和循环泵等设备来收集、储存和输配太阳能转换得到的热量，系统中的各部分均可控制，以此达到建筑物所需要的室温。主动式太阳能供热采暖系统按使用介质分为液体太阳能采暖系统和空气太阳能采暖系统；按太阳能利用方式分为直接太阳能采暖系统和间接太阳能采暖系统；按散热部件的类型分为地面辐射采暖系统、顶棚辐射采暖系统、风机盘管采暖系统和散热器采暖系统；按与其他系统综合利用的种类分为太阳能采暖/空调综合系统和太阳能采暖/热水组合系统。

（2）被动式。被动式太阳能供热采暖系统主要为被动式太阳房，被动式太阳房是根据当地气象条件，基本上不添置附加设备，只是依靠建筑物本身构造和材料的热工性能，使建筑物尽可能多地吸收太阳能并储存热量，以达到采暖的目的。可分为直接受益式、集热蓄热墙式、附加阳光间式、组合式四类。

2. 太阳能供热采暖系统特点

（1）太阳能供热采暖系统可以储存一周的太阳能，甚至可以实现跨季蓄能，将春、夏、秋3个季节的太阳能储存起来供采暖季使用。

（2）集热器的形状可以根据周围的环境来设计，让整个环境协调平衡。

（3）水箱可以安装在地下，节约地面空间，并且不受地下潮湿、雨水侵入等影响。

（4）太阳能供热采暖系统可以和辅助能源（表1.1）结合，包括市政热力、热泵、燃油锅炉、燃气锅炉、电加热设备等，最大限度满足采暖需求。

表1.1 辅助能源设备选用参照表

能源形式	推荐选用设备
市政热力	优先利用工业余热、废热、地热等市政热力，通过热交换器与太阳能组合供热
热泵	根据当地的地热资源、气候条件，可选用空气源热泵、水源热泵
燃气锅炉	可采用燃气锅炉、储水式热水器、快速式热水器、燃气热水机组
燃油锅炉	可采用燃油锅炉、燃油热水机组
电加热设备	可采用电锅炉、快速式热水器、储水式热水器、热水机组，应充分利用低谷电能

（5）节能环保。太阳能供热采暖系统在非采暖期，可以提供热水使用，满足日常生活需求；在采暖期，其采暖供能显著减少了能源消耗，是节能减排的优选方案，实现了能源利用多重效益。

（6）太阳能供热采暖系统效率高，能迅速提供热量，几分钟就可以使散热器表面温度提升至少90℃。

（7）太阳能采暖系统一般3～5年即可收回投资成本，而系统使用寿命一般在20年左右，因此其经济效益十分显著。

（8）太阳能采暖清洁安全，不会产生传统烧煤采暖炉一氧化碳中毒的危险，也不会发生烫伤等意外事故，故适用于大型建筑，如学校、办公室、工厂、养殖温室等。

1.1.4　几种末端采暖方式的比较

常用末端采暖方式有散热器采暖、低温热水地暖、电热地暖、电暖器、空调等几种方式，下面从占用空间、安全性、舒适度、使用寿命等几个方面进行对比，可根据工程实际情况进行选用（表1.2）。

表 1.2　　　　　　　　　常用末端采暖方式的比较

采暖方式	是否占用空间	安全性	舒适度	使用寿命	运行费用	维修费用	卫生保健	温控性能
散热器采暖	是	漏水烫伤	一般	8～12年	较高	较高	无保健作用	可分室控制
低温热水地暖	否	安全可靠	舒适	50年	低	很低	良好的保健作用	可分室控制
电热地暖	否	安全可靠	一般	50年	高	较高	有保健作用	可分室控制
电暖器	是	漏电烫伤	干燥、不舒适	10年	一般	较高	无保健作用	不能控制室温
空调	是	安全可靠	干燥、不舒适	5～10年	高	较高	无保健作用	局部控制室温

1.2　采　暖　设　备

实训目的：
(1) 了解热源、末端设备的分类。
(2) 熟悉采暖设备的工作原理。
(3) 掌握采暖设备的选择方法。
实训内容：

1.2.1　热源设备

热源是能源的一种形式，是热能的来源。热源设备即生产热能的设备及系统。在现代建筑中，需要大量的热水或蒸汽，以便为用户提供采暖、生活热水的热源。

热源一般有3种产生方式：第一种是通过燃料燃烧的化学能转化，即采用锅炉设备；第二种是用电能加热水或产生蒸汽；第三种是通过热泵从低温热源中提取热量，加热热媒（水、空气等）。目前国内较广泛应用的供热热源方式有热电厂供热方式、区域大锅炉房（包括直燃房）供热方式、换热站供热方式等。

1.2.1.1　建筑热源种类

1. 消耗燃料的热源
(1) 燃煤型热源：燃煤锅炉、燃煤热风炉（生产工艺用热）。
(2) 燃油型热源：燃油锅炉、燃油暖风机、燃油直燃型溴化锂吸收式冷热水机组。
(3) 燃气型热源：燃气锅炉、燃气暖风机、燃气热水器、燃气直燃型溴化锂吸收式冷热水机组。

2. 热泵热源
热泵是一种从自然界的空气、水或土壤中获取低位热能，经过电能做功，提供可被人们使用的高位热能的装置，也是全世界备受关注的新能源技术。常见的有空气源热泵、水源热泵、地源热泵、双源热泵（水源热泵和空气源热泵结合）等。

3. 太阳能热源

太阳能热源是利用太阳能生产热能的热源。现代的太阳热能科技将阳光聚合，并运用其能量产生热水、蒸汽和电力。目前使用最多的太阳能收集装置主要有平板型集热器、真空管集热器、陶瓷太阳能集热器和聚焦集热器4种。

通常根据所能达到的温度和用途的不同，而把太阳能光热利用分为低温利用（<200℃）、中温利用（200～800℃）和高温利用（>800℃）。目前低温利用主要有太阳能热水器、太阳能干燥器、太阳能蒸馏器、太阳房、太阳能温室、太阳能空调制冷系统等；中温利用主要有太阳灶、太阳能热发电聚光集热装置等；高温利用主要有高温太阳炉等。

4. 电能热源

电能热源是直接转换为热能的热源。常用的有电热水锅炉、电热水器、电热风器、电暖器等。

1.2.1.2 锅炉

锅炉（图1.11）是利用燃料燃烧释放出的能量或其他形式的能量将工质（中间热载体）加热到一定参数的设备。从能源利用的角度来看，其是一种能源转换设备。中间热载体属于二次能源，其用途是向用能设备提供能量。

锅炉及锅炉房设备的任务在于安全可靠、经济有效地把燃料的化学能、电能转化为热能，进而将热能传递给水，以产生热水或蒸汽。

1. 锅炉的分类

锅炉的分类方法很多，可以按锅炉的用途、本体结构、燃料种类、容量、压力、水循环形式、装置形式进行分类。

图1.11 锅炉

（1）按用途分类。按用途分类分为热能动力锅炉和供热锅炉。热能动力锅炉包括电站锅炉、船舶锅炉和机车锅炉等，相应地用于发电、船舶动力和机车动力；供热锅炉包括蒸汽锅炉、热水锅炉、热风炉和载热体加热炉等，相应地得到蒸汽、热水、热风和载热体等。

（2）按本体结构分类。按本体结构分类分为火管锅炉和水管锅炉。火管锅炉包括立式锅炉和卧式锅炉；水管锅炉包括横水管锅炉和竖水管锅炉。

（3）按用燃料种类分类。按用燃料种类分类分为燃煤锅炉、燃油锅炉和燃气锅炉、燃煤锅炉的升级技术、油气炉的替代产品——煤粉锅炉以及煤气双用锅炉等。其中，燃煤锅炉按燃烧方式又可分为层燃锅炉、室燃锅炉和沸腾锅炉。

（4）按容量分类。按容量分类分为小型锅炉（蒸发量<20t/h）、中型锅炉（20t/h≤蒸发量≤75t/h）、大型锅炉（蒸发量>75t/h）。

(5)按压力分类。按压力分类分为低压锅炉(压力<2.5MPa)、中压锅炉(2.5MPa≤压力≤6.0MPa)、高压锅炉(压力>6.0MPa)。此外,还有超高压锅炉、亚临界锅炉和超临界锅炉。

(6)按水循环形式分类。按水循环形式分类分为自然循环锅炉和强制循环锅炉(包括直流锅炉)。

(7)按装置形式分类。按装置形式分类分为快装锅炉、组装锅炉和散装锅炉。此外,还有壁挂锅炉、真空锅炉和模块锅炉等形式。

2. 锅炉的选用

(1)专供采暖用的一般适宜于选用热水锅炉。如果是区域性采暖用的,宜选用大容量的热水锅炉,以实现集中采暖。

(2)对过热蒸汽温度要求较精确的,如发电所用锅炉,应选用过热器带有减温器调节的蒸汽锅炉。对蒸汽温度要求并不太精确的,尽量选用不带过热器的蒸汽锅炉,即优先考虑选用饱和蒸汽锅炉。

(3)对于既需要发电,又需要用热的锅炉,宜选用热电联产锅炉。

(4)对于高层、超高层建筑,要考虑管网静压大和循环水管道运行时压力高的问题,一般建议选用承压大的换热器或蒸汽锅炉。

(5)蓄热式电热系统宜选用承压式电热水锅炉。

(6)一般常压热水锅炉适用于低层或热负荷较小的建筑,热负荷大的大型建筑,需要采用多台常压热水锅炉。

1.2.1.3 空气源热泵机组

空气源热泵机组(图1.12)实质上是一种能量提升装置,其依靠高位能拖动,迫使热量从低位热源流向高位热源。空气能热泵采用空气作为低位热源,由压缩机、蒸发器、冷凝器、膨胀阀4个基本部件组成,还包括四通换向阀、气液分离器、风机等辅助部件。

图1.12 空气源热泵机组

空气源热泵是通过逆卡诺原理,以极少的电能吸收空气中大量的低温热能,通过压缩机的压缩变为高温热能,经过冷凝器或蒸发器进行热交换,传输至水箱加热热水,然后通过循环系统,将热水转移到建筑物内,最后通过采暖末端(地暖、地暖机、风机盘管等),满足用户的采暖需求。因此其能耗低、效率高、速度快、安全性好、环保性强，可源源不断地供应热水。

简单来说，冬季采暖的时候，空气源热泵调整热泵的换向阀工作位置，这样改变工作位置，就会使压缩机排出的高压制冷剂蒸汽经换向阀后流入室内蒸发器，制冷剂蒸汽冷凝时放出的潜热将室内空气加热，达到室内取暖目的，冷凝后的液态制冷剂反向流过节流装置进入冷凝器，吸收外界热量而蒸发，蒸发后的蒸汽经过换向阀后被压缩机吸入，完成制热循环。

1. 空气源热泵机组的分类

（1）按照压缩形式划分。按照压缩形式的不同，空气源热泵与制冷系统相类似，主要分为单级压缩式系统、双级压缩式系统以及复叠式系统3种形式。在一般情况下，单级压缩式系统应用较多，双级压缩式和复叠式系统多用于寒冷地区。

（2）按照热输配对象划分。按照热输配对象的不同可分为空气/空气热泵和空气/水热泵两种，空气/空气热泵室内外换热器的换热介质均是空气，如一般的分体式家用空调，广泛应用于住宅、学校、商场、写字间等中小型建筑物。空气/水热泵的室内换热器换热介质是水。当室内需要采暖式制冷时，用户所需的热量和冷量由系统产生的冷热水来提供。

（3）按照使用功能划分。按照功能的不同，空气源热泵机组分为一般功能的空气源热泵机组、热回收式的空气源热泵机组以及冰蓄冷型的空气源热泵机组。

2. 空气源热泵机组的选用

空气源热泵机组选型具体是通过需要采暖和制冷的面积大小，对应相应匹数大小的空气源热泵。另外就是空气源热泵分定频、变频、超低温3种，使用者可以根据3种机组的特点，结合当地的气候温度特点进行选择。例如有些地区，常年温度在−25℃左右，不适合选用定频或者变频机组，需要选择超低温的空气源热泵机组。

一般消费者对空气源热泵机组进行选型的时候，比较关注空气源热泵主机后期的耗电和噪音情况，因此在选型的时候，需注意以下几方面：

（1）看空气源热泵的能源效率标识。正规厂家生产的空气源热泵主机都会有能源效率标识。这个能源效率标识是国家统一发布的，目的是为用户和消费者购买空气源热泵的时候，提供决策必要的信息，以引导和帮助消费者选择高能效的空气源热泵产品。

（2）了解空气源热泵的制冷制热效率。在一般情况下，空气源热泵的制冷制热效率，也会影响后期的使用耗电费用。在制冷制热工况下，空气源热泵的效率越高，就越省电。

（3）看空气源热泵采暖的噪声比空气源热泵的噪声比。因空气源热泵噪声大，会对周围环境造成影响。故在对空气源热泵选型时，要优先选择噪声较低的品牌，具体的噪声比可参考商家空气源热泵的实测噪声级数据。

1.2.1.4 水源热泵机组

水源热泵机组（图1.13）工作原理就是通过输入少量高品位能源（如电能），实现低温位热能向高温位转移。水体分别作为冬季热泵采暖的热源和夏季空调的冷源,即在夏季将建筑物中的热量提取出来,释放到水体中去,由于水源温度低,因此可以高效地带走热量,以达到夏季给建筑物室内制冷的目的;而冬季,则是通过水源热泵机组,从水源中提取热能,送到建筑物中采暖。

水源热泵机组主要由压缩机、蒸发器、冷凝器、膨胀阀、气液分离器、高低压保护器、超温保护器、自动控制器、机械式泄压阀、四通阀、电磁阀、单向阀、曲轴箱、曲轴箱加热带、储液器等部件组成。

图 1.13 水源热泵机组

水源热泵的出现克服了空气源热泵在冬季使用时室外换热器结霜的问题,其运行可靠且制热效率高,在近年来国内应用广泛。

1. 水源热泵机组的分类

(1) 根据使用侧换热设备的不同,水源热泵机组分为冷热风型水源热泵机组和冷热水型水源热泵机组。

1) 冷热风型水源热泵机组的分类:根据使用功能不同分为冷风型、热泵型(冷风和热风型);根据机组结构形式分为整体型、分体型;根据送风形式可分为直接吹风型、接出风管型。

2) 冷热水型水源热泵机组的分类:根据使用功能分为冷水型、热泵型;根据机组结构形式分为整体型、分体型。

(2) 根据使用冷热源不同分为水环式、地下水式、地下环路式。

2. 水源热泵机组的选用

(1) 机组形式的选择。室内水源热泵机组的形式主要有水平式、立式、坐地明装式、立柱式、屋顶式等。不同形式的机组,有着不同的使用条件。

1) 水平式机组:主要是节省空调设备所占用建筑面积,将水平式机组吊装在内区或周边区的吊顶内,可连接送、回风管道。但使用时要注意便于维修和防止水管路以及凝结水管路的漏水问题。

2) 立式机组:机房面积只有 $1m^2$ 左右,一般适用于机房安装面积较小的场合,常置于储存室内。立式机组可连接送、回风管道。

3) 坐地明装式机组:适用于周边区域安装,通常安装在窗台下或走廊处。

4) 立柱式机组:适用于多层建筑的墙角处安装,如旅店、公寓等。

5) 屋顶式机组:适用于屋顶上安装并连接风管的机组,通常也用于工业建筑或作为新风处理机组用。

上述各种形式机组,从其结构来看,均属于整体结构形式。虽然生产厂家在压缩机的减振、隔声等方面采取了许多有效的技术措施,以使机组的噪声明显下降,但对于噪声要求严格的场合,建议选择分体式水/空气热泵机组。采用分体结构,将压缩机与送风机分别置于两个箱体内,使其噪声大幅度下降。

(2) 机组容量的选择。根据空调房间的总冷负荷和实际情况，查看水源热泵机组样本上的特性曲线或性能表（不同进风湿球温度和不同进水温度下的供冷量），使冷量和出风温度能达到工程设计的要求，以此来确定机组的型号。机组容量的选择步骤如下：

1) 确定水源热泵机组的运行参数。即机组进风干、湿球温度，环路水温一般在13～32℃之间，冬季进水温度一般控制在13～20℃之间；夏季供水温度一般可按当地夏季空气调节室外计算湿球温度再加3～4℃确定。

2) 确定机组空气处理过程。

3) 选择适宜的水源热泵机组形式与品种。选定机组后，根据机组送风足以消除室内的全热负荷的原则来估计机组的风量范围。

4) 根据水源热泵机组的实际运行状况和工厂提供的水源热泵机组特征曲线，确定水源热泵机组的制冷量、制热量、排热量、吸收热量、输入功率等性能参数。将修正后的总制冷量及显制冷量与计算的总制冷量和显制冷量相比较，若其差值小于10%，则认定所选热泵机组是合适的。

(3) 水源热泵机组在挑选的时候，需注意以下事项：

1) 机组除配置所有制冷系统组件外，冷热风型机组应配置送风设备。

2) 机组的黑色金属制件表面应进行防锈处理。

3) 电镀件表面应光滑，色泽均匀，不得有剥落、露底、针孔，不应有明显的花斑和划伤。

4) 装饰性塑料件表面应平整，色泽均匀，不得有裂痕、气泡和明显缩孔等缺陷，塑料件应耐老化。

5) 机组各零部件的安装应牢固可靠，管路和零部件不应有相互摩擦和碰撞。

6) 热泵型机组的电磁阀、换向阀动作应灵敏可靠，保证机组正常工作。

7) 机组的隔热层应有良好的隔热性能，并且无毒无异味，不易燃。

8) 机组制冷系统零部件的材料应能在制冷剂、润滑油及混合物的作用下，不易产生劣化，影响机组正常工作。

9) 机组的电气功能应包括压缩机和风机的控制，一般应该有电机过载保护，缺相保护，系统断流保护，防冻保护，制冷系统高低压保护等必要的保护功能或器件。各种控制功能正常，各种保护器件应符合设计要求并灵敏可靠。

10) 对地下水式机组的地下环路式机组，所有室外水侧的管、换热设备应具有抗腐蚀的能力；使用过程不应污染所使用的水源。

11) 机组所有零部件材料应符合有关标准规定，满足使用性能要求，且能保证安全。

1.2.1.5 地源热泵机组

地源热泵机组（图1.14）是一种采用循环流动于公共管路中的水以及从水井、湖泊或河流中抽取的水或在地下盘管中循环流动的水为冷（热）源，制取冷（热）风或冷（热）水的设备；包括使用侧换热设备、压缩机、热源侧换热设备，具有单制冷或制冷和制热功能。

地源热泵通过输入少量的高品位能源（如电能），实现由低温位热能向高温位热能的转移。地能分别在冬季作为热泵供热的热源和夏季制冷的冷源，即在冬季，把地能中的热量提取出来，提高温度后，供给室内采暖；夏季，把室内的热量提取出来，释放到地能中去。

图 1.14　地源热泵机组

1. 地源热泵机组的分类

(1) 按使用侧换热设备的形式分为冷热风型水源热泵机组和冷热水型水源热泵机组。

(2) 按照低温热源的类型分为地表水式地源热泵机组和地下水式地源热泵机组。

1) 地表水式地源热泵机组。地源热泵机组通过布置在水底的闭合换热系统与江河、湖泊、海水等进行冷热交换。此类系统适合于在中小制冷采暖面积以及临近水边的建筑物中安装。其利用池水或湖水下稳定的温度和显著的散热性进行换热，不需钻井挖沟，初投资最小。但需要建筑物周围有较深、较大的河流或水域。

2) 地下水式地源热泵机组。地源热泵机组通过机组内闭式循环系统经过换热器与由水泵抽取的深层地下水进行冷热交换。地下水排回或通过加压泵注入地下水层中。此系统适合建筑面积大、周围空地面积有限的大型单体建筑和小型建筑群落。

(3) 按照应用方式将地源热泵分为水平式地源热泵机组和垂直式地源热泵机组。

1) 水平式地源热泵机组。通过水平埋置于地表面 2.4m 以下的闭合换热系统与土壤进行冷热交换。此套系统适合于制冷采暖面积较小的建筑物，如别墅和小型单体楼。该系统初投资和施工难度相对较小，但占地面积较大。

2) 垂直式地源热泵机组。通过垂直钻孔将闭合换热系统埋置在 50～400m 深的岩土体中与土壤进行冷热交换。此套系统适合于制冷采暖面积较大的建筑物，周围需有一定的空地，如别墅和写字楼等。该系统初投资较高，施工难度相对较大，但占地面积较小。

2. 地源热泵机组的选用

(1) 确定户外打井面积。了解项目所在地能否打地埋孔，或在可以打地埋孔的情况下预估项目所在地是否有足够的位置打井，从而确定方案的可行性。地源热泵是通过户外打井与土壤换热，如果打井面积过小，将会造成空调使用效果逐年下降，五六年后系统将无法正常运转。

(2) 地源热泵机房内热泵机组部分选型。

1) 地源热泵机组的容量不可过大。中央空调冷热源设备选型时，设备制冷（热）量为设计冷（热）负荷的 1.05～1.10 倍。

2) 地源热泵机组选型时，应尽量接近设计冷（热）负荷。若机组偏大时，运行时间短,启动频繁。若机组容量合适,则运行时间长,有利于除湿。

3) 封闭水系统水温的选择,夏季要求水温较低,目的是提高能效,降低耗电功率。冬季要求水温不可过高,因为水温过高时,虽然制冷量提高了,但耗电功率也相应增加,能效系数变化不大。

4) 设计时要考虑采暖空调对象建筑物的同时使用系数。同时使用系数的取值与建筑物的类型和数量有关,需通过理论计算和实测确定。

(3) 室外地下换热部分选择。地热换热器的选型包括形式和结构的选取,对于给定的建筑场地条件应尽量使设计在满足运行需要的同时成本最低。地热换热器的选型主要涉及以下几个方面:

1) 地热换热器的布置形式,包括埋管方式和连接方式。埋管方式可分为水平式和垂直式。选择主要取决于场地大小、当地土壤类型以及挖掘成本,如果场地足够大且无坚硬岩石,则水平式布置较经济;如果场地面积有限,则采用垂直式布置。连接方式有串联和并联 2 种,在串联系统中只有一个流体通道,而并联系统中流体在管路中可有 2 个以上的流道。采用串联或并联取决于成本的大小,串联系统较并联系统采用的管子管径要大,而大直径的管子成本要高。另外,由于管径较大,系统所需的防冻液也较多,管子重量也相应增大,导致安装的劳动力成本也较大。

2) 塑料管的选择,包括材料、管径、长度、循环流体的压头损失。聚乙烯是地热换热器中最常用的管材。这种管材的柔韧性好且可以通过加热熔合形成比管子自身强度更好的连接接头。

管径的选择需遵循以下 2 条原则:

a. 管径足够大,使得循环泵的能耗较小。

b. 管径足够小,以使管内的流体处于紊流区,使流体和管内壁之间的换热效果更好。同时在设计时还要考虑安装成本的大小。

3) 循环泵的选择。选择的循环泵应该能够满足驱动流体可持续地流过热泵和地热换热器,而且功率消耗较低。一般在设计中循环泵应能够达到每吨循环液所需的功率为 100W 的耗能水平。

(4) 使用习惯。地源热泵系统的节能性与我们日常的使用习惯、常住人员数有很大关系。如常住人员较多,使用时习惯将大部分内机同时打开,则使用地源热泵系统较节能;如常住人员较少,习惯局部开空调(人在房间开空调,人离开房间关空调),这样地源热泵反而不如变制冷剂流量(VRV)空调系统节能;由于地源热泵一般是定频压缩机,无法控制电流,进而无法控制耗电,且配置的水泵一般是 24h 运转,耗电量与内机开启台数无正比关系;而 VRV 系统一般都是变频机,能够根据内机开启台数的多少控制耗电。

(5) 投资回报率。如果初期投入成本高且后期成本回收不理想,则不易选择地源热泵系统。如果地源热泵系统运行效率较高且费用较低,后期投资回报率高,则可以选择地源热泵系统。一般情况下,只要地理位置合适,地源热泵系统可在 5 年左右实现成本回收。

1.2.1.6 燃气壁挂炉

燃气壁挂式采暖炉最早起源于欧洲，已经有上百年历史，现在，由于欧系血统的壁挂炉发展历史悠久、技术成熟、质量好，成为了当今市场的宠儿。其与燃气快速热水器相同，均是没有热水储存装置的快速加热设备，但在结构上有着本质的区别。

燃气壁挂炉（图1.15）具有强大的家庭中央采暖功能，能满足多居室的采暖需求，各个房间能够根据需求随意设定舒适温度，也可根据需要决定某个房间单独关闭采暖，并且能够提供大流量恒温卫生热水，供家庭沐浴、厨房等场所使用。

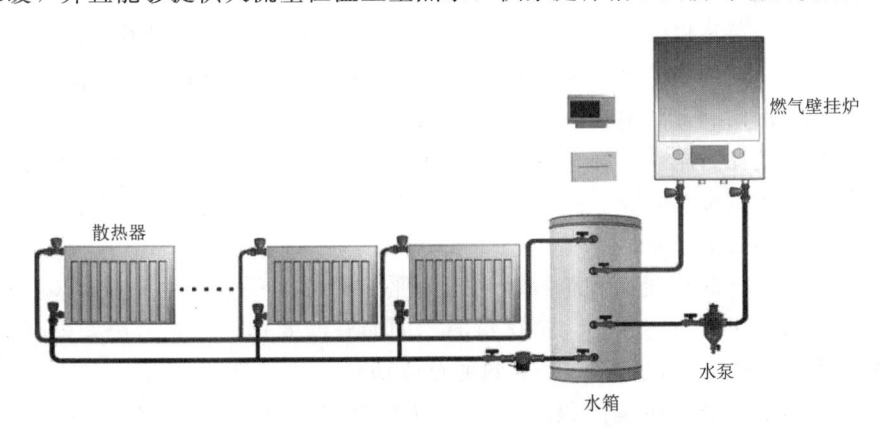

图 1.15 燃气壁挂炉示意图

燃气壁挂炉的保暖功能受当地气候条件以及建筑物保温状况这两个因素影响。具有防冻保护、防干烧保护、意外熄火保护、温度过高保护、水泵防抱死保护等多种安全保护措施。可以外接室内温度控制器，以实现个性化温度调节和达到节能的目的。据统计，使用室内温度控制器可以节省20%~28%的燃气费用。

标准型壁挂炉工作原理：当壁挂炉点火开关进入工作状态的时候，风机先启动使燃烧室内形成负压差，风压开关把指令发给水泵，水泵启动后，水流开关把指令发给高压放电器，其启动后指令发给燃气比例阀，燃气比例阀开始启动。由于燃烧室里面有负压存在，因此天然气没有聚集燃烧现象，不会出现爆燃，从而实现超静音平静点火，也避免了危险事故的发生。燃气比例阀和风压开关以及烟气感应开关为连锁控制，燃烧室有一定的负压时燃气比例阀才可以工作，当5s内烟气感应开关检测不到有废气排出时，就切断燃气比例阀停止供气，从而保证安全使用燃气。

冷凝式壁挂炉原理和标准型的壁挂炉相似，区别在于其多了一套热回收系统，更为节能，其工作原理是通过两个换热器充分吸收燃气燃烧产物——烟气中的显热及水蒸气的潜热，燃气的热值是指$1Nm^3$燃气完全燃烧所放出的热量。热值分为高热值和低热值，高热值指$1Nm^3$燃气完全燃烧后，其烟气全部被冷却至原始温度，而其中的水蒸气以凝结水状态排出时所放出的热量；低热值指$1Nm^3$燃气完全燃烧后其烟气被冷却至原始温度，但烟气中的水蒸气仍为蒸气状态时所放出的热量。由此可见，燃气的高热值与低热值之差就是水蒸气的汽化潜热。

1. 燃气壁挂炉的分类

(1) 按加热方式分为即热式和容积式。

(2) 按用途分为单采暖式、半自动式和全自动式（或者称为单水路和双水路）。

(3) 按燃烧室压力分为正压式燃烧和负压式燃烧。

(4) 按燃气阀体类型分为通断式和比例式。

(5) 按产地分为进口机和组装机等。

2. 燃气壁挂炉的选用

(1) 品牌选择。一般而言，选择了优质品牌，即选择了安全可靠，也降低了使用风险。选购原装进口壁挂炉时需有海关报表，要求厂家提供原料海关报单及购置发票，到当地有关部门鉴别是否为原装进口。另外，必须选择有产品保险单的壁挂炉，发生意外后向制造商追责。

(2) 功率选择。同一品牌有各种功率可选，功率太大造成资金和能源的浪费。功率小虽可节省资金和能源，但达不到使用要求。需识别壁挂炉的能效标识，壁挂炉能效最好的为二级产品。

(3) 根据自己的房屋面积选择。一般每平方米需要的供热功率在 120～180W 之间，并且根据房型、结构、建筑材料的不同而有所变化，因此当选择采暖炉时，应先征求服务商的意见，测算一个大致的总体功率。

通常采暖面积会在建筑面积的 60%～70% 之间，如果是一套建筑面积 150m^2 的公寓房，其采暖面积在 90～105m^2 之间。按照 100m^2 的采暖面积计算，预计需要 15kW 的供热功率，再加上平时生活热水需求，基本上选择一个 18kW 的采暖炉可以满足需要。

(4) 节能性选择。由于整个冬季都要使用壁挂炉，这就需要注重选择壁挂炉的节能性，节能效果好的壁挂炉不但可以降低成本消耗，还能提升生活品质。

(5) 配件选择。为达到最舒适、最便捷的使用效果，应同时选配配件。有些品牌的壁挂炉配件齐全，可满足多种客户的需求，其中最重要的配件莫过于温控器，其可以进行分区温度控制、定时开关机等，节能又环保。

(6) 售后服务选择。壁挂炉的寿命一般在 15 年以上，除去两年保修服务，还有至少 13 年的收费维修服务，需要根据公司规模、仓库配件、维保站点及用户反映进行判断选择。

3. 燃气采暖注意事项

(1) 需经常检查连接燃气管道和燃气用具的胶管是否压扁、老化、破损，接口是否松动，如发生上述现象应立即与燃气公司联系。

(2) 需定期更换胶管。根据有关燃气安全管理规定和技术规范，每两年应更换一次胶管。由于各种品牌胶管的质量不一，为了用户的自身安全，建议每年更换一次胶管。

(3) 使用完毕，应及时关好热水器开关，同时将表前阀门关闭，确保安全。

(4) 在燃气使用过程中如遇突发供气中断，应及时关闭天然气开关，防止空气混入管道内。在恢复供气时应将管道内的空气排放后方可使用。

(5) 严禁燃气管道用装修材料包覆；卧室内禁止布置燃气管道。

(6) 禁止在安装燃气管道及燃气设施的室内存放易燃及易爆物品。

(7) 燃气设施出现故障后，请勿自行拆卸，应及时联系燃气公司，由燃气公司派专门人员进行维修。

(8) 禁止在燃气管道上拴宠物、拉绳、搭电线或悬挂物品，容易造成燃气管道的接口处在重力作用下发生松动，致使燃气泄漏。

1.2.1.7 太阳能集热器

太阳能集热器是一种将太阳的辐射能转换为热能的设备，如图1.16所示。由于太阳能较分散，必须设法将其集中起来，因此集热器是利用太阳能供热装置的关键部分。太阳能集热器作为一种集热装置，在收集完太阳能后，通过一系列的热能交换把热量输送到采暖系统末端，以达到采暖的目的。太阳能集热器主要应用于集中集热、集中用热、分户供热等太阳能热水系统，适用于公共建筑、商用及工业等热水需求量大的太阳能热水系统。

图1.16 太阳能集热器

1. 太阳能集热器的分类

(1) 按集热器的传热工质类型分为液体集热器、空气集热器。

(2) 按进入采光口的太阳辐射是否改变方向分为聚光型集热器、非聚光型集热器。

(3) 按集热器是否跟踪太阳分为跟踪集热器、非跟踪集热器。

(4) 按集热器内是否有真空空间分为平板型集热器、真空管集热器。

(5) 按集热器的工作温度范围分为低温集热器、中温集热器、高温集热器。

(6) 按集热板使用材料分别为纯铜集热板、铜铝复合集热板、纯铝集热板。

以上分类的各种太阳能集热器实际上是相互交叉的。例如：某一台液体集热器，可以是平板型集热器，自然也是非聚光型集热器及非跟踪集热器，属于低温集热器；另一台液体集热器，可以是真空管集热器，又是聚光型集热器。目前太阳能热水器中最常用的两种太阳能集热器是用液体作为热传工质的平板型集热器和真空管集热器。

2. 太阳能集热器的选用

(1) 安装条件。太阳能集热器的安装条件非常重要。首先，应尽可能选择朝南、无阻挡、有充足阳光照射的房顶作为安装位置；其次，考虑到太阳能集热器与热水器的配合使用，应充分考虑地形、净空高度、水路等条件。同时，考虑到实际需要，应确定所需的热水量和水温，根据这些条件制定合理的选型方案。

（2）型号选择。太阳能集热器有多种型号，以有无热烟道为界，可以分为非压力型和压力型两种。选择合适的型号，需根据家庭用水量、水质、气候、应用场所等因素进行综合考虑。如果家庭用水量大，则应选择带蓄水箱的压力型，反之可以选择非压力型。

（3）规格计算。太阳能集热器的规格计算直接影响设备的应用效果和能源利用率。简单来说，太阳能集热器规格计算的方法是根据实际需要计算所需的热量，再根据规定的能效系数和太阳能照射时间以及补偿系数计算太阳能板面积。此外，还要考虑集热器与热水器的热交换效率，以及所需要的周围环境条件等因素，进行精细计算。

1.2.2 末端装置及分类

采暖系统的散热设备是系统的重要组成部分。其位于室内，向房间散热以补充房间的热损失，保持室内要求的温度，是系统末端装置。末端装置按与空气的换热方式不同分为对流型和辐射型。对流型按与空气对流换热方式不同又可分为自然对流型（散热器）与强迫对流型（风机盘管）。常用末端装置有散热器、辐射采暖设备、暖风机等。

1.2.2.1 散热器

散热器（图1.17）是最主要的散热设备形式，是通过热媒将热源产生的热量传递给室内空气的一种散热设备，也称为暖气片。散热器的内表面一侧是热媒（热水或蒸汽），外表面一侧是室内空气，其功能是将采暖系统的热媒（热水或蒸汽）所携带的热量，通过散热设备的壁面，主要以自然对流传热方式（对流传热量大于辐射传热量）向房间传热，对流散热量占总散热量的50%以上。

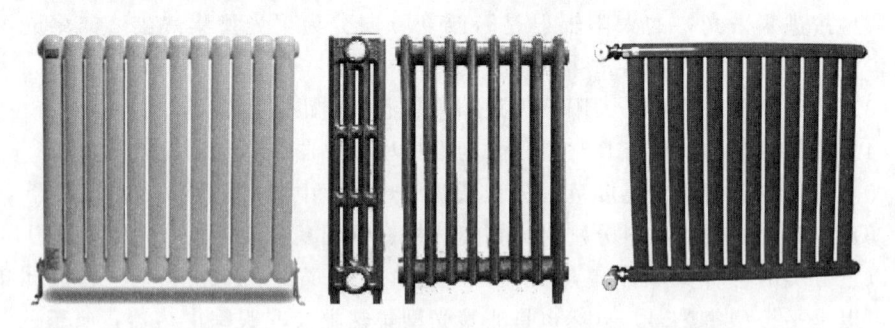

图 1.17 散热器

在《暖通空调规范》第5.3.1条中指出，散热器采暖系统应采用热水作为热媒；散热器集中采暖系统宜按75℃/50℃连续采暖进行设计，且供水温度不宜大于85℃，供回水温差不宜小于20℃。

1. 散热器的性能评价指标

对于选择散热器的基本要求，可以归纳为以下5个方面。

(1) 热工性能方面的要求。散热器的传热系数 K 值越高，说明其散热性能越好。提高散热器的散热量、增大散热器传热系数，可以采用增大外壁散热面积（在外壁上加肋片）、提高散热器周围空气流动速度和增加散热器向外辐射强度等途径。

(2) 经济方面的要求。散热器传给房间的单位热量所需金属耗量越少，成本越低，安装费用越低，其经济性越好。

(3) 安装和使用工艺方面的要求。散热器应具有一定的机械强度和承压能力；散热器的结构形式应便于组合成所需要的散热面积，结构尺寸要小，占房间面积和空间范围要少；散热器的生产工艺应满足大批量生产的要求。

(4) 卫生和美观方面的要求。散热器外表光滑，不易积灰且便于清扫，外形美观易与房间装饰相协调。

(5) 使用寿命的要求。散热器应不易被腐蚀和破损，使用年限长。

2. 散热器的分类

随着经济的发展以及物质技术条件的改善，市场上的散热器种类很多，常采用以下分类方式：

(1) 按传热方式可分为对流型散热器和辐射型散热器。对流型散热器以对流方式为主，对流传热占总传热量的60%以上，有管型、柱型、翼型、钢串片型等；辐射型散热器以辐射方式为主，辐射传热占总传热量的60%以上，有辐射板、红外辐射器等。

(2) 按材质不同可分为铸铁散热器、钢制散热器及其他类型的散热器。铸铁散热器结构简单、耐腐蚀、使用寿命长、热稳定性好、金属耗量大、结构笨重、金属热强度低，有圆翼型、柱型、长翼型等；钢制散热器金属耗量少、耐压强度高、外形美观、占地少、水容量小、热稳定性差、易被腐蚀、使用寿命较短，有闭式钢串片型、板型、钢制柱型、排管型、扁管型等；其他类型的散热器有铝制散热器、塑料散热器、陶瓷散热器等。

3. 散热器的选用

选用散热器类型时，应注意在热工、经济、卫生和美观等方面的基本要求。但要根据具体情况，有所侧重。设计选择散热器时，应符合《暖通空调规范》第5.3.6条中的规定：

(1) 工作压力应满足工作要求，并符合国家现行产品标准规定。散热器的工作压力，当以热水为热媒时，不得超过制造厂规定的压力值。对高层建筑使用热水采暖时，首先要求保证承压能力，这对系统安全运行至关重要；当采用蒸汽为热媒时，在系统启动和停止运行时，散热器的温度变化剧烈，易使接口等处渗漏，因此铸铁柱型和长翼型散热器的工作压力不应高于0.2MPa，铸铁圆翼型散热器的工作压力不应高于0.4MPa。

(2) 民用建筑中，宜采用外形美观、易于清扫的散热器。

(3) 在散发粉尘或防尘要求较高的生产厂房，应采用易于清扫的散热器。

(4) 在具有腐蚀性气体的生产厂房或相对湿度较大的房间，宜采用耐腐蚀的散热器（如铸铁散热器）。

(5) 采用钢制散热器时，应采用闭式系统，以满足产品对水质的要求，并采取必要的防腐措施（表面喷涂、补给水除氧等），在非采暖季节采暖系统应充水保养。

(6) 蒸汽采暖系统不得采用钢制柱形、板形和扁管等散热器。

(7) 采用铝制散热器时，应选用内防腐型产品，并满足产品对水质的要求。

(8) 安装热量表和恒温阀的热水采暖系统，不宜采用水流通道内含有黏砂的铸铁散热器。

4. 散热器的布置

布置散热器时，应符合《暖通空调规范》第5.3.7条中的规定：

(1) 散热器一般应安装在外墙窗台下，沿散热器上升的对流热气流能阻止和改善从玻璃窗下降的冷气流和玻璃冷辐射的影响，使流经室内的空气比较暖和舒适。当安装或布置管道有困难时，也可靠内墙安装。

(2) 为防止冻裂散热器，两道外门之间的门斗内，不应设置散热器；在楼梯间或其他有冰结危险的场所，其散热器应由单独的立、支管供热，且不得装设调节阀。

(3) 在楼梯间布置散热器时，考虑楼梯间热流上升的特点，应尽量布置在底层或按一定比例布置在下部各层。

(4) 散热器一般应明装，布置简单。内部装修要求较高的民用建筑可采用暗装。幼儿园应暗装或加防护罩，以防烫伤儿童。暗装时装饰罩应有合理的气流通道、足够的通道面积，并方便维修。暗装散热器设温控阀时，应采用外置式温度传感器，温度传感器应设置在能正确反映房间温度的位置。

(5) 在垂直单管或双管热水采暖系统中，同一房间的两组散热器可以串联连接；储藏室、厕所和厨房等辅助用室及走廊的散热器，可同邻室串联连接。两串联散热器之间的串联管直径应与散热器接口直径相同，以便水流畅通。

(6) 柱形散热器每组散热器片数不宜过多，铸铁柱形散热器每组片数不宜超过25片，组装长度不宜超过1500mm。当散热器片数过多，分组串接时，供、回管支管宜异侧连接。

1.2.2.2 辐射采暖设备

辐射采暖系统主要靠辐射散热方式向房间供应热量，其辐射散热量占总散热量的50%以上（图1.18）。热媒通过散热设备壁面，主要以辐射方式向房间传热。

1. 辐射采暖设备的分类

依据散热设备表面温度不同可分为低温辐射采暖设备、中温辐射采暖设备和高温辐射采暖设备。

(1) 低温辐射采暖设备。当辐射表面温度小于80℃时，称为低温辐射采暖。低温辐射采暖的结构形式是把加热管（或其他发热体）直接埋设在建筑构件内而形成散热面，如图1.18所示。

采暖系统以低温热水为加热热媒，以塑料盘管作为加热管，预埋在地面混凝土层中并将其加热，向外辐射热量这种采暖方式称为低温热水地面辐射采暖。此时，

图 1.18　低温辐射采暖地埋管

建筑物部分围护结构与散热设备合二为一，壁面温度小于 45℃；由于是将通热媒的盘管或排管埋入建筑物结构（如墙、地板等）内，与人距离很近，表面温度不可太高；室内美观，热舒适条件好，多用于民用建筑中。

低温辐射采暖的主要形式有金属顶棚式，顶棚、地面或墙面埋管式，空气加热地面式，电热顶棚式和电热墙式等。其中，顶棚、地面或墙面埋管式近几年得到了广泛的应用，比较适合于民用建筑与公共建筑中安装散热器会影响建筑物协调和美观的场合。

（2）中温辐射采暖设备。当辐射采暖温度为 80～200℃时，称为中温辐射采暖。其主要形式是钢制辐射板，其以高温水或蒸汽为热媒，壁面温度为 80～200℃。

钢制辐射板（图 1.19）是用钢板和小管径的钢管制成矩形块状或带状散热板。其特点是采用薄钢板、小管径和小管距，薄钢板的厚度一般为 0.5～1.0mm，加热管通常为水、煤气钢管。管径用公称通径表示，其标记由字母 DN 后跟一个以 mm 为单位的数值组成，常用管径有 DN15、DN20 和 DN25。这种系统主要适用于高大的工业厂房中，在一些大空间的民用建筑，如商场、体育馆、展览厅、车站等也得到应用。钢制辐射板也可用于公共建筑和生产厂房的局部区域或局部工作地点采暖。

图 1.19　钢制辐射板

中温辐射采暖通常利用钢制辐射板散热，根据钢制辐射板长度的不同，可分成块状辐射板和带状辐射板 2 种形式。块状辐射板的长度一般以不超过钢板的自然长度为原则，通常为 1000～2000mm。其构造简单、加工方便，便于就地生产，在放出同样热量时，其金属耗量比铸铁散热器采暖系统节省 50％左右；带状辐射板是将单块的块状辐射板按长度方向串联而成的。通常沿房屋长度方向布置，长度可达数十米，水平吊挂在屋顶下或屋架下弦的下部。带状辐射板适用于大空间建筑，其排管较长，加工安装没有块状辐射板方便，而且其排管的膨胀性问题、气体及凝结水的排除问题等较难解决。

在钢制辐射板的背面加保温层，可以减少背面的散热损失，让热量集中在板前辐射出去，这种辐射板称为单面辐射板。其背面方向的散热量，大约只占板面总散热量的10%。如果钢制辐射板背面不加保温层，就成为双面辐射板。双面辐射板的散热量可比相同规格的单面辐射板增加30%左右。

钢制辐射板的安装有水平安装、倾斜安装和垂直安装3种形式。水平安装：热量向下辐射；倾斜安装：安装在墙上或柱间，热量倾斜向下辐射。采用倾斜安装时应注意选择合适的倾斜角度，一般应使板中心的法线通过工作区；垂直安装：单面板可以垂直安装在墙上，双面板可以垂直安装在两根柱子之间，向两面散热。

辐射板的安装高度变化范围较大，通常不宜安装得过高。尤其是沿外墙水平安装时，如装置过高，则有相当一部分辐射热被外墙吸收，从而增加了车间的耗热。在多尘车间里，辐射板散出的辐射热，有一部分会被尘粒吸收和反射，变为对流热，因而使辐射采暖的效果降低。但辐射板安装过低，会使人有炙烤的不舒适感。因此，钢制辐射板的最低安装高度应根据热媒平均温度和安装角度确定。此外，在布置全面采暖的辐射板时，应尽量使生活区域或作业区域的辐射照度均匀，并应适当增加外墙和大门处的辐射板数量。

（3）高温辐射采暖设备。按能源类型的不同可分为电气红外线辐射采暖和燃气红外线辐射采暖。

1）电气红外线辐射采暖设备是以电为能源，电加热元件通过传导方式使工作表面温度升高，空间中的人和物体吸收热，达到采暖效果。包括石英管红外线辐射器、石英管电暖器和远红外高温辐射电热幕辐射板。

石英管红外线辐射器（图1.20）又叫石英管取暖器，其辐射温度可达990℃，其中辐射热占总散热量的78%。利用远红外石英管加热，传热方式为辐射热，穿透力强但热量不易扩散，加热迅速，适合局部取暖，但是有明火危险隐患，不消耗氧气，由于技术局限性，这种产品在市场上已不多见，价格较便宜，适用于家庭局部加热。

石英管电暖器也称为卤素管电暖器，其发热体是电热丝，电热丝穿在石英管内，石英管起支撑、保护及发热作用。该电暖器利用远红外石英管加热，传热方式为辐射传热方式，穿透力强、发热定向好。特点是外形小巧美观、热传递快、移动方便、价格便宜。缺点是供热范围小，适用面积为10m² 左右的小房间，加热时产生光线，不宜在卧室使用。此外，由于电热丝易氧化等原因，石英管取暖器在市场上已不多见。

远红外高温辐射电热幕辐射板（图1.21）又称为远红外高温辐射板电热幕，一般适用于厂房取暖，是一种电热取暖设备，由辐射板采暖器、电辐射器、电热幕等组成。高温辐射电热器内置的发热元件不发光、不耗氧、无明火，加热其工作表面（一般为铝合金，也有其他金属或非金属喷涂红外涂料）后，工作表面放出红外线向空间中进行热辐射。

图1.20　石英管红外线辐射器　　　　图1.21　远红外高温辐射电热幕辐射板

2) 燃气红外线辐射采暖是利用可燃气体或液体通过特殊的燃烧装置进行无焰燃烧，形成800～900℃高温，向外界发射出波长为2.47～2.71μm的红外线，在采暖空间或工作地点产生良好的热效应。燃气红外线辐射采暖适合于燃气丰富且价廉的地方，具有构造简单、辐射强度高、外形尺寸小、操作简单等优点。可用于工业厂房或一些局部工作点的采暖，是一种应用较广泛、效果较好的采暖形式。但使用时应注意防火、防爆和通风换气。

2. 辐射采暖设备的选用

(1) 低温辐射采暖设备的选用。在《暖通空调规范》第5.4.8条中指出，加热管敷设的间距，应根据地面散热量、室内设计温度、平均水温及地面传热热阻等通过计算确定。

(2) 高温辐射采暖设备的选用。

1) 电气红外线辐射采暖设备的选用。在《暖通空调规范》第5.5.3条中指出，发热电缆辐射采暖宜采用地板式；低温电热膜辐射采暖宜采用顶棚式。辐射体表面平均温度应符合《暖通空调规范》第5.4.1.2条的有关规定。在《暖通空调规范》第5.5.4条中指出，发热电缆辐射采暖和低温电热膜辐射采暖的加热元件及其表面工作温度，应符合国家现行有关产品标准的安全要求：①要根据房间的实际情况来选择合适的功率。由于家用电表容量一般在3～10A，最好选功率2000W以下的电暖器，以免功率过大发生断电，如果是平房或保温效果不好的房子，可考虑适当提高加热功率；②取暖器的安全性能至关重要。在选购取暖器时应选择经过国家强制认证后（即具有3C标志）的产品。3C认证是"中国强制认证"，其英文名称为"China Compulsory Certification"，缩写为CCC。CCC认证的标志为"CCC"，是中华人民共和国强制规定各类产品进出口、出厂、销售和使用必须取得的认证，全称为"中国强制性产品认证"。

2) 燃气红外线辐射采暖设备的选用。在《暖通空调规范》第5.6.1条中指出，采用燃气红外线辐射采暖时，必须采取相应的防火和通风换气等安全措施，并符合国家现行有关燃气、防火规范的要求：①要选优良品牌。品牌往往决定着产品的品质，好的品牌往往有好的研发能力和先进的行业技术，其产品质量也较好；②关注售后服务。燃气红外线辐射采暖设备作为常用电器，使用寿命和售后服务问题也颇受用户关注。作为耐用品，燃气采暖炉的使用寿命约为10年，使用过程中出现质量问题往往需要求助技术人员的帮助，完善的售后服务系统和售后服务网点尤其重要。因此，在选购燃气采暖炉时，要认准质保时间长、售后服务系统完善的品牌；③使用体验要保障。燃气红外线辐射采暖设备能够得到很多消费者的青睐，一个重要的原因是其能够满足取暖，热量释放和采暖温度可以保持稳定，能根据实际需要灵活准确地调节温度，以免浪费。

1.2.2.3 暖风机

暖风机（图1.22）通过散热设备向房间输送比室内温度高的空气，以强制对流传热方式直接向房间供热。热风采暖系统既可以采用集中送风的方式，也可以利用暖风机加热室内再循环空气的方式向房间采暖。

图1.22 暖风机

暖风机是由通风机、电动机和空气加热器组成的联合机组，将吸入的空气经空气加热器加热后送入室内，以维持室内所要求的温度。

热风采暖是比较经济的采暖方式之一，其对流散热量几乎占100%，具有热惰性小、升温快、使室温分布均匀、室内温度梯度小且设备简单、投资少等优点，适用于耗热量大的高大厂房、大空间的公共建筑、间歇采暖的房间以及由于防火防爆和卫生要求必须全部采用新风的车间等。

当空气中不含粉尘和易燃易爆气体时，暖风机可用于加热室内循环空气。如果房间较大，需要的散热器数量较多，难以布置时，也可以用暖风机补充散热器散热量的不足部分。车间用暖风机采暖时，一般还应适当设置一些散热器，在非工作期间，可以关闭部分或全部暖风机，由散热器维持生产车间要求的值班采暖温度（5℃）。

1. 暖风机的分类

暖风机分为轴流式（小型）和离心式（大型）2种。根据其结构特点及适用的热媒又可分为蒸汽暖风机、热水暖风机、电热暖风机、蒸汽—热水两用暖风机和冷—热水两用暖风机等。

轴流式暖风机主要有冷、热水系统两用的S型暖风机和蒸汽、热水两用的NC型、NA型暖风机。轴流式暖风机结构简单、体积小、出风射程远、风速低、送风量较小。一般悬挂或支架在墙上或柱子上，可用来加热室内循环空气。

离心式暖风机主要有热水、蒸汽两用的NBL型暖风机，可用于集中输送大流量的热空气。离心式暖风机气流射程长、风速高、作用压力大、送风量大且散热量大。除了可用来加热室内再循环空气外,还可用来加热一部分室外的新鲜空气。

由于离心式(大型)暖风机的风速和风量都很大,因此应沿车间长度方向布置,由地脚螺栓固定在地面的基础上。出风口距侧墙不宜小于4m,气流射程不应小于车间采暖区的长度。在射程区域内不应有构筑物或高大设备。暖风机不应布置在车间大门附近。离心式暖风机出风口距地面的高度,当厂房下弦不大于8m时,取3.5～6.0m;当厂房下弦大于8m时,取5～7m。吸风口距地面不应小于0.3m,且不应大于1m。同时,集中送风的气流不能直接吹向工作区,应使房间生活地带或作业地带处于集中送风的回流区,送风温度一般采用30～50℃,不得高于70℃。生活地带或作业地带的风速,一般不大于0.3m/s,送风口的出口风速一般可采用5～15m/s。

2. 暖风机的选用

在选择暖风机时,需要考虑以下因素:

(1) 面积。不同面积的房间需要不同的暖风机。一般来说,暖风机的功率与房间的面积成正比。因此,需要先确定要加热的房间面积,然后选择适当的功率。

(2) 加热方式。暖风机有不同的加热方式,包括电热、石墨烯等。电热暖风机加热速度较快,但功率较高,易产生噪声和耗电。而石墨烯暖风机加热速度较慢,但功率较低,使用寿命较长。

(3) 安全性。暖风机加热时,易产生火灾和烫伤等安全隐患,因此需要选择有安全保护措施的暖风机,比如过热保护和倾斜保护。

(4) 价格。暖风机的价格因品牌、功率和加热方式等因素而异,需要根据自己的预算和实际需求进行选择。

(5) 其他特性。一些暖风机具有其他特性,如自动调温、遥控、定时开关等,可以根据个人需要进行选择。

总之,选择暖风机时需要根据自己的需求和实际情况进行综合考虑,选购合适的暖风机。

1.2.3 管道附属设备

1.2.3.1 水系统定压设备

在开式系统中,不存在定压问题,而在闭式水系统中,因为必须保证系统管道和设备内充满水,所以管道中任何一点的压力都应高于大气压力,否则会吸入空气,因此需要定压。定压点通常选择在水泵的吸入端。其作用是使水系统稳定运行在确定的压力水平下,防止系统内出现汽化、超压等现象。常用定压设备有膨胀水箱、气压定压罐、补给水泵等。

1. 膨胀水箱

膨胀水箱(图1.23)是暖通空调系统中的一个关键部分,既能承受系统内的水膨胀,又能保证一定的压力,同时又能给系统补充水分。通过膨胀水箱来储存系统的水,可以减小因水膨胀引起的水压波动,从而增加系统的安全和可靠性。

图 1.23 膨胀水箱

膨胀水箱定压原理是通过水箱容积的缓冲调节作用，通过水箱高低水位的控制，实现补水（溢流）的作用，以调节由于系统水温变化或泄漏引起的系统介质（水）的容积变化，保持其系统冷热媒介（水）压力的相对恒定。膨胀水箱是中小型系统和空调水系统常用的定压装置之一。

（1）膨胀水箱的作用。

1) 在密闭的热水采暖循环系统中，因水不断地被加热而温度升高且体积增大。当系统内无法容纳因体积增加而多出的水时，就会使系统中的压力升高而导致管道或采暖设备超压，而膨胀水箱即可接纳膨胀出的水而避免系统超压。

2) 因膨胀水箱需安装在采暖区域内最高建筑物的屋面上（或相当于该高度的水塔和钢支架上），水箱为开式（与大气相通），由膨胀管连接在靠近循环水泵吸入口的回水总管上，这样会使该区域所有建筑物中的采暖系统各点压力无论是在运行时还是停止工作时均大于大气压力，即不会出现负压，进而保证系统内的热水不会被汽化。因此，膨胀水箱在热水采暖系统中既可起到定压作用，又不致使空气进入系统。

3) 因水箱处于系统的最高点，在自然循环系统中可排除系统中的空气。

4) 膨胀水箱可起到调节控制系统水位的作用，膨胀水箱既可容纳因体积膨胀而多出的水，还可补充因系统泄漏引起的缺水现象。水箱上安装水位控制装置，平时维持正常水位，一旦缺水至水位控制装置的下限值时，可自动启动水泵补水。补水至控制装置的上限值时，自动停泵。

（2）膨胀水箱的分类。膨胀水箱可分为开式高位膨胀水箱和闭式低位膨胀水箱（气压罐方式）。开式高位膨胀水箱有密闭板式、隔膜式、球胆式、水泵定压补水一体式。还可以从箱内压力变化考虑分为定压式和变压式。

开式高位膨胀水箱主要有膨胀管、循环管、信号管、溢流管、排污管 5 根配管。膨胀管将系统中水因加热膨胀所增加的体积转入膨胀水箱；循环管在水箱和膨胀管可能发生冻结时，用来使水循环；信号管用于监督水箱内的水位；溢流管用于排出水箱内超过规定水位的多余水；排污管用于排放污水。

闭式低位膨胀水箱一般叫做气压罐，有隔膜式、气囊式和补气式三种类型。气压罐是由罐体、橡胶隔膜或气囊内胆、进/出水口及补气口四部分组成。

当建筑物顶部安装开式高位膨胀水箱有困难时，可采用气压罐方式。采用这种方式时，不但能解决系统中水的膨胀问题，而且可与锅炉自动补水和系统稳压结合起来。

（3）膨胀水箱的特点。其优点是系统压力稳定、设备简单、管理工作量少；缺点是水箱需置于系统最高处，占据空间。系统需承受水箱及水的荷重。

（4）膨胀水箱的选用。膨胀水箱位置应该根据系统形式、作用半径、建筑物的高度、供水温度等具体因素来选择。其安装位置及高度不同，带给系统的工况也不同。可靠的系统，其工况必须满足不汽化、不超压、不倒空，并有足够循环动力的要求。

开式膨胀水箱设计应满足如下要求：膨胀水箱安装位置应考虑防止水箱内水的冻结，若水箱安装在非采暖房间内时，应考虑保温。膨胀管在重力循环系统中接在供水总立管的顶端；在机械循环系统中接至系统定压点（一般接至水泵入口前）。循环管接至系统定压点前的水平回水干管上，该点与定压点之间应保持 1.5~3.0m 的距离。膨胀管、溢水管和循环管上严禁安装阀门，而排水管和信号管上应安装阀门。设在非采暖房间内的膨胀管、循环管、信号管均应保温。

2. 气压定压罐

气压定压罐（图 1.24）是利用空气的可压缩性来实现储存、调节和压送水量的，其与水泵、控制柜、仪表、阀门等组合在一起，构成成套气压给水设备。

(1) 气压定压罐的作用。气压定压罐在闭式水循环系统中起到了平衡水量及压力的作用，避免安全阀频繁开启和自动补水阀频繁补水等。另外，在水系统中，气压罐还可以减少水泵的频繁启动，可以用来吸收系统因阀门、水泵等开和关所引起的水锤冲击，以及夜间少量补水使供水系统主泵休眠从而减少用电，延长水泵使用寿命等。在定压补水、消防、水处理中，气压罐起到防止系统压力骤降，稳定系统压力的作用。但不能排除系统中的空气。

(2) 气压罐的分类。气压罐按照放置形式分为立式和卧式；按照结构形式分为囊式隔膜式和自动补气式。

图 1.24 气压定压罐

囊式隔膜式系统结构简单、效率高，且气、水不接触，水质不易污染，一次充气可长时间使用，但胶囊易老化，一旦漏气即需充气设备补气。自动补气式采用自动补气，省去了胶囊，具有造价低、不受水温及胶囊尺寸等因素限制的特点等，但气压罐罐内的气和水直接接触，水质易被空气污染，系统结构上较囊式隔膜式复杂。因此，选型时应根据不同情况进行优化选择。

(3) 气压罐的选用。气压罐的选用应以系统补水量为主要参数选取，一般系统的补水量可取总容水量的 4%。

(4) 气压罐（压力罐）容积的计算方法。计算为

$$V = \frac{K \times A \times P_{max} \times P_{min}}{(P_{max} - P_{min}) \times P_{pre}}$$

式中 V——气压罐（压力罐）的容积；

K——水泵的工作系数，随水泵功率不同而变化，具体见表 1.3。

A——计算水泵的最大流量（L/s）；

P_{max}——水泵的最高工作压力（水泵停机时系统的压力）；

P_{min}——水泵的最低工作压力（水泵启动时系统的压力）；

P_{pre}——气压罐（压力罐）的预充压力。

表 1.3　　　　　　　　　　水泵的工作系数取值表

P/HP	1.2	2.4	5~8	9~12	>12
K	0.25	0.375	0.625	0.875	1

注　1kW=1.341HP；1HP=0.735kW。

上述公式在计算过程中，公式里的 P_{max} 和 P_{min} 以及 P_{pre} 要使用绝对压力；若计算结果与现有气压罐（压力罐）的规格不符合，要遵循选大不选小原则，例如计算结果是 120L，由于气压罐（压力罐）只有 100L 和 150L，所以应该选择 150L 的气压罐（压力罐）。

3．补给水泵

补给水泵（图 1.25）定压方式是集中供热系统最常用的一种定压方式，主要由补给水箱和补给水泵组成。

图 1.25　补给水泵

补给水泵定压方式主要有以下 3 种方式：

（1）补给水泵连续补水定压方式。定压点设在管路循环水泵的吸入端。其作用原理是利用压力调节阀保持定压点的恒定压力。特点是补水方式连续、水压曲线稳定、设备简单、电能消耗多。主要适用于系统规模较大，供水温度较高（如 130℃以上）的供热系统。

（2）补给水泵间歇补水定压方式。其作用原理是补给水泵的启动和停止运行是由电接点式压力表表盘上的触点开关控制的。其特点是比连续补水定压节省电能、设备简单，但其动水压曲线上下波动，不如连续补水方式稳定。其主要适用于系统规模不大、供水温度不高、系统漏水量较小的供热系统中。

（3）补给水泵补水定压点设在旁通管处的定压方式。定压点设在供回水干管之间连接的旁通管上。其作用原理是通过控制定压点 J 点的压力，来控制压力调节阀的开大与关小，从而调节补水量，保持定压点的压力不变。通过开启旁通管上的 2 个阀门可以控制动水压的升高或降低。其主要适用于大型的热水供热系统，以及为了适当地降低管路的运行压力和便于调节管路压力的工况中。

1.2.3.2　水系统的排气设备

热水采暖系统中排气装置的作用是为了排除采暖系统中的空气，以防止产生气堵，减少换热器的换热面积，影响热水正常循环。常用的排气方法分为自动和手动2种。气体主要来源于系统启动时内部留存的空气以及水在运行过程中分离出的空气。常见排气设备有集气罐和自动排气阀2种。

1. 集气罐

集气罐（图1.26）置于热力采暖管道的最高点，与排气阀相连，起到汇气稳定效果。

（1）集气罐的分类。按位置不同分为立式和卧式。立式储气空间较大，所连接管道上部高度较高；卧式储气空间较小，所连接管道上部高度较低。

（2）集气罐的作用。集气罐是为了排出采暖系统中的空气而装设的。在自然和机械循环热温水采暖系统中，水平导管都设有坡度，在运行时将系统空气集中在集气罐内，并由集气罐排出。

（3）集气罐的特点。其优点是制作简单、无运动部件、耐用；缺点是需人工排气、占地面积较大、设计时需考虑安装空间及所连水平干管的坡度问题。

图1.26 集气罐

（4）集气罐的设计。直径应不小于所连接干管直径的2倍，常用DN100～DN250的钢管制作筒体。集气罐的放气管可选用DN15的钢管制作。放气管上应安装放气阀，供系统充水时和运行时定期放气之用。为保证集气罐的排放空气功能，其安装高度必须低于膨胀水箱。

2. 自动排气阀

自动排气阀（图1.27）是一种安装于系统最高点，用来释放供热系统和供水管道中产生的气穴的阀门。自动排气阀广泛用于分水器、暖气片、地板采暖、空调和供水系统。其种类多样，排气效果和使用效果不尽相同。

图1.27 自动排气阀

（1）自动排气阀的工作原理。当系统中有空气时，气体聚集在排气阀的上部，阀内气体聚集，压力上升，当气体压力大于系统压力时，气体会使腔内水面下降，浮筒随水位一起下降，打开排气口；气体排尽后，水位上升，浮筒也随之上升，关闭排气口。如拧紧阀体上的阀帽，则排气阀停止排气。通常情况下，阀帽应该处于开启状态。也可以跟隔断阀配套使用，便于排气阀的检修。不同于集气罐的排气，自动排气阀无须人工操作。

（2）自动排气阀的分类。

1）浮球式自动排气阀。浮球式自动排气阀是应用最为广泛的一种自动排气阀，其由阀体、垫圈、浮球、执行机构等部件组成。当管道内集聚气体时，气体压力会使得浮球浮在阀体内，此时自动排气阀开启，将管道内集聚的气体排出去。浮球式自动排气阀具有结构简单、安装方便、排气效果好等优点，适用于一般的管道系统。

2) 膜片式自动排气阀。膜片式自动排气阀是一种新型的自动排气阀，其结构类似于膜片式止回阀，通过膜片的变形使气体排出。这种阀门的排气效果很好，而且可以适用于高温、高压和腐蚀性介质的排气。

3) 臂式自动排气阀。臂式自动排气阀由阀体、密封杆、密封弹簧、执行机构等部件组成，其通过调整密封杆的位置，实现增大或缩小出口的作用，从而达到自动排气的效果。臂式自动排气阀适用于水力输送系统、供热系统等场合。

4) 阶梯式自动排气阀。阶梯式自动排气阀采用阶梯式结构，将阀门分成几个阶梯，每个阶梯之间通过密封杆隔开，阀门能够进行分段排气。阶梯式自动排气阀具有排气效果好、操作方便等优点，适用于大型供热系统、水泵系统等。

(3) 自动排气阀的选用。给水管道顶端的自动排气阀的规格按管道末端的管径进行选择，也可参考下列经验值：

1) 立管、主干管为DN50或以下的，自动排气阀采用DN15。
2) 立管、主干管为DN50~DN100的，自动排气阀采用DN20。
3) 立管、主干管为DN100~DN150的，自动排气阀采用DN25。
4) 立管、主干管为DN150或以上的，自动排气阀采用DN32。

1.2.3.3 水系统的除污器和过滤器

1. 除污器

采暖系统除污器（图1.28）是一种能够对采暖管网进行除污处理的设备。其用来清除和过滤管道中的杂质和污垢，保持系统内水质的洁净，减少阻力，保护设备和防止管道堵塞。除污器一般应设置于采暖系统的入口调压装置前或各设备入口前。直通式除污器安装在水平管道上，角通式除污器可安装在直角转弯的管道上，安装时壳上箭头方向必须与水流方向一致。

图1.28 除污器

(1) 除污器的工作原理。水经进水管进入除污器筒体后，流速降低，污物沉积。顶端设排气阀，底部有排污用的丝堵或手孔，便于定期清理。

(2) 除污器的分类。根据管道的不同可分立式除污器和卧式除污器2种类型。立式、卧式除污器根据进出口方向不同，有直通式除污器和直角式除污器；根据除污器的自动化程度不同可分为手动除污器、自动反冲洗除污器和全自动除污器；根据滤网材质不同可分为碳钢材质除污器和不锈钢除污器。

(3) 除污器的作用。

1) 去除污垢和气泡。在采暖过程中，供水管道中会出现各种各样的污垢和气泡，这些会在系统管网中不断积累，导致管道狭窄，阻塞和漏水等问题。而除污器可以将这些污垢和气泡快速去除，保证系统的正常运行。

2) 保护设备。如果采暖系统中有大量的污垢和气泡，会导致管道内的水流变慢，进而导致设备的过热和损坏。除污器的作用就是去除这些污垢和气泡，为供暖系统中的设备提供保护。

3）延长设备寿命。除污器可以保持系统管网的清洁和畅通，有效地延长设备的使用寿命。

2. 过滤器

采暖系统中过滤器（图1.29）的主要作用是过滤掉水中的杂质和颗粒物，保证水质干净纯净，从而提高采暖系统的效率和寿命。

（1）过滤器的分类。主要分为金属网状过滤器、尼龙网状过滤器、Y型式过滤器。

（2）过滤器的作用。

1）防止管道污垢。随着时间的推移，管道内部容易产生污垢，影响采暖效率，而过滤器的作用是过滤掉水中的颗粒物，减少管道内部的污垢，从而防止管道狭窄或堵塞。

图1.29 过滤器

2）防止设备受损。采暖设备内部也容易沉积污垢，从而影响采暖效果，甚至损坏设备。而过滤器的作用是过滤掉水中的杂质，保护设备免受损坏。

3）降低维修成本。系统内部积存的污垢和杂质会加速管道的腐蚀速度，从而增加了维修成本。而过滤器的作用是过滤掉水中的杂质和颗粒物，从而延长了管道和设备的使用寿命，降低维修成本。

（3）过滤器的选择。选择合适的过滤器需要考虑以下几个因素：

1）类型。常见的过滤器类型有悬浮颗粒物过滤器、磁力过滤器、网式过滤器等。应根据不同的需要选择合适的过滤器类型。

2）滤网孔径。不同的过滤器滤网孔径不同，应根据实际需要选择合适的孔径大小。

3）材质。过滤器的材质需要具备耐腐蚀性能，常用的材质有不锈钢、黄铜、玻璃钢等。

4）流量。应根据实际水流量大小选择合适的过滤器流量。

1.2.3.4 分集水器

分集水器（图1.30）又称分集水缸、集分水器，是在地暖系统中用于连接采暖主干供水管和回水管，由分水器和集水器组合而成的水流量分配和汇聚的装置。分水器是在水系统中用于连接各路加热管供水管的配水装置，将热源热水分开导入每一路的地面辐射采暖所铺设的管内，实现分室采暖和调节温度的目的。集水器是在水系统中用于连接各路加热管和回水管的汇水装置，起到将分开散热后的每一路内的低温水汇集到一起，并固定到墙体或地面的作用。

1. 分集水器的工作原理

分集水器一方面将主干管的水按需要进行流量分配，保证各区域分支环路的流量满足负荷需要，另一方面要将各分支回路的水流汇聚，并且输入回水主干管中，

图1.30 分集水器

实现循环运行。

2. 分集水器的分类

(1) 从功能和结构上来分，分集水器分基本型、标准型和功能型3种。

1) 基本型。由分水干管和集水干管组成。在分集水干管的每个分支口上装有球阀，同时分集水干管上分别装有手动排气阀。基本型分集水器不具备流量调节功能。

2) 标准型。标准型分集水器结构上与基本型相同，只是将各干管上的球阀由流量调节阀取代。将两干管上的手动排气阀由自动排气阀取代。标准型分集水器可对每个环路的流量做精密调节，甚至豪华标准型分集水器的流量调节可实现人工智能调节。

3) 功能型。功能型分集水器除具备标准型分集水器的所有功能外，同时还具有温度、压力显示功能、流量自动调节功能、自动混水换热功能、热能计量功能、室内分区温度自动控制功能、无线及远程遥控功能等。

(2) 从设计性能等方面来分，分集水器分为韩版分集水器和欧版分集水器。

韩版分集水器通常都是蝶形的手动阀控制支管水路的通、断，手动排气，结构简单，挂墙式安装。韩式分集水器结构简易、功能简单、智能化程度低、造价低廉。

欧版分集水器高档的每支路都有可视流量计，能够对环路流量进行微调，并且有温度表、压力表、活结球阀、自动排气阀等。欧版分集水器配有专门的分水器箱，嵌入式墙体安装。欧版分集水器结构复杂、功能强大、智能化程度高、造价高昂。

3. 分集水器的设置要求

在《暖通空调规范》第5.4.7条中指出，在居住建筑中，热水辐射采暖系统应按户划分系统，并配置分水器、集水器；户内的各主要房间，宜分环路布置加热管。

在《暖通空调规范》第5.4.9条中指出，每个环路加热管的进、出水口，应分别与分水器、集水器相连接。分水器、集水器内径不应小于总供、回水管内径，且分水器、集水器最大断面流速不宜大于0.8m/s。每个分水器、集水器分支环路不宜多于8路。每个分支环路供回水管上均应设置可关断阀门。

1.2.3.5 辅助配件

1. 软接头

采暖系统常用的有橡胶软接头、金属软接头2种。

(1) 橡胶软接头。橡胶软接头（图1.31）是管道配件中常见的一种软接头，可降低振动及噪声，并可对因温度变化引起的热胀冷缩起补偿作用，广泛应用于各种管道系统，使用率高。橡胶软接头采用耐高温橡胶，主要材质为三元乙丙橡胶（即EPDM橡胶），耐热性能优越，可以承受150℃以下的高温水。其作用一是减震；二是热胀冷缩的需求；三是方便拆装阀门及维修需要。

图1.31　橡胶软接头

(2) 金属软接头。一般暖气片使用塑料管作为采暖管道，管道连接会用到金属软管接头（图1.32）。

图1.32　金属软管接头

目前市场上的软管接头主要包括螺纹连接、法兰连接、快速接头连接等形式，不同的类型用途是不一样的，金属软管主要零件的材料采用奥氏体不锈钢，从而保证了金属软管优良的耐温性和耐腐蚀性，而且金属软管接头型号非常多，规格主要是根据内径的大小来选择合适的产品，而且还应该分清英制螺纹还是公制螺纹。

金属软接头在选择的时候，首先是接头形式的选择，一般来说主要有法兰连接、螺纹连接、快速接头连接，要根据实际需求进行选择。其次，要根据实际工作的压力来选择金属软管以及接头，这样才能够保证其顺利工作，此外，还需考虑金属软管接头能够承受的压力以及温度、介质的腐蚀性等。

2. 阀门

阀门是控制介质流动的一种管路附件，是管路中不可缺少的配件之一。假如没有选用合适的阀门，严重情形会造成安全事故，轻则也会出现"漏、冒、滴、跑"等现象，因此选用合适的阀门是工作中的重中之重。供热系统常用到的阀门有截止阀、闸阀（或闸板阀）、减压阀、安全阀、逆止阀（止回阀）、蝶阀、球阀、疏水阀等。

（1）截止阀。截止阀（图1.33）指关闭体（阀瓣）沿阀座中心线移动的阀门。其在管道中一般只作切断用，而不用于节流，通常公称通径都限制在DN250以下。缺点是压力损失大。

图1.33 截止阀

截止阀用于截断介质流动，有一定的调节性能，压力损失大，供热系统中常用来截断蒸汽的流动，在阀门型号中用"J"表示截止阀。

截止阀种类很多，按照结构一般分为直通式、直角式和直流式。直角式截止阀在制冷系统中较多采用，其进口通道呈90°直角，会产生压力降，最大优点是安装在管路系统的拐角处，既省90°弯头，又便于操作。其适用的范围比较广，中低压和高压都可以使用，同时制造简单，维修省时，也比较耐用；但是其安装时方向性单一，长期使用后密封性会降低。

选用标准一般为高温、高压的介质管路或装置上宜采用截止阀；适合用作小型阀门；管路直径比较小，有流量或者压力调节，同时适用于对调节精准度要求较低的工况；也适用于DN200以下蒸汽等介质管道上。

截止阀阀体上标有箭头，（水流）方向不得装反，适用于管径不大于50mm的管道安装。

（2）闸阀。闸阀（图1.34）是指关闭件（闸板）沿介质通道轴线的垂直方向移动的阀门。其优点是流阻系数小，启、闭所需力矩较小，介质流向不受限制。缺点是结构尺寸大、启闭时间长、密封面易损伤、结构复杂。

图1.34 闸阀

闸阀用于截断介质流动，当阀门全开时，介质可以顺畅通过，无须改变流动方向,因而压损较小。闸阀的调节性能较差,在阀门型号中用"Z"表示闸阀。

对闸阀的分类,最常见的形式是平行式和楔式闸阀,根据阀杆的结构,还可分成明杆闸阀和暗杆闸阀。

1) 平行式闸阀是指两个密封面相互平行的闸阀。适用于低压,中、小口径(DN50~DN400)的管道。

2) 楔式闸阀指两个密封面呈楔形的闸阀。分为双闸板、单闸板和弹性闸板。

3) 由于明杆闸阀能较直观显示其启闭程度,因此中小通径(≤DN8)通常选用明杆闸阀。

4) 暗杆闸阀因其阀杆螺母在阀体内与介质直接接触,适用于大口径阀门和安装空间受限制的管路,如地下管线。

一般管道直径在 70mm 以上时采用闸阀。

(3) 减压阀。减压阀(图 1.35)是通过启阀件的节流和调节,将介质压力降低,并通过阀后介质压力的直接作用,使阀后的压力自动满足预定的要求。通常减压阀后的压力 P_2 应小于阀前压力 P_1 的 0.5 倍。在给定的弹簧压力级范围内,使出口压力在最大值与最小值之间能连续调整,不得有卡阻和异常振动。

图 1.35 减压阀

减压阀按结构分为活塞式、薄膜式、波纹管式、弹簧薄膜式、杠杆弹簧式等。

选用减压阀时,除对型号、规格进行选择外,还应说明减压阀前后的压差值和安全阀的开启压力,以便厂家合理配备弹簧。减压阀的选用应根据减压流量、阀前后的压力及阀前介质温度来选定阀孔面积,最后选择减压阀的规格尺寸。

(4) 安全阀。安全阀(图 1.36)主要用于介质超压时的泄压,以保护设备和系统。在某些情况下微启式水压安全阀经过改进可用作系统定压阀。安全阀的结构形式有很多,在阀门型号中用"Y"表示。在选用时,应根据不同介质种类、防护要求和压力等因素合理选择。

安全阀按其结构可分为杠杆重锤式安全阀、弹簧式安全阀及脉冲式安全阀。按

图 1.36 安全阀

照阀瓣最大开启高度与阀座通径之比分为微启式安全阀和全启式安全阀。

1）杠杆重锤式安全阀主要依靠杠杆与重锤来平衡作用在阀瓣上的压力。

2）弹簧式安全阀依靠内部压缩弹簧的力量，来达到压力的平衡，并做到密封的效果。弹簧式安全阀选型时，应注意实际的开启压力，除按公称压力分类外，还有5种工作压力级的弹簧供选择。

3）脉冲式安全阀由主阀和辅阀构成，利用辅阀的脉冲来带动主阀，从而使其压力达到平衡的效果。

4）微启式安全阀阀瓣开启高度与阀座通径的比例，在二十分之一到十分之一的范围。由于其排量小，其出口通径一般等于进口通径，常用于液体介质。

5）全启式安全阀阀瓣开启高度与阀座通径之间的比例，在四分之一到三分之一的范围。由于其排量大，故当公称通径不小于40mm时，其出口通径一般比进口公称通径大一级，多用于气体介质。

（5）逆止阀。逆止阀（图1.37）又称逆流阀、背压阀、止回阀或单向阀，是用来防止管道和设备中介质倒流的一种阀门，其依靠管路中介质本身的流动产生的力而自动开启和关闭。

逆止阀允许介质单方向流动，具有严格的方向性，若阀后压力高于阀前压力，则逆止阀会自动关闭，主要用于防止水倒流的管路上。

逆止阀的型式有多种，主要包括升降式、旋启式等。升降式的阀体外形像截止阀，压损大，因此在新型的换热站系统中较少选用。在阀门型号中用"H"表示。旋启式回阀的阀瓣围绕阀座外的销轴旋转，又分单瓣和多瓣，前者一般适用于公称通径为50～500mm的工况中，后者一般用于公称通径不小于600mm的工况中。

图1.37 逆止阀

此外，还有空排止回阀，其用于锅炉给水泵出口防止介质倒流及起排空作用的新型缓闭止回阀，有消除水锤作用；隔膜式止回阀防止水击性能好；球形止回阀是阻止介质逆流的最佳选择。

（6）蝶阀。其名称来源于翼状结构的蝶板。蝶阀（图1.38）靠改变阀瓣的角度实现调节和开关，由于阀瓣始终处于流动的介质中间，因此形成的阻力较大，因而也较少选用。在阀门型号中用"D"表示。

蝶阀主要用于管道切断和节流，当蝶阀用于切断时，多用弹性密封，材料选橡胶、塑料等，当用于节流时，多用金属硬密封。蝶阀

图1.38 蝶阀

的优点是体积小、重量轻、结构简单、启闭迅速、调节和密封性能良好、流体阻力和操作力矩较小等。

蝶阀按结构可分为杠杆式（双摇杆）、中心对称门式、偏置板式和斜板式。对公称通径小于800mm的蝶阀应选择偏置板式。

（7）球阀。球阀（图1.39）是由旋塞阀演变而来的，其在管道上主要用于切断、分配和改变介质流向。特点是流体阻力最小，其阻力系数与同长度的管段相等、启闭快、密封可靠、结构紧凑、易于操作和维修，因而广泛用于许多场合。

球阀按球体的结构形式可分为以下3种。

1）浮动球阀。浮动球阀结构简单、密封性能良好。由于球所承受的工作介质载荷全部传给了出口端阀座密封圈，因而这种结构只适用于中、低压场合，其缺点是组装困难，制作精度要求高，同时操作力矩也较大。

图1.39 球阀

2）固定球阀。固定球阀的球体是固定的，由两端与球体连在一起的固定轴支撑，在介质压力的作用下，球体不会产生位移。适用于高压和大口径的管道中。

3）弹性球阀。弹性球阀适用于高温、高压介质。在球体上开有弹性槽，这种结构在开启和关闭时可以减少两密封面间的摩擦，同时也降低了操作力矩。

（8）疏水阀。疏水阀（图1.40）适用于蒸汽供热设备和管道，用以自动排除凝结水、空气及其他不凝性气体，并阻止蒸汽的漏失，即起阻汽排水的作用。

疏水阀选用时，首先要根据凝结水的最大排量和进出口的压力差选型，还要加以修正，其修正系数为1.5～4；其次要合理安装。

图1.40 疏水阀

蒸汽疏水阀按启闭形式可分为以下3种。

1）机械型蒸汽疏水阀。依靠蒸汽疏水阀内凝结水液位高度的变化而动作。

2）热静力型蒸汽疏水阀。依靠蒸汽疏水阀内凝结水温度的变化面动作。

3）热动力型蒸汽疏水阀。依靠蒸汽疏水阀内凝结水的热动力学性质的变化而动作。

3. 供热系统阀门的选择

（1）闸阀的阀体长度适中，转盘式调节杆调节性能好，在较大管径管道中被广泛使用。

（2）截止阀的阀体长，转盘式调节杆调节性能良好，适用于场地宽敞、小管径的场合（公称通径一般小于等于150mm）。

（3）蝶阀的阀体短，手柄式调节杆调节性能稍差，价格较高，但调节操作容易，适用于场地小、大管径的场合（公称通径一般大于150mm）。

（4）在分、集水器上，由于主要功能是调节，一般选截止阀或闸阀。

（5）水泵入口装设阀门1只，出口装设阀门2只。其中出口端靠近水泵一侧阀门为止回阀，另2只阀门可选择闸阀、截止阀或蝶阀。

（6）供热空调末端设备出入口处小口径管道可选用截止阀或球阀。

（7）多层、高层建筑各层水平管上可装设平衡阀，用以平衡各层流量。

（8）水箱及管道、设备最低点装设排污阀，由于不用于调节，宜选用能严密关断的阀门如闸阀、截止阀等。

（9）蒸汽—凝结水管道系统，如蒸汽采暖系统、锅炉水系统、蒸汽溴化锂冷水机组、汽—水热交换器系统中，一般在蒸汽入口处装设减压阀；在可能产生高压处装设安全阀；在排凝结水处装设疏水阀。

1.3 空气调节系统

实训目的：
（1）熟悉空气调节系统的概念、发展史及分类。
（2）掌握常用中央空调系统的组成、特点。
（3）熟悉不同中央空调系统适用场合。

实训内容：

1.3.1 空气调节系统概述

1.3.1.1 空气调节系统的概念

空气调节系统简称空调。其利用设备和技术对室内空气（或人工混合气体）的温度、湿度、清洁度及气流速度进行调节，以满足人们对环境的舒适要求或生产对环境的工艺要求。

空气调节系统的原理大致相近，主要都是通过热泵，把热量由一个低温热源传送到另一个较高温的散热装置，这一过程称为冷冻循环。在空气调节系统中传递能量的介质称为工质或冷媒，可以是水、空气、冰或其他化学物质。

在冷冻循环中，冷媒一开始为气态，借由压缩机使冷媒变成高温高压的气体，然后高温的冷媒流到室外的热交换器（也称为凝结盘管），冷媒释放热量，凝结成为液体。液态冷媒先经由扩张阀控制流量，再进入室内的另一个热交换器（也称为蒸发盘管），吸收室内空气的热量，在蒸发盘管中蒸发成为气态，再进入压缩机中重复下一个的循环。上述的循环会吸收室内的热量，再将热量释放到室外，因此可以降低建筑物内的温度。

空气调节设备一般包括进风和滤尘装置、通风机、管道、消毒设备、出风装置以及处理空气温度和湿度的设备（如喷雾室、洗涤室等）。对要求恒温恒湿的系统，常装有自动控制和调节的设备。空气调节应用于化学纤维、药物、橡胶、发酵、食品、纺织和精密仪器等的生产工艺控制过程中，也用于居所、会场、博物馆、医院、剧院以及设备完善的交通运输工具内部等处。

空调分舒适性空调和工艺性空调两大类，前者以室内人员为对象，创造舒适环境为目的；后者以生产工艺、机器设备或存放物品为对象，以确保产品质量和满足生产工艺操作过程的特定要求为目的。

1.3.1.2 空气调节系统的发展史

1000 多年前，波斯已发明一种古式的空气调节系统，利用装设于屋顶的风杆，以外面的自然风穿过凉水并吹入室内，令室内的人感到凉快。现代意义上暖通空调的发展起源于西方。

19 世纪，英国科学家及发明家迈克尔·法拉第（Michael Faraday），发现压缩及液化某种气体可以将空气冷冻，此现象出现在液化氨气蒸发时，当时这一理念尚处于理论阶段。

1842 年，佛罗里达州医生约翰·哥里（John Gorrie）以压缩技术制造出冰块，并使用冷冻空气吹向疟疾与黄热病的病人。他想到使用制冰机来管理大厦的环境，并想像到可令整个城市凉快的空气调节系统。哥里在 1851 年为其制冰机取得美国专利。

1901 年，美国的威利斯·开利（Willis H. Carrier）博士在美国建立了世界上第一所空调试验研究室。

1902 年 7 月 17 日，开利博士为美国纽约布鲁克林的一家印刷厂设计了世界公认的第一套科学空调系统。空调行业将这项发明视为空调业诞生的标志。

1906 年，开利博士获得了"空气处理装置"的专利权。该装置可以加湿或干燥空气。

1911 年 12 月，开利博士得出了空气干球、湿球和露点温度间的关系，以及空气显热、潜热和比焓值间关系的计算公式，绘制了湿空气焓湿图，成为空调行业最基本的理论，它是空气调节史上的一个重要里程碑。

1921 年，开利博士还发明了世界上第一台离心式冷水机组，如今该机组陈列于华盛顿国立博物馆。

1924 年，他成功地将空调从单一的工业使用发展为同时运用于民用上。

1928 年，他开发了第一台家用空调（Weathermaker），安装在明尼苏达州的明尼阿波利斯。

1937 年，开利博士又发明了空气-水系统的诱导器装置，该装置是目前常见的风机盘管的前身。

个人拥有超过 80 项发明专利的开利博士，以其一生在空调科技方面的卓越成就，被誉为"空调之父"，他的名字更被列入美国国家伟大发明家纪念馆，与爱迪生、贝尔等杰出发明家齐名，备受世人景仰。

家居空气调节系统在东亚地区的国家中最为常见与普及，包括日本、韩国、中国等。日本及邻近地区制造的空调系统多数为窗口式（窗型）或分体式（分离式），分体式较为先进且价格昂贵。随着人们生活水平的提升，空调在热带气候的东南亚地区如马来西亚、新加坡与菲律宾等地也逐渐普及。

在美国，家居空调系统在东岸及南部较为常见，部分地区的普及程度与东亚地区相当。中央空调系统在美国较常见，已成为佛罗里达州新建住宅的非正式标配。

1.3.1.3 空调系统的分类

室内空调系统的种类很多，按不同的分类方法可以分成10多种类型。各种类型的不同组合又可派生出更多的组合类型。空气调节系统按4种分类方法进行分类可分为12种室内空调系统，分类见表1.4。

表1.4　　　　　　　　　　室内空调系统分类

分类	空调系统	系统特征	系统应用
按空气处理设备的设置情况分类	集中式空调系统	集中进行空气的处理、输送和分配	单风管系统、双风管系统、变风量系统
	半集中式空调系统	除了有集中的中央空调器外，在各自空调房间内还分别有处理空气的末端装置	末端再热式系统、风机盘管机系统、诱导器系统
	分散空调系统	每个房间的空气处理分别由各自的整体式空调器承担	单元式空调器系统、窗式空调器系统、分体式空调器系统、半导体空调器系统
按负担室内空调负荷所用的介质分类	全空气空调系统	全部由处理过的空气负担室内空调负荷	一次回风系统，一、二次回风系统
	全水空调系统	全部由水负担室内空调负荷，一般不单独使用	风机盘管机组系统
	空气—水空调系统	由处理过的空气和水共同负担室内空调负荷	再热系统和诱导器系统并用、全新风系统和风机盘管机组系统并用
	冷剂空调系统	制冷系统蒸发器直接在室内吸收余热余湿	单元式空调器系统、窗式空调器系统、分体式空调器系统
按集中系统处理的空气来源分类	封闭式空调系统	全部为再循环空气，无新风	再循环空调系统
	直流式空调系统	全部用新风，不使用回风	全新风系统
	混合式空调系统	部分新风，部分回风	一次回风系统，一、二次回风系统
按风管中空气流速分类	低速系统	考虑节能与消声要求的矩形风管系统，风管截面较大	民用建筑主风管风速低于10m/s、工业建筑主风管风速低于15m/s
	高速系统	考虑缩小管径的圆形风管系统，耗能多，噪声大	民用建筑主风管风速高于12m/s、工业建筑主风管风速高于15m/s

1. 按空气处理设备的设置情况分类

（1）集中式空调系统。集中式空调系统（图1.41）的所有空气处理设备（包括冷却器、加热器、过滤器、加湿器等）以及通风机、水泵等设备都设在一个集中的空调机房内，处理后的空气经风道输送到各空调房间。通常把这种由空气处理设备及通风机组成的箱体称为空调箱或空调机，把不包括通风机的箱体称为空气处理箱或空气处理室。这种空调系统处理空气量大、需要集中的冷源和热源、运行可靠、便于管理和维修，但机房占地面积较大。

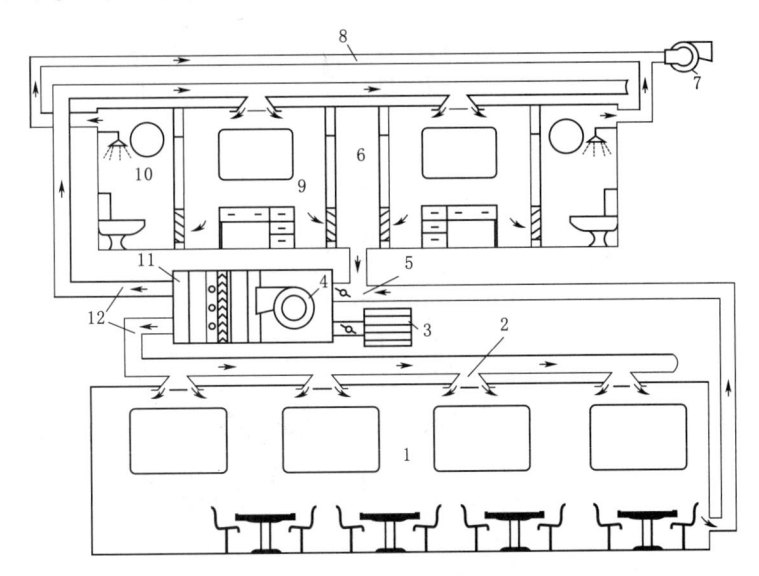

图1.41　集中式空调系统示意图

1—餐厅；2—送风口；3—新风口；4—送风机；5—回风管；6—走道；7—排风机；
8—排风管；9—卧室；10—卫生间；11—中央空调处理器；12—送风管

集中式空调系统又可分为单风管空调系统、双风管空调系统以及变风量空调系统。该系统一般由冷热源、空气处理设备、空气输送和分配系统、空调水系统组成。适用于面积较大的单个空调房间，或者室内空气设计状态相同、热湿比和使用时间也大致相同，且不要求单独调节的多个空调房间（如办公大楼、写字楼等）。

（2）半集中式空调系统。半集中式空调系统（图1.42）是指对室内空气处理的设备分别设置在各个空调房间或区域内，同时还有一部分设备如制备冷冻水的冷水机组或对新风进行集中处理的设备集中在机房内运行。半集中式空气调节系统按末端装置的形式又可分为末端再热式系统、风机盘管机系统和诱导器系统。

该系统一般由冷热源设备、水系统、末端设备组成。其适用于空调房间多、空间小、各房间要求单独调节；建筑物面积较大，但主风管敷设困难的建筑。

（3）分散空调系统。分散空调系统又称为局部空调系统或局部机组。该系统的特点是将冷（热）源、空气处理设备和空气输送装置都集中设置在一个空调机内。可以按照需要，灵活、方便地布置在各个不同的空调房间或邻室内。分散空调系统不需要集中的空气处理机房。常用的有单元式空调器系统、窗式空调器系统、分体式空调器系统和半导体空调器系统。

2. 按负担室内空调负荷所用的介质分类

（1）全空气空调系统。全空气空调系统［图1.43（a）］是指空调房间内的余热、余湿全部由经过处理的空气来负担的空气调节系统。空调系统在夏季运行时，

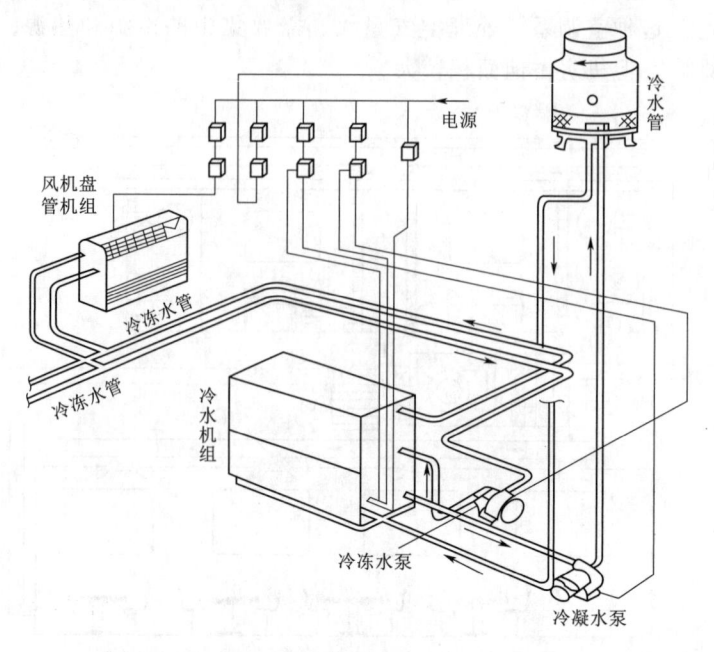

图 1.42 半集中式空调系统示意图

房间内如有余热和余湿，可用低于室内空气温度和含湿量的空气送入房间内，吸收室内的余热、余湿后排出，使室内空气的温度保持所需要的参数要求。由于空气的比热较小，需要用较多的空气量才能达到消除余热、余湿的目的，因而这种系统要求有较大的风道断面或较高的风速，且占用建筑空间较多，但室内空气的品质有保障。

（2）全水空调系统。空调房间内的余热和余湿负荷全部由冷水或热水来负担的空调系统称为全水空调系统［图 1.43（b）］。空调系统在夏季运行时，用低于空调房间内空气露点温度的冷水送入室内空气处理装置—风机盘管机组，由风机盘管机组与室内的空气进行热湿交换；冬季用热水风机盘管机组与室内的空气进行热交换，使室内空气升温，以满足设计状态的要求。由于水的比热比空气大得多，在相同条件下只需较小的水量，从而使输送管道占用的建筑空间较小。但这种系统不能解决空调房间的通风换气问题，通常情况下不单独使用。

（3）空气—水空调系统。空调房间内的余热、余湿由空气和水共同负担的空调系统称为空气—水空调系统［图 1.43（c）］。空气—水空调系统用风机盘管或诱导器对空调房间内的空气进行热湿处理，而空调房间所需要的新鲜空气则由集中式空调系统处理后，由送风管道送入各空调房间内。由于使用水作为系统的一部分介质，而减少了系统的风量。这种系统有效地解决了全空气系统占用建筑空间大和全水系统中空调房间通风换气的问题，适用于对空调精度要求不高和有舒适性空调要求的场合。

（4）冷剂空调系统。冷剂空调系统［图 1.43（d）］是指空调房间的热湿负荷直接由制冷系统的蒸发器来负担的空调系统。制冷机组的蒸发器中的制冷剂直接与被处理空气进行热交换，以达到控制室内空气温度和湿度的目的。这种系统的优点在于冷热源利用率高、占用建筑空间少、布置灵活，可根据不同的空调要求自由选择制冷和供热。通常用于分散安装的局部式空调系统和集中式空调系统中的直接蒸发式表冷器就属于此类。

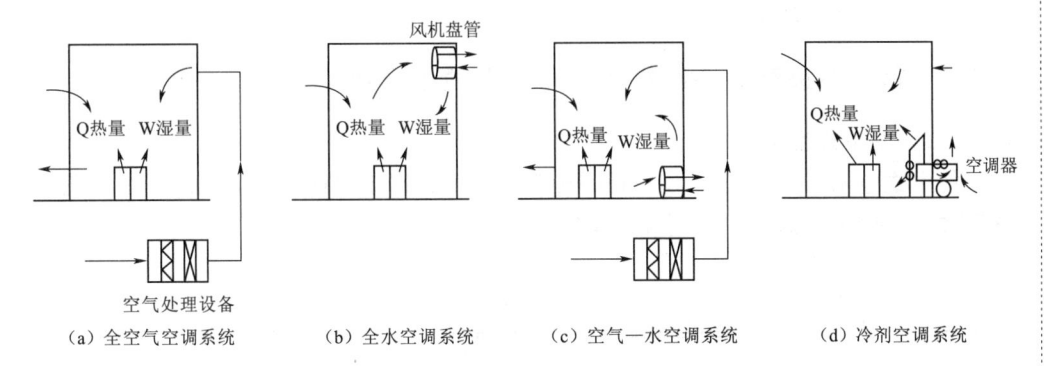

图 1.43 按负担室内空调负荷所用的介质种类对空调系统分类示意图

3. 按集中系统处理的空气来源分类

（1）封闭式空调系统。封闭式空调系统［图 1.44（a）］其所处理的空气全部来自空调房间，没有室外新风补充，因此房间和空气处理设备之间形成了一个封闭环路。封闭式空调系统用于封闭空间且无法（或不需要）采用室外空气的场合。这种系统冷、热量消耗最少，但卫生效果差。当室内有人长期停留时，必须考虑换气。这种系统应用于战时的地下庇护所等战备工程以及很少有人进入的仓库。

（2）直流式空调系统。直流式空调系统［图 1.44（b）］所处理的空气全部来自室外，室外空气经处理后送入室内，然后全部排至室外。这种系统适用于不允许采用回风的场合，如放射性实验室以及散发大量有害物的车间等。为了回收排出空气的热量和冷量来预处理室外新风，可在系统中设置热回收装置。

（3）混合式空调系统。封闭式系统不能满足卫生要求，直流式系统在经济上不合理。因而两者在使用时均有很大的局限性。对于大多数场合，往往需要综合这两者的利弊，采用混合式系统［图 1.44（c）］。这种系统既能满足卫生要求，又经济合理，故应用较广。

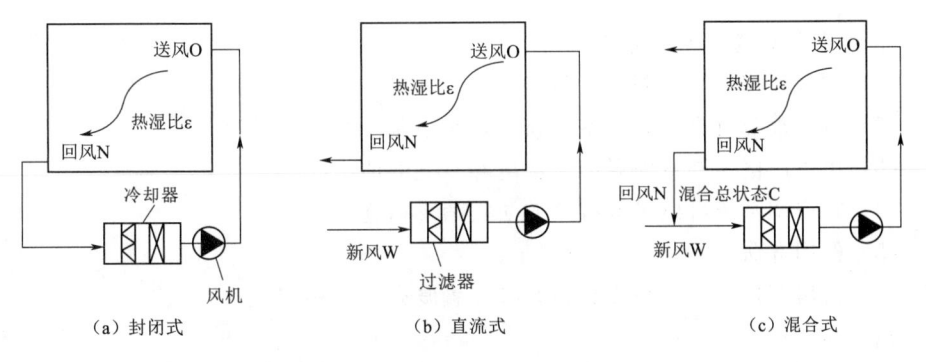

图 1.44 按集中系统处理的空气来源不同对空调系统分类示意图

4. 按风管中空气流速分类

(1) 高速空调系统。高速空调系统主风管中的流速可达 20~30m/s，由于风速大，风管断面可以减少许多，故可用于层高受限、布置风管困难的建筑物中。

(2) 低速空调系统。低速空调系统风管中的流速一般不超过 8~12m/s，风管断面较大，需要占较大的建筑空间。

1.3.2 常用中央空调系统类型、特点及适用场合

1.3.2.1 集中式空调系统

集中式空调系统（图 1.45）是一种出现最早、迄今仍然广泛应用的最基本的系统形式，一般用于商场、影剧院、宾馆大堂、体育馆等。

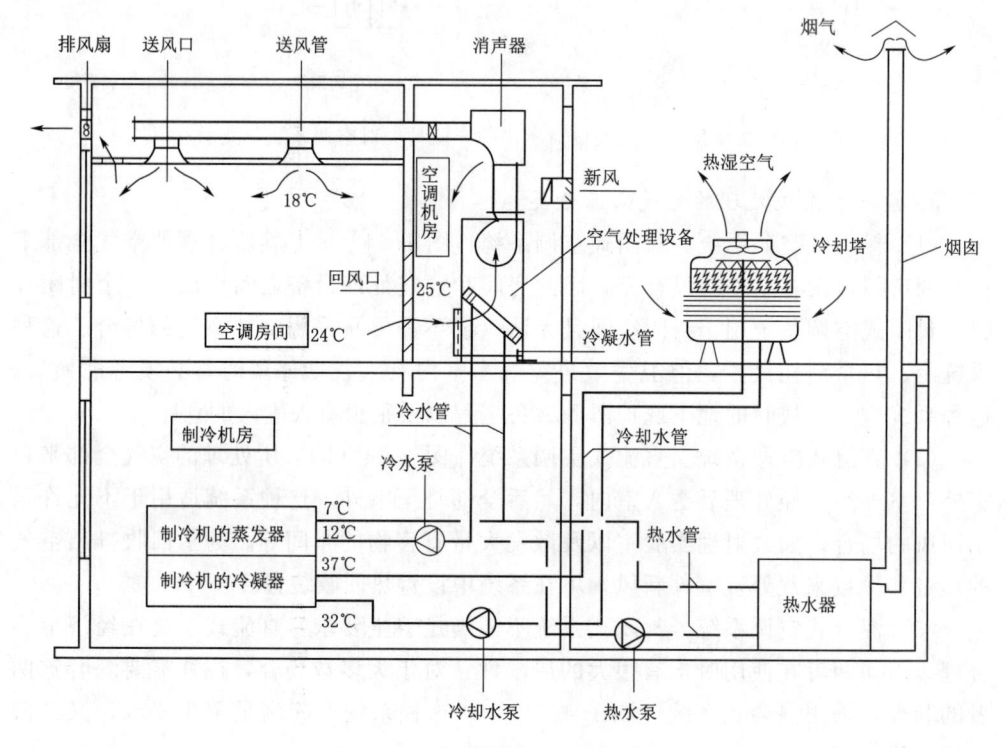

图 1.45 集中式空调系统示意图

1. 集中式空调系统的特点

(1) 空气处理设备和制冷设备集中布置在机房内，便于集中管理和调节。

(2) 过渡季节可充分利用室外新风，减少制冷机运行时间。

(3) 可以严格控制室内温度、湿度和空气的洁净度。

(4) 对空调系统可以采取有效的防震消声措施。

(5) 使用寿命长。

(6) 机房面积大，层高较高，风管布置复杂，占用建筑空间较多，安装工作量大，施工周期长。

(7) 对于房间热湿负荷变化不一致或运行时间不一致的建筑物，系统运行不经济。

(8) 风管系统各支路和风口的风量不易平衡，各房间由风管连接，不易防火。

2. 集中式空调系统的组成

(1) 空气处理设备。空气处理设备主要包括过滤器、预热器、喷水室、再热器等。其作用是使室内空气达到预定的温度、湿度和洁净度。

(2) 空气输送设备。空气输送设备主要包括送风机、回风机、风管系统，以及装在风管上的风管调节阀、防火阀、消声器，风机减振器等配件。其作用是将经过处理的空气按照预定的要求输送到各个空调房间，并从空调房间内抽回或排出一定量的室内空气。

(3) 空气分配装置。空气分配装置主要包括设在空调房间的各种送风口（如百叶风口、散流口）和回风口。其作用是合理组织室内气流，以保证工作区内有均匀的温度、湿度、气流速度和洁净度。

除了以上3个主要部分外，还要有为空气处理服务的热源（如锅炉或热交换站）和热媒管道系统、冷源（空调制冷装置）和冷媒管道系统，以及自动控制和自动检测系统等。

3. 集中式空调系统的分类

(1) 按风量的变化程度不同分为定风量系统和变风量系统。

1) 定风量系统（图1.46）。送风量按最大负荷确定，送风状态按负荷最大房间确定，风量不变，靠调节再热量控制房间送风参数。当各房间负荷变化情况不一致时，容易出现不同房间冷热不均。通常采用定速风机。其特点是系统运行和控制简单，但能耗较高，热舒适性保障方面稍差。

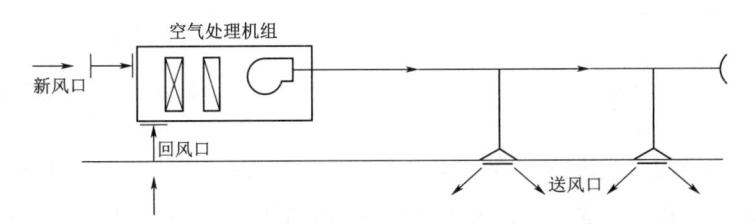

图1.46 定风量系统示意图

2) 变风量系统（图1.47）。系统风量和各房间的送风量均根据负荷和使用情况不断进行调节，当房间人少时可减少送风量，容易解决冷热不均的情况，运行能耗较低，热舒适状况较好。通常采用变速风机。其特点是初投资较高，控制系统较复杂，但控制系统稳定性较好。

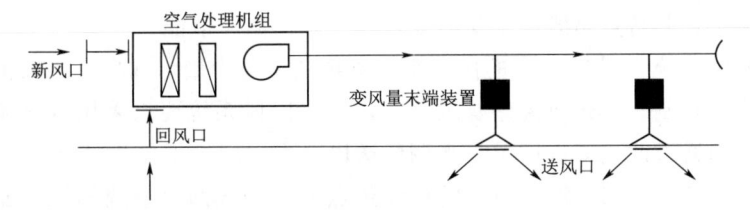

图1.47 变风量系统示意图

(2) 按风管的设置不同分为单风管系统和双风管系统。

1) 单风管系统。夏季供冷,冬季供热,但不能实现不同负荷变化需求的精确调节。其适用于同一系统服务的各区域热湿负荷变化情况相类似的条件,设备简单,初投资少。

2) 双风管系统。调节容易,冷热混合损失大,系统复杂,占建筑空间大,初投资与运行费高。制冷负荷比单风管增加10%左右,欧美地区使用较多。我国基本没有发展此系统。

(3) 按处理空气的来源不同分为直流式空调系统、封闭式空调系统和混合式空调系统(一次回风系统、二次回风系统)。

1) 直流式集中空调系统(图1.48)。也称为全新风式集中空调系统,其所处理的空气全部来自室外,室外空气经处理后送入室内,使用后全部排出到室外。其处理空气的耗能量大。这种空调系统应用于室内空气不宜循环的建筑物中,如含放射性物质及散发大量有害物的实验室、车间等。送风房间中的空气全部排出,不循环使用。直流式集中空调系统通常能耗较高,但通风换气效果好。

2) 封闭式集中空调系统(图1.49)也称为全循环式集中空调系统。封闭式集中空调系统所处理的空气全部来自空调房间本身,全部空气为再循环,没有室外新鲜空气补充到系统中来。

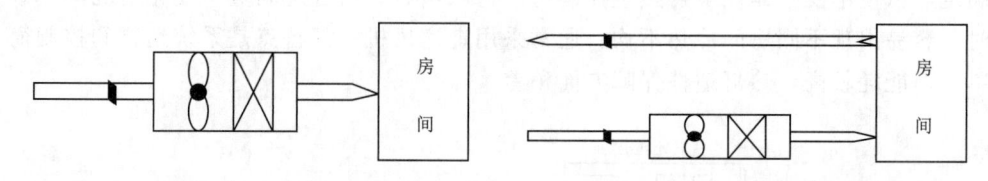

图1.48 直流式集中空调系统示意图　　　图1.49 封闭式集中空调系统示意图

3) 混合式集中空调系统是前两种系统的混合,既使用一部分室内再循环空气,又使用一部分室外新鲜空气。将送入的空气部分抽回重复使用的系统,分为一次回风系统(含全回风系统)、二次回风系统。其所处理的空气部分来自室外,部分来自空调房间。这种系统既能满足卫生要求,又经济合理,是目前应用最广泛的一种系统。

一次回风系统(图1.50)将从房间抽回的空气与室外空气混合、处理后再送入房间中,由于从室内抽回的空气通常比室外空气更接近送风状态,因此可减少加热或冷却空气所需的能量,运行费用较少,是一种广泛采用的系统形式。回风系统一般需要双风机。其特点是既满足新风要求,又利用回风节能。

二次回风系统(图1.51)的优点是节省再热量与冷量,减少冷热抵消;缺点是受热湿比线的限制。在送风温差有限制时,一次回风系统要求采用再热来达到,二次回风系统则通过改变二次回风量来调整送风温度,减少了再热量。

但要注意的是,二次回风系统的机器露点低于一次回风系统的机器露点,在某些情况下,为减少冷水机组能耗,可能要求降低供水温度。

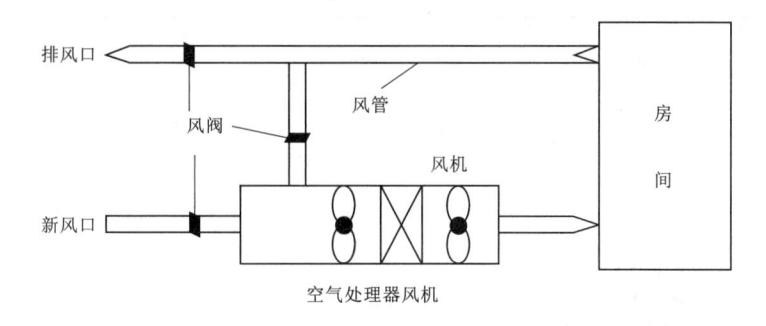

图 1.50 一次回风系统示意图

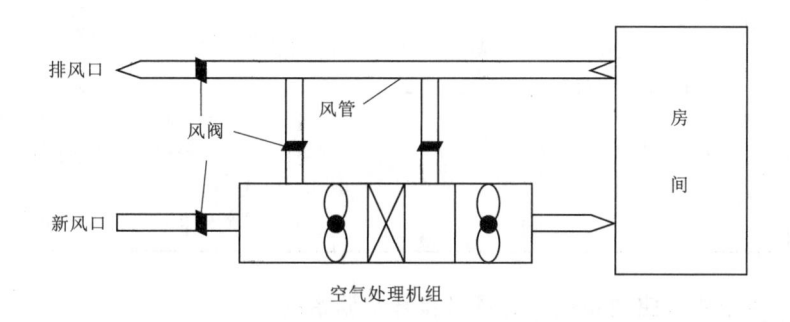

图 1.51 二次回风系统示意图

(4) 按主风道风速不同分为低速系统和高速系统。

1) 低速系统（8～15m/s）：占空间大、噪声小，民用、公用建筑主风管风速不超过 10m/s。

2) 高速系统（15～30m/s）：占空间小、控制噪声较难、耗电量大，民用、公用建筑主风管风速超过 12m/s 即为高速系统。

工程上常见的集中式空调系统有直流式空调系统、一次回风式空调系统及二次回风式空调系统 3 种。

4. 集中式空调系统划分原则

(1) 按室内参数基数与精度、热湿比是否相近进行划分。

(2) 按位置是否相近进行划分。

(3) 按运行时间是否相同进行划分。

(4) 按洁净度与噪声要求是否一致进行划分。

(5) 按有害物、污染物产生量是否类似进行划分。

(6) 按与防火分区是否对应进行划分。

(7) 按总风量大小进行划分。

5. 集中式空调系统适用条件

集中式空调系统适用条件见表 1.5。

表 1.5　　　　　　　　　集中式空调系统适用条件

系统类型	适用条件	空调装置 类别	空调装置 特点
集中式系统	(1) 空调房间面积大或多层、多室，且冷（热）湿负荷变化情况类似。 (2) 新风量变化大。 (3) 室内温度、湿度、洁净度、噪声、振动等指标要求严格。 (4) 全年多工况适应和节能。 (5) 可采用天然冷源。 (6) 维护、操作、管理方便。 (7) 运行费用较低	单风管定风量直流式	房间内产生有害物质，不允许空气再循环使用
		单风管定风量一次回风式	仅作夏季降温或室内相对湿度波动范围要求，且湿负荷变化较大
		单风管定风量一、二次回风式	室内散湿量较小，且不允许选用较大送风温差
		变风量	室温允许波动范围 $t \geq 1^\circ C$，显热负荷变化较大
		冷却器	要求水系统简单，但对室内相对湿度要求不高
		喷水室	(1) 采用循环喷水蒸发冷却或天然冷源。 (2) 室内相对湿度要求较严或相对湿度要求较大且发热量较大。 (3) 喷水室兼作辅助净化措施

1.3.2.2　半集中式空调系统——风机盘管空调系统

这种系统除设有集中空调机房外还在空调机房内设有二次空气处理设备。半集中式空调系统最常用的类型是风机盘管机组，由多排称作盘管的翼片管热交换器和风机组成。与集中空调系统不同，其采用就地处理回风的方式，由风机驱动室内空气流过盘管进行冷却除湿或加热，再送回室内。其一般用于写字楼、办公楼、宾馆客房等。

风机盘管空调系统是将由风机和盘管组成的机组直接放在房间内，工作时盘管内需要流动热水或冷水，风机把室内空气吸进机组，经过过滤后再经盘管冷却或加热后送回室内，如此循环以达到调节室内温度和湿度的目的。

房间所需要的新鲜空气通常是将室外空气经新风处理机组集中处理后由管道送入室内。半集中式空调系统示意图如图 1.52 所示。

由于风机盘管所用的冷媒、热媒也是集中供应，因此风机盘管空调系统是半集中式空调系统。在这种系统中，冷量或热量分别由空气和水带入空调房间，故其属于空气—水系统。

1. 风机盘管空调系统的特点

(1) 与集中式空调系统相比，仅需要新风空调机房，机房占地面积小，层高较低。风机盘管布置在空调房间内，占据空间有限。

(2) 仅需新风系统，风管截面积较小，容易布置。

(3) 盘管既可通冷水，又可通热水，冬夏兼用，但盘管易结垢，影响传热效果。

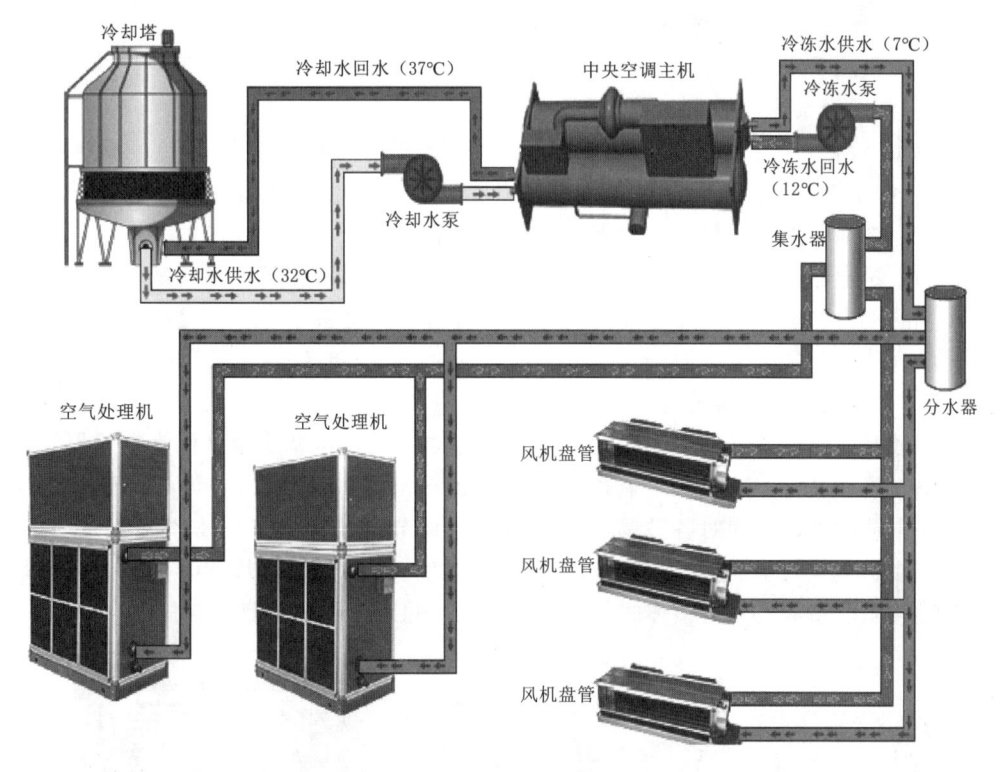

图 1.52 半集中式空调系统示意图

（4）运行灵活，可自行调节各房间负荷，节能效果好，但不能实现全年多工况节能运行调节。

（5）易于安装，施工时间较短，使用寿命长。

（6）风机盘管分散布置，风管、水管、凝水管等管线布置较复杂，水系统易漏水，维护管理较烦琐。

（7）难以满足温度、湿度、清洁度的严格要求。

（8）风机盘管都采用低噪声风机。

2. 风机盘管空调系统的组成

（1）风机盘管的构成。风机盘管主要由风机、电动机、盘管、空气过滤器、凝水盘和箱体组成，另有室内温度自动调节装置。

（2）风机盘管的类型。风机盘管的类型有立式明装、立式暗装、卧式明装、卧式暗装、四面出风等多种。

（3）风机盘管特点。优点是易于分散控制和管理，设备占用建筑面积或空间少、安装方便。缺点是无法常年维持室内温湿度恒定，维修量较大。这种系统多半用于大型旅馆和办公楼等多房间建筑物的舒适性空调。

（4）新风供给方式。

1）室外空气靠房间的门窗等缝隙自然渗入和浴厕机械排风补给新风。

2）在房间外墙打洞引新风直接进入风机盘管机组。

3）由独立的新风系统供给新风（最常用）。

（5）供水系统。

1）双水管系统。供水、回水各一根。

2）三水管系统。冷水管、热水管、公用回水各一根（很少采用）。

3）四水管系统。一种是在三水管基础上再加上一根回水管；另一种是把风机盘管分为冷却、加热两部分，使其供、回水系统完全分开。

（6）诱导器特点。末端噪声大；旁通风门个别控制不灵活；新风量取决于带动二次风的动力要求；空气输送动力消耗大；管道系统复杂；不适合房间同时使用率低的场合使用；二次风过滤难。

1.3.2.3 分散式空调系统

分散式空调系统（图 1.53）也称为局部空调。局部空调机组又称为空调器。它是把空气处理设备、冷热源（制冷机组和电加热）、风机以及自控设备等整体地组合在一个箱体里，分别对各被调房间进行空气调节。其特点是结构紧凑、体积小、安装简便、节省大量风道、布置方便、使用灵活，但维修工作量较大，室内卫生条件有时较差。结构上分为整体式与分体式 2 种，目前，整体式已不常用。

图 1.53 分散式空调系统

1.3.2.4 多联机空调系统

多联机空调系统（图 1.54）是指经过工程设计，并在工程现场用规定制冷剂管道将一台或数台室外机组和数台室内机组连接、安装组成的单一制冷循环直接蒸发式空气调节系统。通常称为"一拖多"，指的是一台室外机通过配管连接两台或两台以上室内机，室外主机由室外侧换热器、压缩机和其他制冷附件组成，末端装置是由直接蒸发式换热器和风机组成的室内机。一台室外机通过管路能够向若干个室内机输送制冷剂液体，通过控制压缩机的制冷剂循环量和进入室内各个换热器的制冷剂流量，适时地满足室内冷、热负荷要求。

多联机空调系统由室内机、室外机、制冷剂管（气、液管）、凝水管、控制系统组成。

图 1.54 多联机空调系统示意图

多联机空调系统其实和传统的水系统中

央空调一样，它们都是中央空调的一种类型，只不过水系统中央空调是通过水把冷量带到室内进行热交换，而多联机空调系统是利用变频技术通过冷媒直接蒸发带走室内热量，效率高、耗能低、节能效果非常显著。

1. 多联机空调系统的分类

（1）按改变压缩机制冷剂流量的方式分可分为变频式和定频式（如数码涡旋、多台压缩机组合等）2个类型。

对于变频式压缩机类型，当室内冷（热）负荷发生变化时，可以通过改变压缩机频率来调节制冷剂流量；在部分室内机开启的情况下，能效比要比满负荷时高；系统使用率在50%～80%的情况下，能效比较高。而对于定频式压缩机类型，当室内负荷变化时，通过压缩机输送旁通等方法来调节制冷剂流量；在部分室内机开启的情况下，能效比要比满负荷时低。

（2）按系统的功能分可分为单冷型、热泵型、热回收型和蓄能型4个类型。

单冷型多联机空调系统仅向室内供冷；热泵型多联机空调系统夏季向室内供冷，冬季向室内采暖；热回收型多联机空调系统可同时向室内供冷和采暖，用于有内区的建筑，因内区全年有冷负荷，热回收多联机空调系统可实现同时对周边采暖和内区供冷，实现了内区热量的回收；蓄能型多联机空调系统可利用夜间电力将冷量（热量）储存在冰（水）中，改善了多联机空调系统白天运行的性能，以实现节能与移峰添谷。

（3）按多联机空调系统制冷时冷却介质分可分为风冷式和水冷式2个类型。

风冷式多联机空调系统是以空气为换热介质（空气作为单冷型多联机空调系统的冷却介质，作为热泵型多联机空调系统的热源），当室外天气恶劣时，风冷式多联机空调运行效果会受到影响。水冷式多联机空调系统是以水为换热介质，与风冷式多联机空调系统相比，多一套水系统，系统相对复杂，但系统的性能系数较高。

2. 多联机空调系统的特点

（1）优点。多联机空调系统只用一个室外机，其结构紧凑、美观、节省空间，室内机实现集中管理，可单独启动一台室内机运行，也可多台室内机同时启动，避免了传统中央空调一开俱开，且耗能大的问题，因此其更加节能；在功能应用上，能满足不同工况的房间运用要求，多联机空调运用全新理念，集一拖多技术、智能控制技术、多重健康技术、节能技术和网络控制技术等多种高新技术于一身，满足了消费者对舒适性、方便性等方面的要求。

（2）缺点。多联机空调系统初投资较高，属于典型的高投资高回报率系统；另外，多联机空调系统复杂，对制造工艺、现场焊接等方面要求非常高，用户在购买安装时需选择一家口碑好、具有专业安装技术的中央空调安装公司。

多联机空调系统特别适用于具有室内温度不同、室内机启停控制自由、分户计量、空调系统分期投资等具有个性化要求的建筑物中。

3. 多联机空调系统室内机样式

常见多联机空调系统室内机可分为以下几种样式：

(1) 双向气流嵌入式。

(2) 多向气流嵌入式。

(3) 角落嵌入式。

(4) 内藏风管连接式。

(5) 薄型风管式。

(6) 落地式。

(7) 落地内藏式。

(8) 悬吊式。

(9) 壁挂式。

1.3.2.5 新风系统

新风系统是根据在密闭的室内一侧用专用设备向室内送新风,再从另一侧由专用设备向室外排出,在室内会形成"新风流动场",从而满足室内新风换气的需要。实施方案是采用高风压、大流量风机、依靠机械强力由一侧向室内送风,由另一侧用专门设计的排风风机向室外排出的方式强迫在系统内形成"新风流动场"。在送风的同时对进入室内的空气进行过滤、灭毒、杀菌、增氧、预热(冬天)。

1. 新风系统的分类

新风系统一般分为单向流新风系统、双向流新风系统和地板送风系统。

(1) 单向流新风系统。单向流新风系统(图 1.55)是基于机械式通风系统三大原则的中央机械式排风与自然进风结合而形成的多元化通风系统,由风机、进风口、排风口及各种管道和接头组成的。安装在吊顶内的风机通过管道与一系列的排风口相连,风机启动,室内混浊的空气经安装在室内的吸风口通过风机排出室外,在室内形成几个有效的负压区,室内空气持续不断地向负压区流动并排出室外,室外新鲜空气由安装在窗框上方(窗框与墙体之间)的进风口不断地向室内补充,从

图 1.55 单向流新风系统示意图

而使人可以一直呼吸到高品质的新鲜空气。新风系统的送风系统无须送风管道的连接，排风管道则一般安装于过道、卫生间等通常有吊顶的地方，基本上不额外占用空间。

（2）双向流新风系统。双向流新风系统是基于机械式通风系统三大原则的中央机械式送、排风系统，并且可对单向流新风系统进行有效的补充。在双向流新风系统的设计中，排风主机与室内排风口的位置与单向流新风系统分布基本一致，不同的是双向流新风系统中的新风是由新风主机送入。新风主机通过管道与室内的空气分布器相连接，新风主机不断地把室外新风通过管道送入室内，以满足人们日常生活对新鲜、高质量空气的需求。排风口与新风口均带有风量调节阀，通过主机的动力来实现室内通风换气。双向全热净化新风系统示意图如图 1.56 所示。

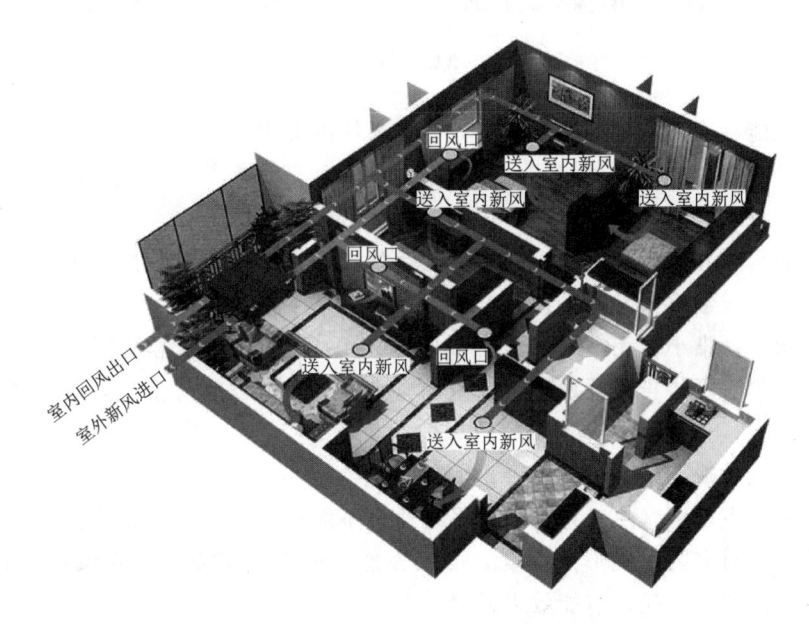

图 1.56 双向全热净化新风系统示意图

（3）地板送风系统。由于二氧化碳比空气重，因此，越接近地面空气含氧量越低，从节能方面来考虑，将新风系统安装在地面会得到更好的通风效果。从地板或墙底部送风口或上送风口所送冷风在地板表面上扩散开来，形成气流组织，并且在热源周围形成浮力尾流带走热量。由于风速较低，气流组织萦动平缓，没有形成大的涡流，因而室内工作区空气温度在水平方向上比较一致，而在垂直方向上分层，层高越高，这种现象越明显。由热源产生向上的尾流不仅可以带走热负荷，也可将污浊的空气从工作区带到室内上方，由设在顶部的排风口排出。底部风口送出的新风、余热及污染物在浮力及气流组织的驱动力作用下向上运动。因此，地板送风系统（图 1.57）能在室内工作区提供品质良好的空气。

2. 新风系统的特点

新风系统的优点如下：

（1）供应新鲜空气。一年 365 天，每天可 24h 连绵不断为室内供应新鲜空气，

(a) 地板铺设前地板送风系统安装示意图　　(b) 地板铺设后地板送风系统安装示意图

图 1.57　地板送风系统示意图

不用开窗也能享用大自然的新鲜空气,满足人体的健康需求。

(2) 具有强大过滤能力。能去除油烟异味、香烟烟雾等,可显著减少家庭环境中二手烟的危害。

(3) 防霉除异味。可将室内湿润污浊空气排出,根除异味,防止发霉和滋生细菌,有利于延长建筑及家具的使用寿命。

(4) 噪声污染小。无须忍耐开窗带来的纷扰,使室内更安静清新。

(5) 防尘。可防止因开窗带来大量的尘土,有效过滤室外空气,确保进入室内的空气洁净。

新风系统的缺点如下:

(1) 损耗室内冷(热)量。新风系统通过不断排气送风来清洁室内空气,夏日使用空调时会对室内凉气形成损耗,冬天亦然。但全热交换器(新风系统的一种)可以减少室内能量损耗,节能效果显著。

(2) 前期需要一定的投资。新风系统的价格受多个要素影响。较为经济的功能有限,能耗高,对于空气质量的改善效果不尽如人意。而高端的智能化新风系统虽然前期投资相对较高,但长远来看,性能卓越,节能效果显著。

(3) 需定时更换过滤网。新风系统如果不及时清理过滤网,很可能成为室内的污染源,因此需常常对新风系统或新风器的滤网和机芯进行更换。一般 2~3 个月更换一次即可,在空气质量较差时,也可 1 个月更换一次。

(4) 需占用一定的层高。新风系统主机与管道需安装在吊顶上,因此需要占用一定的吊顶空间。

1.3.3　各种空调系统的比较

对常用几种集中式空调系统、半集中式空调系统、分散式空调系统从初投资、施工安装、机房面积、维护管理等方面进行对比分析,对比结果见表 1.6,表中各项中表现 A 优于 B 优于 C。

表 1.6　　　　　　　　　各种空调系统的比较分析

系统分类比较 分级项目	集中式系统		半集中式系统	分散式系统
	定风量系统	变风量系统	风机盘管空调系统	空调器
初投资	B	C	B	A
节能效果与运行费用	A	A	B	B
施工安装	C	C	B	A
使用寿命	A	A	B	C
使用灵活性	C	C	B	A
机房面积	C	C	B	A
恒温控制	A	B	B	B
恒湿控制	A	C	C	C
消声	A	A	B	C
隔振	A	A	B	C
房间清洁度	A	A	C	C
风管系统	C	C	B	A
维护管理	A	B	B	C
防火、防爆、房间串气	C	C	B	A

1.4　空气调节设备

实训目的：

（1）掌握冷水机组的工作原理、结构组成及选择原则。
（2）了解户式燃气中央空调的工作原理、分类及其应用。
（3）熟悉冷热电联产的概念及其主要形式。
（4）掌握空气热湿处理设备的工作原理、结构组成及选择原则。
（5）掌握空气处理机组的工作原理、分类及选用。
（6）掌握空调机组、风机盘管、新风机组及气流组织的工作原理及选择原则。

实训内容：

空气调节设备指向指定空间供给经过处理的空气，以保持规定的温度、湿度，并可控制灰尘、有害气体的含量的设备，简称空调设备。

空调设备对空气进行净化、加热或冷却、干燥或增湿等处理。因冷却空气时消耗冷量，需用制冷机，空调设备也可看作是制冷装置的一种。按照空调组成和调节方式不同，空调设备可分为集中式和分散式两种。集中式空调设备适用于大型车间、剧院、商店、一栋楼房或一个建筑群；分散式空调设备又称空调机组，每个（或几个）房间单独用一台机组。

65

1.4.1 冷水机组

冷水机组是一种制造低温水（又称冷水、冷冻水或冷媒水）的制冷装置，任务是为空调设备提供冷源。冷水可以通过冷水泵、管道及阀门送至中央空调系统的喷水室、表面式空气冷却器或风机盘管系统中，冷水吸收空气的热量后使空气得到降温降湿处理。因此，冷水机组在空调系统中占有很重要的地位。冷水机组广泛用于宾馆、办公楼、大型商场、歌舞厅、影剧院、餐厅、医院及厂矿企业的中央空调系统中。

冷水机组是把制冷机、冷凝器、蒸发器、膨胀阀、控制系统及开关箱等组装在一个公共机座或框架上的制冷装置。按照机组的排热方式可分为水冷式和风冷式冷水机组，后者采用热泵循环后，冬天可提供空调用的热水，成为节能型的冷热水机组，受到用户的欢迎。根据压缩种类又分为螺杆式冷水机组和涡旋式冷水机组等，在温度控制上分为低温工业冷水机和常温冷水机，常温机组温度一般控制在0～35℃范围内。低温机组温度一般控制在−100～0℃范围内。

冷水机组又称为冷冻机、制冷机组、冰水机组、冷却设备等，因各行各业的使用比较广泛，故对冷水机组的要求也不一样。

1.4.1.1 冷水机组的分类

（1）按压缩机形式可分为活塞式、螺杆式、离心式。

（2）按冷凝器冷却方式可分为水冷式、风冷式。

（3）按密封方式可分为开式、半封闭式、全封闭式。

（4）按燃料种类可分为燃油型（柴油、重油）、燃气型（煤油、天然气）。

（5）按能量利用形式可分为单冷型、热泵型、热回收型、冰蓄冷双功能型。

（6）按冷水出水温度可分为空调型（7℃、10℃、13℃、15℃）、低温型（−30～−5℃）。

（7）按热源不同（吸收式）可分为热水型、蒸汽型、直燃型。

（8）按载冷剂不同可分为水、盐水、乙二醇。

（9）按能量补偿方式不同可分为电力补偿（压缩式）、热能补偿（吸收式）。

（10）按制冷剂不同可分为有氟制冷剂（R_{22}、R_{123}、R_{134a}）和氨制冷剂两种，目前使用R_{22}的机型较多。

图1.58 螺杆冷水机组

1. 螺杆式冷水机组

螺杆式冷水机组（图1.58）因其关键部件—压缩机采用螺杆式，故名螺杆式冷水机，螺杆式冷水机组主要由螺杆压缩机、冷凝器、蒸发器、膨胀阀及电控系统组成。

螺杆式冷水机组具有结构简单、可靠性高、压缩效率高、振动小、运转平稳、能承受一定液击、能量可以无级调节、单机可在较高压缩比下运行等优点，应用较为广泛。在标准工况下，所需制冷量为 60~2340kW 的用户均可选用单台螺杆式制冷机组来满足要求。

（1）螺杆式冷水机组的工作原理。螺杆式冷水机组由蒸发器产生状态为气体的冷媒；经压缩机绝热压缩以后，变成高温高压状态。被压缩后的气体冷媒，在冷凝器中等压冷却冷凝，经冷凝后变化成液态冷媒，再经节流阀膨胀到低压，变成气液混合物。其中低温低压下的液态冷媒，在蒸发器中吸收被冷物质的热量，重新变成气态冷媒。气态冷媒经管道重新进入压缩机，开始新的循环。这就是冷冻循环的 4 个过程，也是螺杆式冷水机的主要工作原理。螺杆式冷水机的功率比涡旋式冷水机的功率相对较大，主要应用于中央空调系统或大型工业制冷方面。

螺杆式冷水机组制冷原理图如图 1.59 所示。

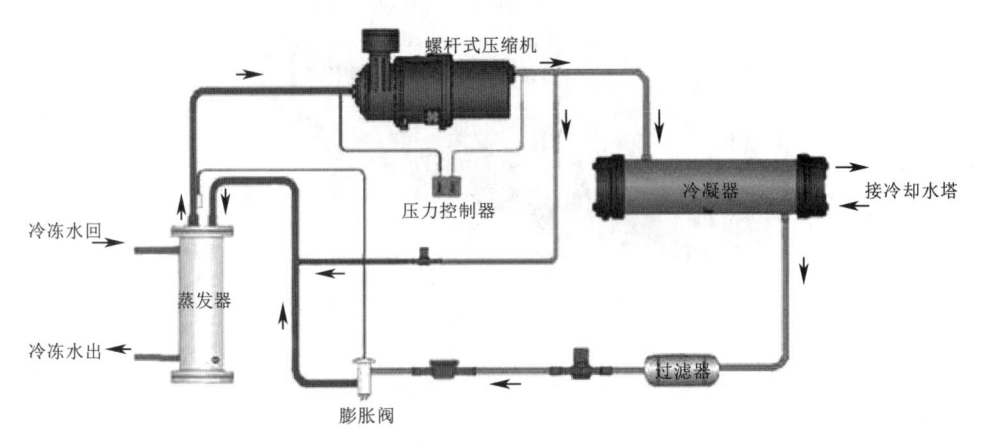

图 1.59　螺杆式冷水机组制冷原理图

（2）螺杆式冷水机组的分类。

1）根据其所用的螺杆式制冷压缩机不同分为双螺杆和单螺杆两种。

双螺杆制冷压缩机（图 1.60）具有一对互相啮合、相反旋向的螺旋形齿的转子，是一种能量可调式喷油压缩机。其吸气、压缩、排气三个连续过程是靠机体内的一对相互啮合的阴阳转子旋转时产生周期性的容积变化来实现。一般阳转子为主动转子，阴转子为从动转子。主要部件由双转子、机体、主轴承、轴封、平衡活塞及能量调节装置构成。容量 15%~100%无级调节或二、三段式调节，采取油压活塞增减载方式。径向和轴向均为滚动轴承；开启式设有油分离器、储油箱和油泵；封闭式为差压供油，进行润滑、喷油、冷却和驱动滑阀容量调节的活塞移动。

压缩原理是气体经吸气口分别进入阴阳转子的齿间容积（吸气过程），转子旋转时，阴阳转子齿间容积连通（V 型空间），由于齿的互相啮合，容积逐步缩小，

图 1.60　双螺杆制冷压缩机

气体得到压缩（压缩过程），压缩气体移到排气口，完成一个工作循环（排气过程）。

单螺杆制冷压缩机（图 1.61）有一个外圆柱面上加工了 6 个螺旋槽的转子螺杆。在蝶、杆的左右两侧垂直地安装有完全相同的 11 个齿条的行星齿轮。利用一个主动转子和两个星轮的啮合产生压缩。其吸气、压缩、排气三个连续过程是靠转子、星轮旋转时产生周期性的容积变化来实现的，主要由单螺杆转子、星轮、轴承、滑阀、电机等部件组成，容量可以从 10%～100% 无级调节及三、四段式调节。

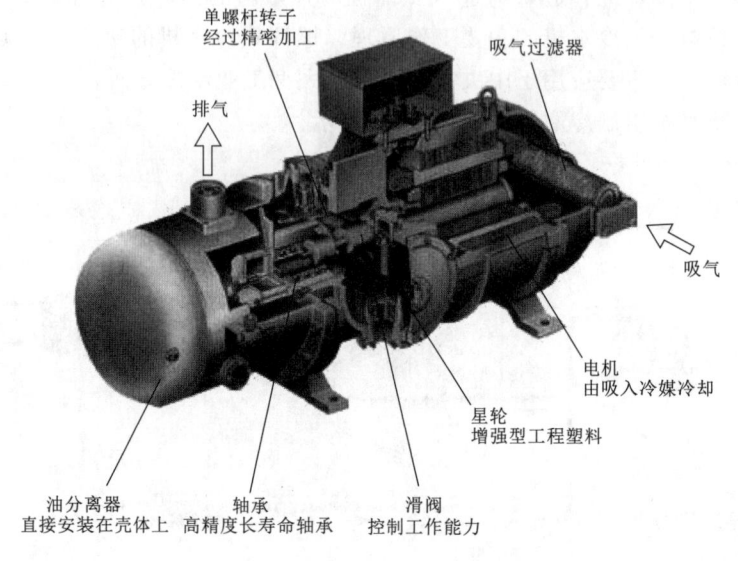

图 1.61 单螺杆制冷压缩机示意图

压缩原理是气体通过吸气口进入转子齿槽。随着转子的旋转，星轮依次进入与转子齿槽啮合的状态，气体进入压缩腔（吸气过程），随着转子旋转，压缩腔容积不断减小，气体随压缩直至压缩腔前沿转至排气口（压缩过程），压缩腔前沿转至排气口后开始排气，便完成一个工作循环。由于星轮对称布置，循环在每旋转一周时便发生两次压缩，排气量相应是上述一周循环排气量的两倍（排气过程）。

2）根据其冷凝方式又分为水冷螺杆式冷水机组和风冷螺杆式冷水机组。

水冷螺杆式冷水机组（图 1.62）的冷冻出水温度范围为 3～20℃，可广泛应用于塑胶、电镀、电子、化工、制药、印刷、食品加工等各种工业冷冻制作过程需使用冷冻水的领域或大型商场、酒店、工厂、医院等各种中央空调工程中需使用冷冻水集中供冷的领域。水冷螺杆式冷水机组主要由半封闭式螺杆压缩机、壳管式冷凝器、干燥过滤器、热力膨胀阀、壳管式蒸发器以及电器控制部分等组成。

水冷螺杆式冷水机组的工作原理是在机组制冷时，压缩机将蒸发器内低温低压制冷剂吸入气缸，经过压缩机做功，制冷

图 1.62 水冷螺杆式冷水机组

剂蒸汽被压缩成为高温高压气体，经排气管道进入冷凝器内。高温高压的制冷剂气体在冷凝器内与冷却水进行热交换，把热量传递给冷却水带走，而制冷剂气体则凝结为高压液体。从冷凝器出来的高压液体经热力膨胀阀节流降压后进入蒸发器。在蒸发器内，低压液体制冷剂吸收冷冻水的热量而汽化，使冷冻水降温冷却，成为所需要的低温用水。汽化后的制冷剂气体重新被压缩机吸入进行压缩，排入冷凝器，这样周而复始，不断循环，从而实现对冷冻水的冷却。

从机组出来的冷冻水，进入室内的风机盘管、变风量空气调节机等末端装置，在室内与对流空气发生热交换，在此过程中，水由于吸收室内空气的热量（向室内空气散热）而温度上升，而室内空气经过室内换热器后温度下降，在风机的带动下，送入室内，从而降低室内的空气温度，而温度上升后的冷冻水在水泵的作用下重新进入机组，如此循环，从而达到连续制冷的目的。

风冷螺杆式冷水机组是以空气为冷源，以水作为供冷介质的中央空调机组，满足建筑物或工艺系统的全年制冷需要。机组可直接安装于屋顶或室外空间，无须专用机房，无须冷却塔、冷却水泵及冷却水管路系统，整个系统结构简单，应用方便，节省材料及工程安装费用，机组可应用于宾馆、酒楼、商场、学校、医院、办公室等各类工业与民用建筑环境空调系统。

风冷螺杆式冷水机组（图 1.63）的冷凝器为翅片式，采用双油波纹亲水铝铂，具有结构紧凑、体积小、体重轻、换热好等特点，配置低转速的大叶轴流风机，降低了运行噪声，减少对周围环境的影响。

3）根据压缩机的密封结构形式分为开启式机组、半封闭式机组和全封闭式机组。

开启式机组的压缩机与电动机分离，使压缩机的适用范围更广；同一台压缩机，可以适用不同制冷剂，除了采用卤代烃制冷剂外，通过更改部分零件的材质，还可采用氨作制冷剂；可根据不同制冷剂和使用工况条件，配用不同容量的电动机等优点。

图 1.63 风冷螺杆式冷水机组

开启式机组主要缺点有轴封易泄漏；配用的电动机高速旋转，气流噪声大，加上压缩机本身噪声也较大，影响环境；需要配置单独的油分离器、油冷却器等复杂油系统附件。

与开启式机组相比，半封闭式及封闭式机组具有机组结构紧凑、体积小；日常维护管理内容少，机组噪声小等优点，给用户带来方便。但其缺点也很明显，如适用范围窄，其额定功率一般较小；如果机组损坏，维修工作较开启式机组要复杂。

4）根据蒸发器的结构不同分为干式螺杆机组和满液式螺杆机组。

干式螺杆机组则由热力膨胀阀或电子膨胀阀直接控制液体制冷剂进入蒸发器的

管内，制冷剂液体在管内完全转变为气体，而被冷却的介质在传热管外的壳程中流动。

适用条件：制冷剂采用 R_{22} 时无空调采暖需求或有其他采暖措施，有机房，无环保冷媒要求，COP 值要求在 4.72～5.02kW/kW 之间；制冷剂采用 R_{134a} 时无空调采暖需求或有其他采暖措施，有机房，有环保冷媒要求，COP 值要求在 4.79～5.12kW/kW 之间。

满液式螺杆机组中，液体制冷剂经过节流装置进入蒸发器，蒸发器内的液位保持一定，蒸发器内的传热管浸没在制冷液体中。

适用条件：制冷剂采用 R_{22} 时无空调采暖需求或有其他采暖措施，有机房，无环保冷媒要求，COP 值要求较高需高于 5.02kW/kW；制冷剂采用 R_{134a} 时无空调采暖需求或有其他采暖措施，有机房，有环保冷媒要求，COP 值要求较高需高于 5.12kW/kW。

（3）螺杆式冷水机组的主要控制参数。螺杆式冷水机组的主要控制参数为制冷性能系数、额定制冷量、输入功率以及制冷剂类型等。

（4）螺杆式冷水机组的选用。在选择螺杆式冷水机组时，根据热力计算选定螺杆机组制冷量的大小后，为了减少故障的发生、降低运行成本、方便设备维护及管理，应该结合实际情况，必须根据用户自身的使用特点、需要及经济性等原则来选择机组的型式及其各部件的结构形式。合理的配置能保证机组的正常经济运行，不合理的配置可能导致机组不能正常运行，更不可能经济运行。

螺杆式冷水机组型式的选择，主要取决于机组的额定功率，在小功率（10～100kW）或对噪声控制要求较严的情况下（民用住宅区等），一般选用半封闭或全封闭式机组；在大功率的状况下，一般选用开启式机组。

2. 离心式冷水机组

离心式冷水机组（图 1.64）是利用电作为动力源，依靠离心式压缩机中高速旋转的叶轮产生的离心力来提高制冷剂蒸气压力，以获得对蒸气的压缩过程，然后经冷凝、节流、降压、蒸发等过程来实现制冷，从而制取 7～12℃冷冻水供空调末端空气调节。离心式冷水机组组成部件主要有离心式压缩机、蒸发器、冷凝器、节流机构、抽气回收装置、润滑系统和电气控制柜等。其具有单机制冷量大的特点，但存在压力过高、密封困难、工作转速过高等缺点。

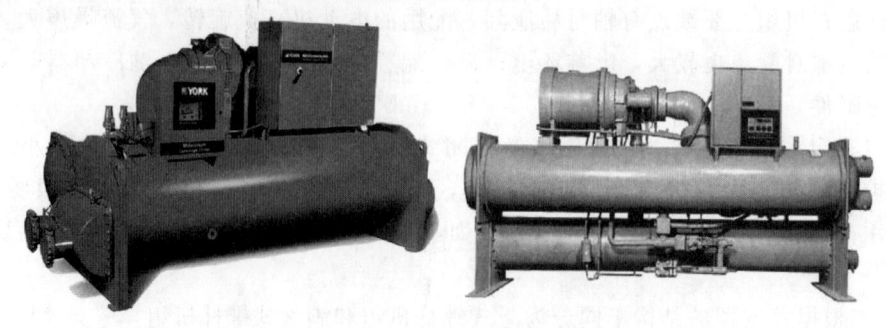

图 1.64 离心式冷水机组示意图

（1）离心式冷水机组工作原理。离心式冷水机组的工作原理是叶片高速旋转，速度变化产生压力。离心式压缩机一般是由电动机通过齿轮增速带动转子旋转，为速度式压缩机。自蒸发器出来的制冷剂蒸气经吸气室进入叶轮。叶轮高速旋转，叶轮上的叶片驱动气体运动，并产生一定的离心力，将气体自叶轮中心向外周抛出。气体经过这一运动，速度增大，压力得以提高。这是作用在叶轮上的机械能转化的结果。气体离开叶轮进入扩压器，由于扩压器通道面积逐渐增大，又使气体减速而增压，将其动能转变为压力能。为了使制冷剂蒸汽继续提高压力，利用弯道和回流器再将气体引入下一级叶轮，并重复上述压缩过程。被压缩的制冷蒸气从最后一级扩压器流出后，又由蜗室将气汇集起来，进而通过排气管道输送至冷凝器，这样就完成了对制冷剂蒸气的压缩。

离心式冷水机组运动部件少，故障率低，可靠性高。性能系数值高，一般在6.1以上。15%～100%负荷运行可实现无级调节，节能效果更加明显。

离心式冷水机组冷量衰减主要由水质引起，机组的冷凝器和蒸发器皆为换热器，如传热管壁结垢，则机组制冷量下降，但是冷凝器和蒸发器在厂家设计过程中，已考虑方便清洗这一条件，随着使用时间的延长，其冷量几乎不发生衰减。

（2）离心式冷水机组的分类。按总体结构形式不同可分为开启式、半封闭式和全封闭式；按换热器筒体结构型式不同可分为单筒式、双筒式两种型式。

（3）离心式冷水机组的主要控制参数。离心式冷水机组的主要控制参数为制冷性能系数、额定制冷量、部分负荷时"喘振"及能效比问题、输入功率以及制冷剂类型是否环保等。

（4）离心式冷水机组的应用。离心式冷水机组主要应用于中央空调系统与工业制程冷却，主要部件为半封闭二级离心式压缩机、喷淋式蒸发器、冷媒液体再循环系统、闪变式节能器以及孔口板节流装置。制冷量范围为550～3000kW，COP 为 6.05～6.22kW/kW。

3. 活塞式冷水机组

冷水机组中以活塞式压缩机为主机的称为活塞式冷水机组（图 1.65）。活塞式冷水机组由活塞式压缩机、冷凝器、蒸发器、热力膨胀阀等组成的制冷系统，电控柜和机架三大部分组成。活塞式冷水机组的压缩机、蒸发器、冷凝器和节流机构等设备都组装在一起，安装在一个机座上，其连接管路已在制造厂完成了装配，因此用户只需在现场连接电气线路及外接水管（包括冷却水管路和冷冻水管路），并进行必要的管道保温，即可投入运转。

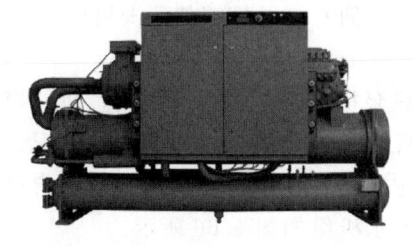

图 1.65 活塞式冷水机组

(1) 活塞式冷水机组的工作原理。活塞式冷水机组冷媒采用氟利昂 R_{22} 作为介质。蒸发器低压的气态冷媒 R_{22} 通过压缩机压缩升压，之后进入冷凝器与常温循环冷却水进行热交换，被冷凝成高压液态 R_{22}，通过电磁阀进入蒸发器与冷媒水进行热交换，释放冷量冷却冷媒水，后高压液态 R_{22} 膨胀气化成低压气态，再被吸入压缩机继续被压缩，开始下一个循环。

(2) 活塞式冷水机组的分类。

1) 根据机组选配的压缩机形式，可分为开启式、半封闭式和全封闭式。开启式活塞冷水机组配用开启式压缩机，制冷剂用氟利昂，机组制冷量范围为 50～1200kW；半封闭式和全封闭式活塞冷水机组分别选用半封闭和全封闭活塞式压缩机，制冷剂一般使用氟利昂，冷水机组的制冷量范围分别是 50～700kW 和 10～100kW。

2) 根据机组配用冷凝器的冷却介质不同，可分为风冷型和水冷型两种。风冷型冷水机组可安装于室外地面或屋顶上，为空调用户提供所需要的冷水，特别适合于干旱地区以及淡水资源匮乏的地区使用。水冷型冷水机组可安装在室内机房，水冷却换热设备安装在室外，利用常温水的换热降温来实现冷凝器的冷却，适用于水资源较丰富的地区使用。

3) 活塞式冷水机组的主要控制参数。活塞式冷水机组的主要控制参数为能效比、额定制冷量、输入功率、制冷剂类型以及电源电压等。

4) 活塞式冷水机组的应用。活塞式冷水机组是一种最早应用于空调工程中的机型，单机组最大制冷量约为 1160kW。为了扩大冷量选择范围，一台冷水机组可以选用一台压缩机，也可以选用多台压缩机组装在一起，分别称为单机头或多机头冷水机组。

活塞式冷水机组具有结构紧凑、占地面积小、操作简单、管理方便等优点，可为空调系统提供 5～12℃左右的冷水，适合于负荷比较分散的建筑群以及制冷量小于 580kW 的中小型空调系统应用。

4. 模块化冷水机组

模块化冷水机组是由澳大利亚的一位工程师在 1986 年利用模块化的概念和设计方法开发研制出的一种新型冷水机组。模块化冷水机组是由单台或两台结构、性能完全相同的单元模块组合而成的。每片制冷量有 30kW、65kW、79kW、96kW、130kW、158kW、276kW 等规格，制冷量规格选取由所配压缩机型号规格决定。冷水机组内 1 个或 2 个完全独立的制冷系统，各自有双速或单速压缩机、蒸发器、冷凝器及控制器。模块片之间靠冷水和冷却水供回水管总管端部的沟槽以 V 形管接头连接起来，组成一个系统。

风冷模块冷热水机组是各个独立的风冷热泵机组组合在一起使用，目前模块式机组是商用空调市场销售非常好的机型。其优点是可以根据用户的负荷情况，改变模块单元机组的数量或允许用户在使用过程中再增加机组，方便用户根据自己的资金和使用情况灵活采购和使用机组，模块化冷水机组如图 1.66 所示。

(1) 模块化冷水机组的工作原理。模块化冷水机组的制冷原理是从压缩机排出的高温高压气体通过四通换向阀进入到翅片冷凝器放热冷凝，冷凝完后的高温高压液体流经单向阀进入到储液器，从储液器出来后经过干燥过滤器、膨胀阀，经过单向阀进入冷热水换热器与水进行换热，蒸发完后的气液混合物经过气液分离器的分离后回到压缩机的吸气端，完成整个压缩过程。

模块化冷水机组的制热原理是从压缩机排出的高温高压的气体通过四通换向阀进入到冷热水换热器，被冷凝完后的高温高压液体经过单向阀进入到储液器，经过干燥过滤器和膨胀阀节流后，再经过单向阀进入到翅片换热器进行蒸发过程，蒸发完后的气液混

图1.66 模块化冷水机组

合物经气液分离器分离后，气体回到压缩机的吸气端，完成整个压缩过程，模块化冷水机组制冷制热原理图如图1.67所示。

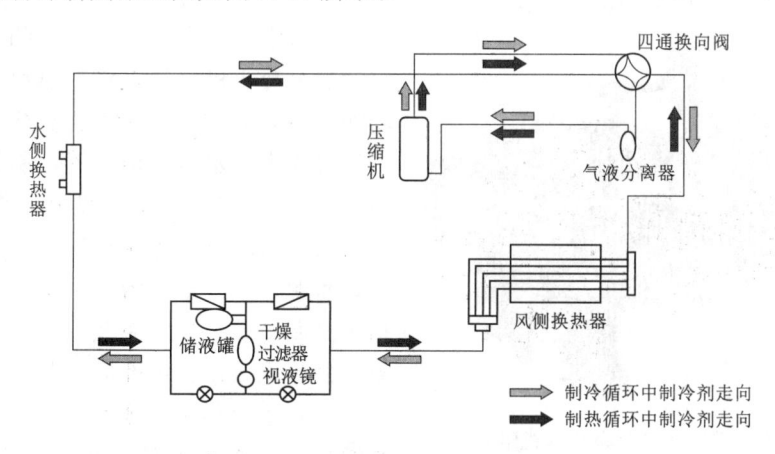

图1.67 模块化冷水机组制冷制热原理图

（2）模块化冷水机组的分类。根据冷却方式不同分为模块化水冷冷水机组和模块化风冷冷水机组两种。

（3）模块化冷水机组的应用。模块化冷水机组广泛应用于新建和改建的大小工业与民用建筑空调工程，如宾馆、公寓、酒店、餐厅、办公大楼、购物商场、影剧院、体育馆、厂房及医院等对噪声和周围环境有较高要求，不方便安装冷却塔的工程中。

（4）模块化冷水机组的选用。

1）模块化冷水机组的最大供冷量是由模块数量决定的，只要增加模块，机组的冷量供应能力就可相应地增加。由于模块化机组中每个模块依次起动，因此与同冷量的常规大型制冷机相比，起动过程中由起动电流对电网构成的不良影响可以忽略。

2) 模块化冷水机组有其自身独特的优越性,设计选型时应结合工程本身的特殊性和工程总体的经济性进行综合评价,模块式机组的设计选型不应忽视。特别是在旧建筑改造或新建筑中没有大容量机组的设置位置、建筑结构承重荷载不够、无法搬入就位或空调负荷变动很大时,选用模块化冷水机组比较合适。

3) 设计选型时要避开模块化冷水机组冷效率低的弱点,充分发挥其长处。一个空调系统的模块机台数也不宜过多,如十几台甚至三十几台组成一个系统,不仅制冷效率低而且系统复杂。设计选型时要尽量选用制冷效率高、性能系数与大容量机组相接近的模块化机组,这时模块化机组的设计方案在某些特定条件下会明显优于大容量机组的设计方案。

5. 水源热泵冷水机组

水源热泵冷水机组(图1.68)又称为冷暖型冷水机组,水源热泵冷水机组可在夏季向空调系统提供冷冻水源,在冬季向空调系统提供空调热水水源,或直接向室内提供冷风和热风。水源热泵冷水机组的热泵工作原理是利用冷水机组的蒸发器从环境中取热,经过压缩机所消耗的功(电能)起到补偿作用,冷水机组的冷凝器则向用户排热,制出所需要的热水。

(1) 水源热泵冷水机组的工作原理。水源热泵冷水机组是以水为热源的可进行制冷/制热循环的一种热泵型整体式水—空气式或水—水式空调装置,制热时以水为热源,而在制冷时以水为排热源。

(2) 水源热泵冷水机组的主要控制参数。水源热泵冷水机组的主要控制参数包括名义制冷量、名义制热量、制热性能系数、制冷能效比、水流量、噪声等。

(3) 水源热泵冷水机组的应用范围。水源热泵冷水机组具有经济实用、环保、应用范围广等优点,该系统符合可再生能源技术要求,响应可持续发展的战略理念,很多地区都将其运用在了建筑的配套设施中。水源热泵冷水机组特点及适用范围见表1.7。

图1.68 水源热泵冷水机组

表1.7 水源热泵冷水机组特点及适用范围

类别		特点	适用范围
水源热泵	地表水系统	以地表的江、河、湖等淡水为低温热源的热泵系统。应用于地表水水源热泵系统的水源,最热月平均水温宜不大于28℃,最冷月平均水温宜不小于10℃	水量和水温可以满足热泵系统可靠和经济运行的地区
	地下水系统	以抽取和回灌地下水(单井或双井)为低温热源的热泵系统。制冷时水温宜为10~25℃,制热时水温宜为5~25℃	地下水的抽取和回灌水量及其温度,可以满足热泵系统可靠和经济运行,且为当地水文地质管理部门所允许的地区

续表

类别		特点	适用范围
水源热泵	地埋管系统	以水平或垂直方式在地下埋设盘管，以水或其他换热介质在盘管内循环，与岩土体进行热交换为低温热源的热泵系统；制冷时介质温度宜为10～40℃，制热介质温度宜为5～25℃	具备钻孔埋管的地质条件即可应用
	水环式系统	通过封闭循环的水系统，将数组空气—水热泵（水—水热泵）机组并联组成一个复合式空气调节系统，可部分机组采暖运行、部分机组供冷运行。系统以回收建筑物余热为主要特征；循环水系统水温保持在15～35℃之间，高于35℃时由冷却塔冷却，低于15℃时由热源加热补充。水系统无须保温和保冷；可直接将热泵机组设置在空调房间内，省去机房占地面积	建筑规模较大、有较多常年冷负荷的内区，需要同时供冷和采暖的商业、办公、娱乐等综合大厦；如其内区面积大于或与外区面积相当、冷负荷与热负荷大致相等，为最佳应用场合

（4）水源热泵冷水机组的选用。热泵机组应根据建筑物冬季热负荷及负荷特点进行选型，同时需满足夏季空调冷负荷要求。对于低负荷工况运转时间较长的系统，机组应具有较好调节性能。此外，机组选型应优先选用性能系数较高的机型。

6. 溴化锂吸收式冷水机组

溴化锂吸收式冷水机组是以溴化锂溶液为吸收剂，以水为制冷剂，利用水在高真空下蒸发吸热达到制冷的目的。溴化锂属盐类，为白色结晶，易溶于水和醇，无毒，化学性质稳定，不会变质。溴化锂水溶液中有空气存在时对钢铁有较强的腐蚀性。溴化锂吸收式制冷机因用水为制冷剂，蒸发温度在0℃以上，仅可用于空气调节设备和制备生产过程用的冷水。这种冷水机组可用低压水蒸气或75℃以上的热水作为热源，因而对废气、废热、太阳能和低温热能的利用具有重要的作用。

溴化锂吸收式冷水机组（图1.69）主要由发生器、冷凝器、蒸发器、吸收器、换热器、循环泵等几部分组成。

（1）溴化锂吸收式冷水机组工作原理。在溴化锂吸收式冷水机组运行过程中，当溴化锂水溶液在发生器内受到热媒水的加热后，溶液中的水不断汽化；随着水的不断汽化，发生器内的溴化锂水溶液浓度不断升高，进入吸收器；水蒸气进入冷凝器，被冷凝器内的冷却水降温后凝结，成为高压低温的液态水；当冷凝器内的水通过节流阀进入蒸发器时，急速膨胀而汽化，并在汽化过程中大量吸收蒸发

图1.69 溴化锂吸收式冷水机组

器内冷媒水的热量，从而达到降温制冷的目的；在此过程中，低温水蒸气进入吸收器，被吸收器内的溴化锂水溶液吸收，溶液浓度逐步降低，再由循环泵送回发生器，完成整个循环。如此循环不息，连续制取冷量。由于溴化锂稀溶液在吸收器内已被冷却，温度较低，为了节省加热稀溶液的热量，提高整个装置的热效率，在系统中增加了一个换热器，让发生器流出的高温浓溶液与吸收器流出的低温稀溶液进行热交换，提高稀溶液进入发生器的温度。

从吸收器出来的溴化锂稀溶液，由溶液泵（即发生器泵）升压，经溶液热交换器，被由发生器出来的高温浓溶液加热，温度提高后进入发生器。在发生器中受到传热管内热源蒸汽加热，溶液温度提高直至沸腾，溶液中的水分逐渐蒸发出来，而溶液浓度不断增大。

(2) 溴化锂吸收式冷水机组的分类。

1) 按使用能源不同进行分类，可分为蒸汽型、直燃型、热水型和太阳能型四大类。

a. 蒸汽型。使用蒸汽作为驱动热源；可分单效型和双效型两类。单效型工作蒸汽压力为 0.03～0.06MPa，双效型蒸汽压力为 0.4～0.8MPa。

b. 直燃型。一般以油、气等可燃物质为燃料；一般为热水冷水机组。不仅能够制冷，而且可以用来采暖及提供卫生热水。

c. 热水型。使用热水为热源；可分为单效型热水和双效型热水。单效型热水的温度为 85～150℃，双效型热水温度为 150～200℃。

d. 太阳能型。利用太阳能集热装置获取能量，可分为直接加热式和利用集热器加热水送入发生器内加热溶液进行制冷的方式。

2) 根据工作循环的形式不同进行分类，可分为制冷循环型和制冷、制热循环型两大类。

a. 制冷循环型。制冷循环型冷水机组通常称为冷水机组，只能制取冷却水。其分为单效溴化锂吸收式冷水机组、双效溴化锂吸收式冷水机组。

b. 制冷、制热循环型。制冷、制热循环型冷水机组即冷热水机组，其溴化锂机组、锅炉直接与吸收式机组配套组成直燃机组，进行制冷或制热循环。由于其具有燃料广，不需要另外配套锅炉和锅炉房，可制冷、采暖及提供卫生热水等优点，成为近年来国外发展较快的一种冷水机组。

(3) 溴化锂吸收式冷水机组的选用。

1) 选用溴化锂吸收式冷水机组时，冷水的出水温度不宜低于 7℃（出水温度太低，热效率降低，系统中容易出现结晶，影响运行安全）。

2) 当利用废热制冷时，应考虑结垢、腐蚀对设备和结构材料的影响并采取相应对策。

3) 设计时应注意水系统的静压。静压高于 0.75MPa 时，宜采用二次换热方式，把系统的过高压力隔离。在选用机组中一定要注意冷水、冷却水侧机组的工作压力和试验压力。

4) 机组宜布置在建筑物内。若选用室外型机组布置在室外时，制冷装置的电气、控制设备应布置在室内。

5) 机组在机房内的设备布置及管道连接应便于安装、操作和维修。机组与配电设备之间的距离以及主要通道的宽度应不小于1.5m，两机组突出部分之间的距离应不小于1m，机组与墙壁之间和非主要通道宽度应不小于0.8m，机组顶部距屋顶或梁底的距离应不小于1.2m。

6) 热水热源在发生器产生制冷剂蒸汽，主要适用于宾馆、办公楼、医院、体育馆、影剧院等制冷空调系统冷源。

7. 磁悬浮变频离心式冷水机组

磁悬浮技术是运用磁场力使物件顺着一个轴或多个轴维持一定部位的技术措施。

磁悬浮变频离心式冷水机组的关键是磁悬浮抽滤压缩机，主要由压缩机、磁轴承、离心式冷凝器、膨胀阀、磁悬浮驱动控制系统、自动化控制系统等组成。其中，磁轴承是该机组的核心部件。磁悬浮滚动轴承是一种运用电磁场，使电机转子漂浮起来，进而在转动时不容易造成机械设备触碰，不容易造成机械设备摩擦。

磁悬浮变频离心式冷水机组（图1.70）与传统离心式冷水机组对比，显示了磁悬浮离心式冷水机组无油路故障、噪声低、部分负荷时有超高的性能系数、节能环保等特点，满足了时代发展的需要。

图1.70 磁悬浮变频离心式冷水机组

(1) 磁悬浮变频离心式冷水机组的工作原理。其是通过压缩机、离心式冷凝器、膨胀阀以及磁悬浮驱动控制系统和自动化控制系统等组成部分的相互作用，实现了机组的制冷效果。相比其他冷却设备，磁悬浮变频离心式冷水机组具有更高的效率、更低的噪声等优点。由此可见，该机组在各种行业、场景中得到了广泛的应用。

1) 磁悬浮压缩机。磁悬浮压缩机大致可分为压缩部分、电机部分、磁悬浮轴承及控制器、变频控制部分。其中压缩部分由双级叶轮和进气导流叶片组成，两级叶轮中间预留补气口,可实现中间补气的两级压缩。磁悬浮变频离心式冷水机组压缩机原理图如图1.71所示。

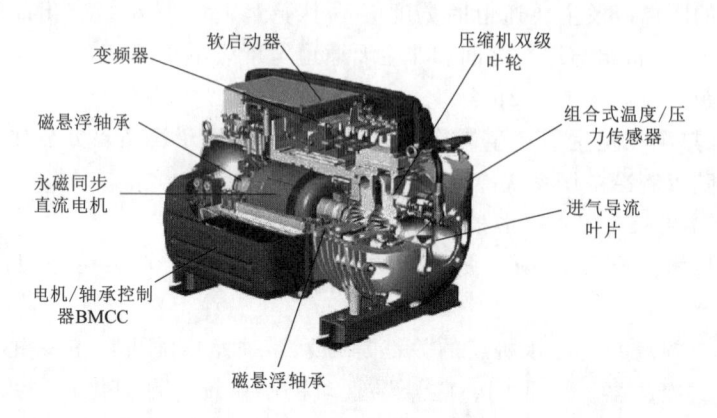

图1.71 磁悬浮变频离心式冷水机组压缩机原理图

磁悬浮变频离心式冷水机组的压缩机采用磁悬浮技术,将电磁力应用于控制叶轮的位置和速度。当电机启动时,压缩机的磁悬浮轴承就会吸引叶轮,形成离心运动。此时,空气中的磁场就会产生摩擦力,使得叶轮保持高速旋转,从而实现了冷水机组的制冷效果。

2) 冷凝器。在磁悬浮变频离心式冷水机组中,冷凝器是将制热的冷却水冷却之后,变为沸腾状态的水重要组成部分。具体来说,压缩机将高温高压的气体通过冷凝器流经制冷水,将气体的温度降低,转化为液态。这样,冷凝器和制冷水之间的热量交换就可实现。

3) 膨胀阀。膨胀阀是磁悬浮变频离心式冷水机组核心部分之一。其作用是通过调节进入膨胀阀的制冷剂量,使得冷凝器内的压力、温度、流量以及制冷水的温度、流量都能得到合理控制,从而实现优化制冷效果。

4) 磁悬浮驱动控制系统。磁悬浮驱动控制系统是磁悬浮变频离心式冷水机组的一个重要部分。其主要功能是通过调节电磁铁的交流电压、频率及相位等,来控制叶轮的位置、转速以及运动方向。通过这一过程,可以实现磁力与重力的平衡,确保叶轮在高速旋转时不会进一步受到外界的扰动。

5) 自动化控制系统是磁悬浮变频离心式冷水机组的另一个重要部分。其主要作用是对机组运行的各个参数进行监测、控制和调节,从而保证机组运行的有效性和稳定性。具体来说,该系统将磁悬浮驱动控制系统实时获得的数据,通过计算机的处理,对机组进行智能化控制,进而实现对机组的自动化管理和控制。

(2) 磁悬浮变频离心式冷水机组的应用。磁悬浮变频离心式冷水机组特别适合于医院、酒店、高档办公楼、绿色节能环保建筑等的中央空调系统。其能充分发挥部分负荷高效节能的作用,很大程度上节省了整个空调工程的运行费用。另外由于磁悬浮变频离心式冷水机组在出水温度3~18℃都有很高的COP值,因此也可以应用于低温送风系统、独立新风系统等空调场合。

磁悬浮变频离心式冷水机组具有很突出的高效节能优点，磁悬浮变频离心式冷水机组与普通离心式冷水机组相比，全年可以减少能耗40%左右，其中名义工况下的COP值可以达到国家冷水机组1级能效等级，其IPLV可以达到8.3～9，是一种值得大力推广的节能产品。目前磁悬浮技术还属于一种新型技术，国内掌握及生产的厂家较少，机组的价格相对较贵。随着今后的发展和成本的降低，磁悬浮变频离心式冷水机组有着广阔的应用前景。

1.4.1.2 冷水机组的优缺点

从螺杆式、离心式、活塞式、模块化、水源热泵、溴化锂吸收式、磁悬浮变频离心式制冷压缩机及冷水机组结构、价格、噪声、体积等方面，对比分析各式冷水机组优缺点见表1.8。

表1.8　各式冷水机组优缺点对比分析

冷水机组类型	机组优点	机组缺点
螺杆式冷水机组	(1) 结构简单，运动部件少，易损件少，故障率低，寿命长。 (2) 圆周运动平稳，低负荷运转时无"喘振"现象，噪声小，振动小。 (3) 压缩比可高达20，能效比（COP）高。 (4) 调节方便，可在10%～100%范围内无级调节，部分负荷时效率高，节电显著。 (5) 体积小，重量轻，可做成立式全封闭大容量机组。 (6) 对湿冲程不敏感。 (7) 属正压运行，不存在外气侵入腐蚀问题	(1) 价格比活塞式高。 (2) 单机容量比离心式小，转速比离心式低。 (3) 润滑油系统较复杂，耗油量大。 (4) 对加工精度和装配精度要求较高
离心式冷水机组	(1) 叶轮转速高，输气量大，单机容量大。 (2) 易损件少，工作可靠，结构紧凑，运转平稳，振动小，噪声低。 (3) 单位制冷重量指标小。 (4) 制冷剂中不混有润滑油，蒸发器和冷凝器的传热性能好。 (5) 能效比（COP）高，理论值可达6.99。 (6) 调节方便，在10%～100%内可无级调节	(1) 单级压缩机在低负荷时会出现"喘振"现象，在满负荷时运转平稳。 (2) 对材料强度，加工精度和制造质量要求严格。 (3) 当运行工况偏离设计工况时效率下降较快，制冷量随蒸发温度降低而减少，幅度比活塞式快。 (4) 离心负压系统，外气易侵入，有产生化学变化腐蚀管路的危险
活塞式冷水机组	(1) 用材简单，可用一般金属材料，加工容易，造价低。 (2) 系统装置简单，润滑容易，不需要排气装置。 (3) 采用多机头，高速多缸，性能可得到改善	(1) 零部件多，易损件多，维修复杂、频繁，维护费用高。 (2) 压缩比低，单机制冷小。 (3) 单机头部分负荷下调节性能差，只可卸缸调节，不能无级调节。 (4) 属上下往复运动，振动较大。 (5) 单位制冷量重量指标较大

续表

冷水机组类型	机组优点	机组缺点
模块化冷水机组	（1）系活塞式和螺杆式的改良型，它是由多个冷水单元组合而成。 （2）机组体积小，重量轻，高度低，占地小。 （3）安装简单，无须预留安装孔洞，现场组合方便，特别适用于改造工程	（1）价格较贵。 （2）模块片数一般不宜超过8片
水源热泵冷水机组	（1）节约能源，在冬季运行时，可回收热量。 （2）无须冷冻机房，不要大的通风管道和循环水管，可不保温，降低造价。 （3）便于计量。 （4）安装便利，维修费用低。 （5）应用灵活，调节方便	（1）在过渡季节不能最大限度利用新风。 （2）机组噪声较大。 （3）机组多数暗装于吊顶内，给维修带来一定难度
溴化锂吸收式冷水机组（蒸汽、热水和直燃型）	（1）运动部件少，故障率低，运动平稳，振动小，噪声小。 （2）加工简单，操作方便，可实现10%～100%无级调节。 （3）溴化锂溶液无毒，对臭氧层无破坏作用。 （4）可利用余热、废热及其他低品位热能。 （5）运行费用少，安全性好。 （6）以热能为动力，电能耗用少	（1）使用寿命比压缩式短。 （2）节电不节能，耗汽量大，热效率低。 （3）机组长期在真空下运行，外气容易侵入，若空气侵入，会造成冷量衰减，故要求严格密封，给制造和使用带来不便。 （4）机组排热负荷比压缩式大，对冷却水水质要求较高。 （5）溴化锂溶液对碳钢具有强烈的腐蚀性，影响机组寿命和性能
磁悬浮变频离心式制冷压缩机及冷水机组	（1）磁悬浮离心机使用格力自主研发的磁悬浮轴承技术，其利用磁场使转子悬浮起来，从而在旋转时不会产生机械摩擦，因此压缩机可以在无油的状态下运行，大大降低机械损失。 （2）磁悬浮离心机还可实现零维护，无须更换油过滤装置，无须更换润滑油，可实现有效节能。 （3）还可在 COP 值和综合部分负荷性能系数（IPLV）值方面取得重大突破，节能效果更为显著	（1）价格较贵。 （2）还未大面积生产

1.4.1.3 冷水机组的选用

冷水机组是中央空调系统的心脏，正确选择冷水机组，不仅是工程设计成功的保证，同时对系统的运行也产生长期影响。因此，冷水机组的选择是一项重要的工作，一般按照所有末端同时使用系数（0.7～0.8）选取主机，选择主机时优先考虑选取2台，无须考虑备用（工艺有特殊要求必须连续运行的系统，可设置备用的制冷机）。

1. 冷水机组的选项参数

（1）制冷量。制冷量是冷水机组最重要的参数之一，其表示冷水机组能够提供的制冷能力。一般来说制冷量越大，冷水机组的制冷能力就越强。

（2）COP 值。COP 值是冷水机组的性能指标之一，其表示冷水机组的制冷效率。一般来说 COP 值越高，冷水机组的制冷效率就越高。

（3）压缩机类型。冷水机组的压缩机类型有很多种，如螺杆式、离心式、涡旋式等。不同类型的压缩机有不同的优缺点，需要根据具体情况进行选择。

（4）制冷剂种类。制冷剂种类也是选择冷水机组时需要考虑的一个参数。不同的制冷剂有不同的性能和环保性，需要根据具体情况进行选择。

（5）控制方式。冷水机组的控制方式也是需要考虑的一个参数。目前常见的控制方式有手动控制、自动控制、远程控制等。

2. 选择冷水机组的考虑因素

（1）冷水机组的选用应根据冷负荷及用途来考虑。对于低负荷运转工况时间较长的制冷系统，宜选用多机头活塞式压缩机组或螺杆式压缩机组，便于调节和节能。

（2）各类冷水机组的性能和特征。选用冷水机组时，优先考虑性能系数值较高的机组。根据资料统计，一般冷水机组全年在 100% 负荷下运行时间约占总运行时间的 1/4 以下。总运行时间内 100%、75%、50%、25% 负荷的运行时间比例大致分别为 2.3%、41.5%、46.1%、10.1%。因此，在选用冷水机组时应优先考虑效率曲线比较平坦的机型。同时，在设计选用时应考虑冷水机组负荷的调节范围。多机头螺杆式冷水机组部分负荷性能优良，可根据实际情况选用。

（3）当地水源（包括水量、水温和水质）、电源和热源（包括热源种类、性质及品位）。

（4）建筑物全年空调冷负荷（热负荷）的分布规律。

（5）初投资和运行费用。

（6）对氟利昂类制冷剂限用期限及使用替代制冷剂的可能性。

（7）选用冷水机组时，应注意名义工况的条件。冷水机组的实际产冷量与冷水出水温度和流量、冷却水的进水温度和流量以及污垢系数有关。

（8）选用冷水机组时，应注意该型号机组的正常工作范围，主要是主电机的电流限值是名义工况下的轴功率的电流值。

（9）在设计选用中应注意：在名义工况流量下，冷水的出口温度不应超过 15℃，风冷机组室外干球温度不应超过 43℃。若必须超过上述范围时，应了解压缩机的使用范围是否允许，所配主电机的功率是否足够。

3. 冷水机组选择的注意事项

在充分考虑上述几方面因素之后，选择冷水机组时，还应注意以下几点：

（1）对大型集中空调系统的冷源，宜选用结构紧凑、占地面积小及压缩机、电动机、冷凝器、蒸发器和自控元件等都组装在同一框架上的冷水机组。对小型全空气调节系统，宜采用直接蒸发式压缩冷凝机组。

(2) 对有合适热源特别是有余热或废热等场所或电力缺乏的场所，宜采用吸收式冷水机组。

(3) 制冷机组一般以选用 2～4 台为宜，中小型规模宜选用 2 台，较大型可选用 3 台，特大型可选用 4 台。机组之间要考虑其互为备用和切换使用的可能性。同一机房内可采用不同类型、不同容量的机组搭配的组合式方案，以节约能耗。并联运行的机组中至少应选择一台自动化程度较高、调节性能较好、能保证部分负荷下可高效运行的机组。选择活塞式冷水机组时，宜优先选用多机头自动联控的冷水机组。

(4) 选择电力驱动的冷水机组时，当单机空调制冷量 $P>1163kW$ 时，宜选用离心式；$P=582.1163kW$ 时，宜选用离心式或螺杆式；$P<582kW$ 时，宜选用活塞式。

(5) 电力驱动的制冷机的制冷系数比吸收式制冷机的热力系数高，前者为后者的二倍以上。制冷机能耗由低到高的顺序为离心式、螺杆式、活塞式、吸收式（国外机组螺杆式排在离心式之前）。但各类机组各有其特点，应用其所长。

(6) 选择制冷机时应考虑其对环境的污染，一是噪声与振动，要满足周围环境的要求；二是制冷剂氯氟烃（CFCs）对大气臭氧层的危害程度和产生温室效应的大小，特别要注意 CFCs 的禁用时间表。在防止 CFCs 污染方面，吸收式制冷机有着明显的优势。

(7) 无专用机房位置或空调改造加装工程的情况可考虑选用模块式冷水机组。

1.4.2 户式燃气中央空调的认知

户式燃气中央空调集制冷、采暖和生产卫生热水于一体，以天然气为能源，采用溴化锂和水为天然冷媒，实现夏季制冷、冬季制热的功能，并提供恒温卫生热水。改变了家庭能源结构，使家庭空调和热水系统合为一体，大幅度降低家庭开支，进而提升整个社会的能源设施投资回报率，化解夏季电力紧缺、燃气富余这个全球能源领域的矛盾。

家用燃气热电联产装置所配套的空调机组仅需为普通的电动空调，相对于家用燃气空调，电动空调结构简单、造价低廉，且 10～15 年内免维护。另外，用于家用燃气热电联产装置的斯特林发动机通常采用密闭式结构，在寿命周期内无须维护。

1. 户式燃气中央空调的工作原理

户式燃气中央空调的工作原理等同于一般的燃气直燃机。溴化锂是一种吸水性极强的盐类物质，可连续不断地将周围的水蒸气吸收过来，维持容器中的真空度。户式燃气中央空调就是利用溴化锂溶液制造室外机容器内的真空条件，利用蒸发除热的原理来实现制冷循环。4℃的冷剂水喷洒在蒸发器管束上，管内 14℃ 的空调水降为 7℃，冷剂水受热后蒸发，溴化锂溶液将蒸发的水蒸气热量吸收，然后通过冷却器释放到大气中去。变稀了的溶液经过燃烧加热浓缩，分离出的水再次去蒸发，浓溶液再次去吸收，这样形成制冷循环。户式燃气中央空调制冷循环图如图 1.72 所示。

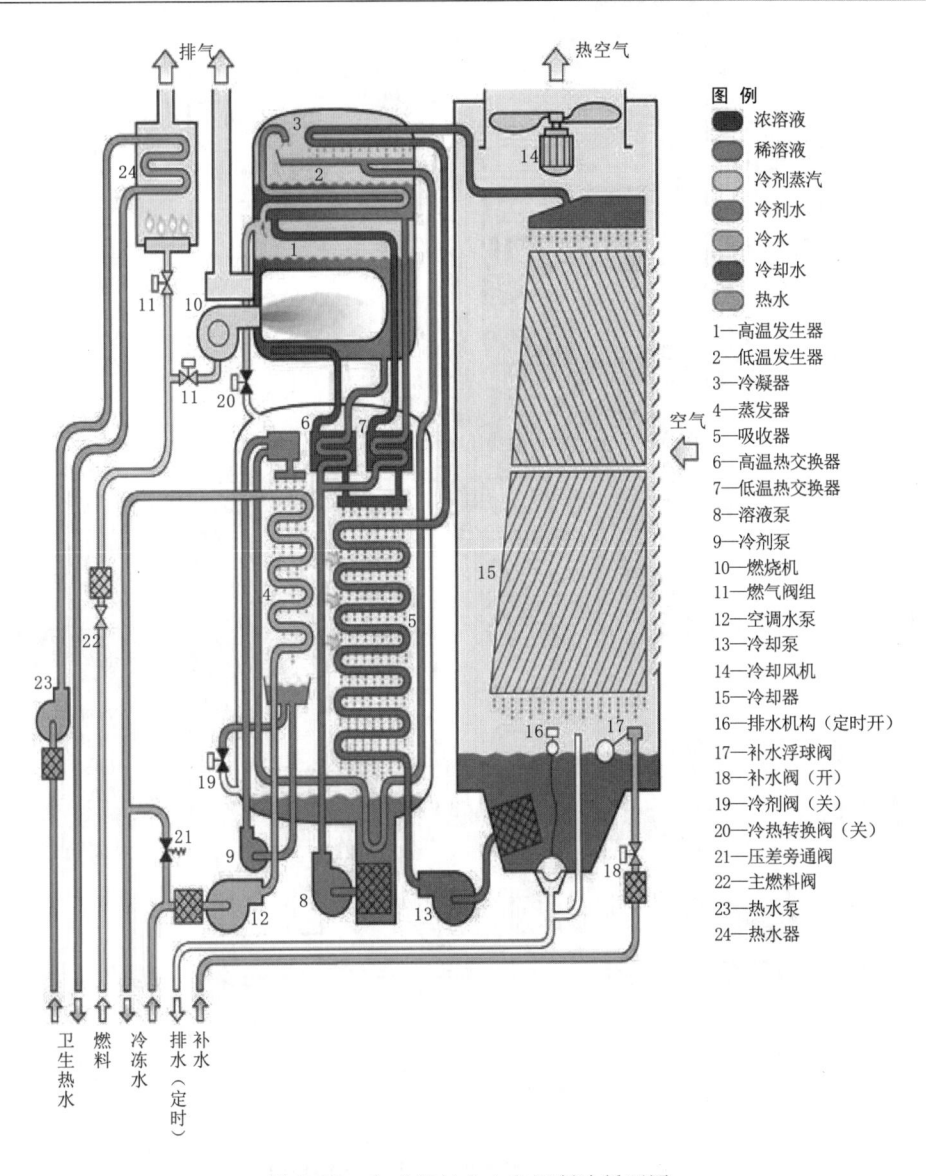

图 1.72 户式燃气中央空调制冷循环图

制热循环时燃烧的火焰加热溴化锂溶液,溶液产生的水蒸气将主体换热管内的空调温水加热,凝结水流回溶液中,被溶液泵送回高温发生器,再次被加热,这样形成制热循环。户式燃气中央空调制热循环图如图 1.73 所示。

2. 户式燃气中央空调的分类

根据其工作原理可分为溴化锂吸收式燃气空调、氨吸收式燃气空调和燃气热泵空调。

溴化锂吸收式燃气空调和氨吸收式燃气空调的工作原理基本相同,都是利用燃气燃烧,使工质对(如水-溴化锂工质对)的质量分数发生变化,从而实现制冷剂的循环,故又称为吸收式燃气空调。

图例
- 溶液
- 蒸汽
- 凝结水
- 热水

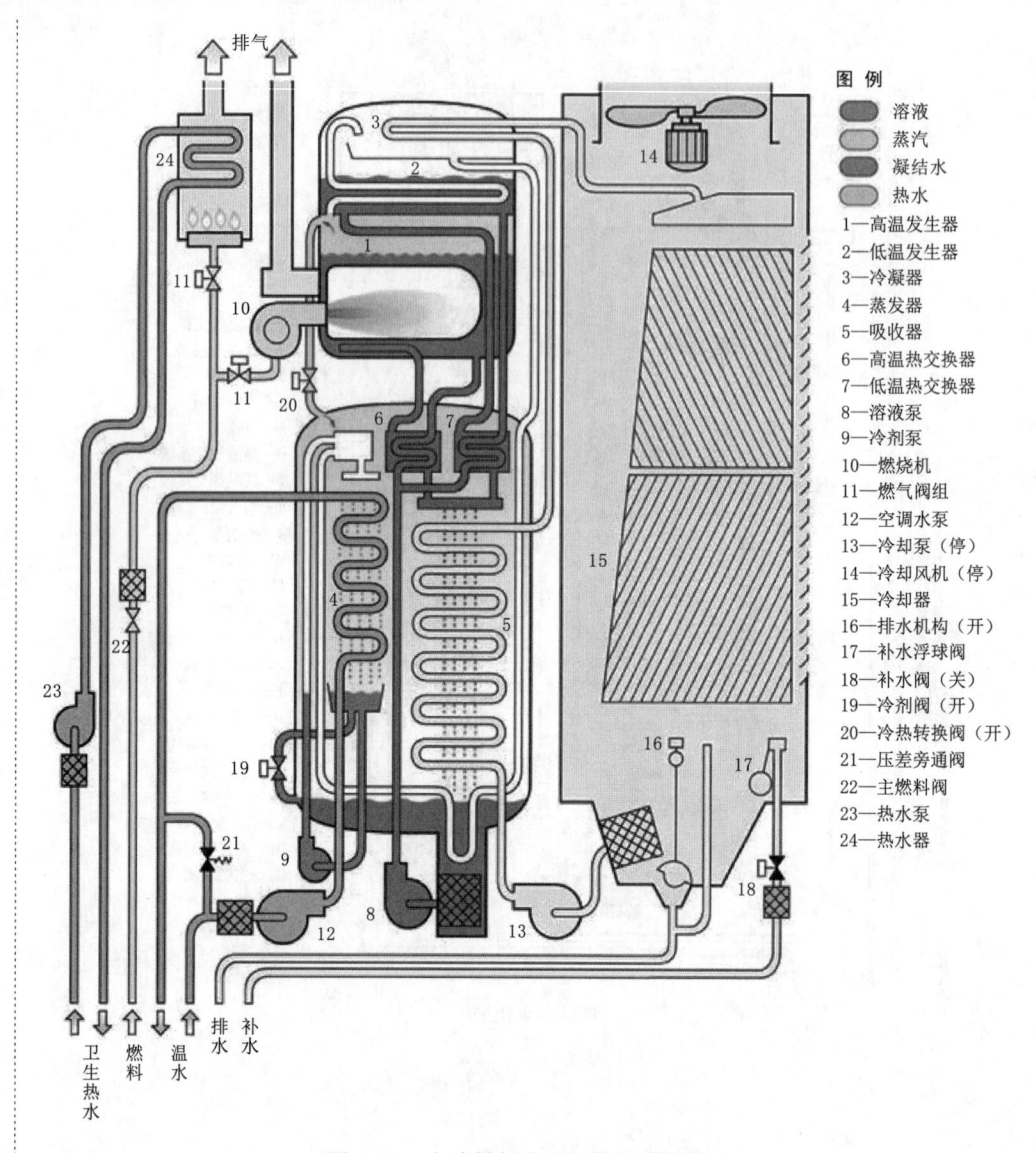

1—高温发生器
2—低温发生器
3—冷凝器
4—蒸发器
5—吸收器
6—高温热交换器
7—低温热交换器
8—溶液泵
9—冷剂泵
10—燃烧机
11—燃气阀组
12—空调水泵
13—冷却泵（停）
14—冷却风机（停）
15—冷却器
16—排水机构（开）
17—补水浮球阀
18—补水阀（关）
19—冷剂阀（开）
20—冷热转换阀（开）
21—压差旁通阀
22—主燃料阀
23—热水泵
24—热水器

图 1.73 户式燃气中央空调制热循环图

燃气热泵空调与普通电动热泵空调的工作原理基本一样，也是以氟利昂等制冷剂作为冷媒，以燃气发动机作为动力进行压缩式制冷的一种空调。

采用燃气空调可以减少夏季的电力消耗，削减电力高峰，增加燃气消耗，由于我国电力能源紧缺，户式燃气中央空调的应用范围正在不断地扩大，但目前市面上以溴化锂吸收式燃气空调为主，通常所指的燃气空调一般是指溴化锂吸收式燃气空调，其他的燃气空调则应用较少。

3. 户式燃气中央空调的应用

燃气空调在能源利用、电力削峰、环保性能等方面具有诸多优势，户式燃气空调系统目前能适应 150～5000m² 的住宅及小型商业、行政、公共建筑的空调负荷量。

1.4.3 冷热电联产的认知

冷热电联产是一种建立在能源梯级利用概念基础上,将制冷、供热(采暖和供热水)及发电过程一体化的多联产总能系统,目的在于提高能源利用效率,减少碳化物及有害气体的排放。

冷热电联产是发电机与直燃机的技术整合,典型的冷热电联产系统包括动力与发电系统和余热回收供冷/热系统,发电设备主要选择燃气轮机或者内燃机,其显著特征是直燃机直接回收发电机烟气(或缸套冷却水)热量而不经过中间二次换热,转化为冷、热能量,系统能源效率比传统热电联供率提高20%以上,大幅降低了燃料量。冷热电联产装置结构示意图如图1.74所示。

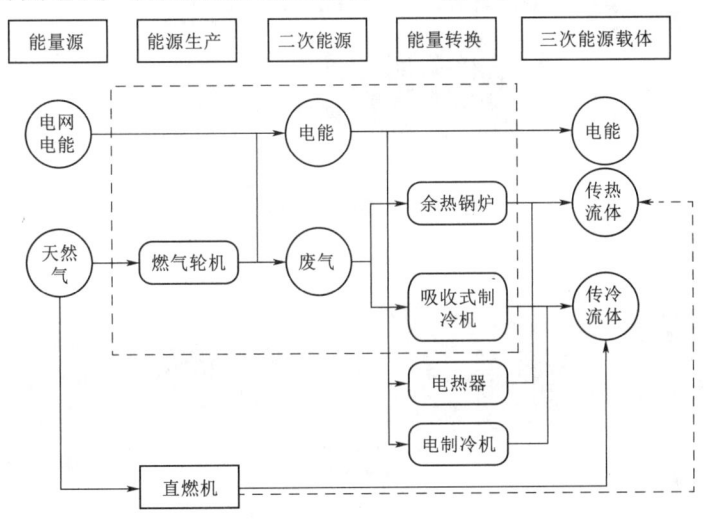

图1.74 冷热电联产装置结构示意图

冷热电联产系统是能源实现梯级利用的有效方式,其不仅提供了低成本的电力,而且满足了冷、热负荷的需求,为分布式能源的广泛应用建立了模型,并将大大缓解集中电网建设投资压力,避免远距离输配电损失。彻底避免了电空调与电网争电的局面,有效改善电网负荷的不平衡性,提高了发电厂设备负荷率;其利用燃气或发电余热制冷和制热,填补了夏季燃气用量的严重不足,改善了电力和燃气不合理的能源结构状况。

针对不同的用户需求,冷热电联产系统方案可选择的范围很大,与热电联产技术有关的选择有蒸汽轮机驱动的外燃烧式和燃气轮机驱动的内燃烧式等7种方案(图1.75～图1.81)。

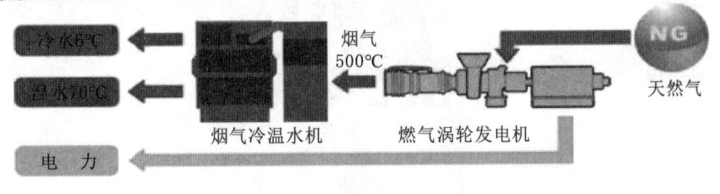

图1.75 方案1示意图

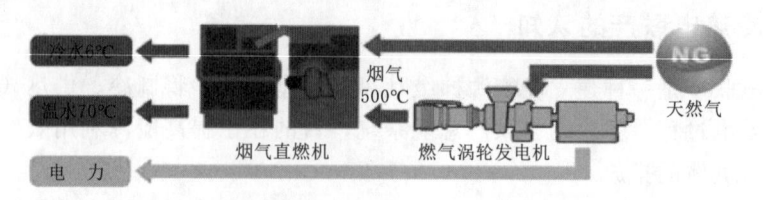

图 1.76　方案 2 示意图

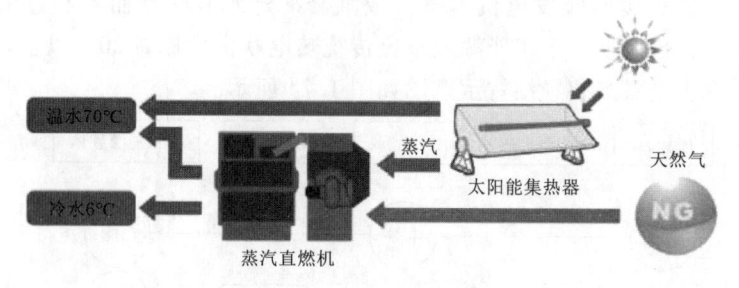

图 1.77　方案 3 示意图

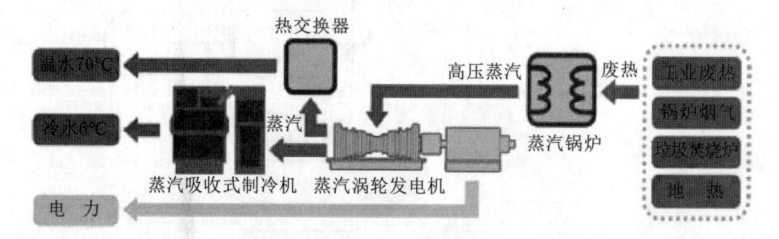

图 1.78　方案 4 示意图

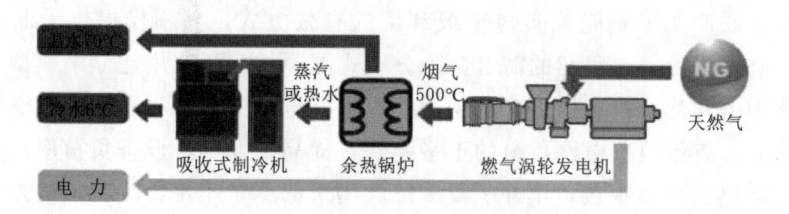

图 1.79　方案 5 示意图

图 1.80　方案 6 示意图

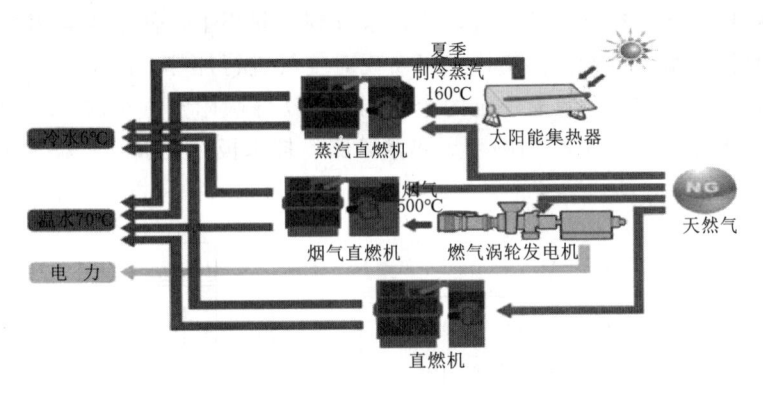

图1.81 方案7示意图

现在示范和推广的冷热电联产系统形式主要有下列几种:
(1) 燃气轮机+余热锅炉+蒸汽型吸收式冷水机组的冷热电联产系统。
(2) 烟气余热利用+补燃型直燃机的燃气轮机冷热电联产系统。
(3) 燃气轮机+燃气型直燃机+电动压缩机式热泵+余(废)热锅炉的冷热电联产系统。
(4) 燃气轮机+电动离心式冷水机+余(废)热锅炉+蒸汽型溴化锂吸收式冷热水机组的冷热电联产系统。
(5) 内燃机发电+余(废)热锅炉+背压式蒸汽轮机+压缩式制冷机+溴化锂吸收式冷水机组的冷热电联产系统。
(6) 燃气—蒸汽轮机联合循环+蒸汽型吸收式冷水机组+燃气轮机+离心式冷水机组的冷热电联产系统。
(7) 燃气—蒸汽轮机联合循环+吸收式冷水机组的冷热电联产系统。
(8) 燃气—蒸汽轮机联合循环+汽轮机直接驱动离心式冷水机组+蒸汽型溴化锂吸收式冷水机组的冷热电联产系统。

1.4.4 空气热湿处理设备

根据各种热湿交换设备的特点不同,空气热湿处理设备可分为直接接触式和间接接触式(表面式或间壁式)两类。直接接触式热湿交换设备包括喷水室、电加热器、蒸汽加湿器、局部补充加湿装置以及使用液体吸湿剂的装置等;间接接触式热湿交换设备包括光管式和翅片管式空气加热器以及空气冷却器等。

在所有的热湿交换设备中喷水室和表面式换热器的应用最广泛。

空气热湿处理的途径由所选择的热湿处理装置决定,不同状态的空气经过不同的途径有可能达到同一个状态点;而同一种空气处理过程有可能使用不同的热湿处理装置来完成,这就造成了空气热湿处理方案的多样性和复杂性,需要综合考虑各方面的情况进行技术经济分析后确定最佳方案。

1.4.4.1 喷水室

喷水室是一种典型的空气与水直接接触式空气热湿处理设备,喷水室中将不同温度的水喷成雾滴与空气直接接触，或将水淋到填料层上，使空气与填料层表面形成的水膜直接接触，进行热湿交换，可实现对空气进行加热、冷却、加湿及减湿等多种处理，同时对空气还具有一定的净化能力，洗涤吸附空气中的尘埃和可溶性有害气体。喷水室（图1.82）由喷嘴、喷水管路、挡水板、集水池和外壳等组成。

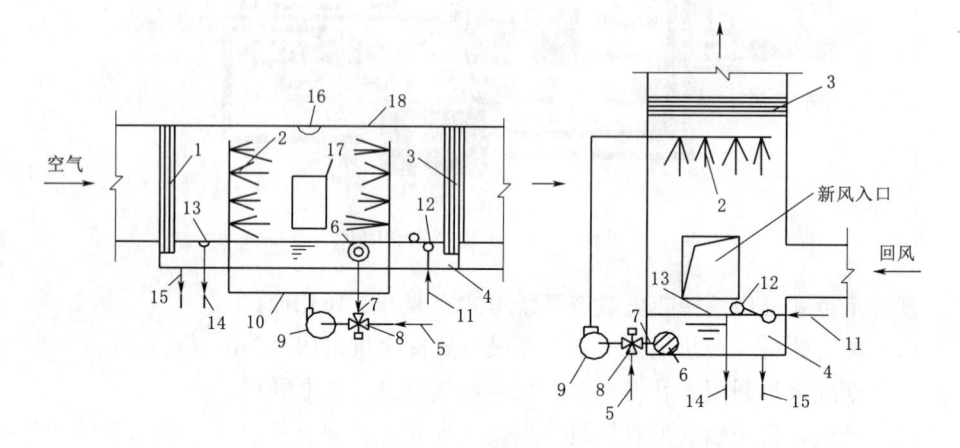

图1.82 喷水室结构示意图
1—前挡水板；2—喷嘴与排管；3—后挡水板；4—底池；5—冷水管；6—滤水器；
7—循环水管；8—三通混合阀；9—水泵；10—供水管；11—补水管；12—浮球阀；
13—溢水器；14—溢水管；15—泄水管；16—防水灯；
17—检查门；18—外壳

1. 喷水室的工作原理

空气进入喷水室内，喷嘴向空气喷淋大量的雾状水滴，空气与水滴接触，两者产生热、湿交换，达到所要求的温、湿度。喷水室的优点是可以实现空气处理的各种过程；主要缺点是耗水量大、占地面积大、水系统复杂、水易受污染，在舒适性空调中应用不多。

2. 喷水室的分类

(1) 根据空气流动方向不同分为卧式喷水室、立式喷水室。
(2) 根据喷水室有无填料分为一般喷水室、有填料的喷水室。
(3) 根据喷水室的风速不同分为低速喷水室、高速喷水室。
(4) 根据喷水室的外壳材料不同分为金属喷水室、非金属喷水室。
(5) 根据喷水室的级数不同分为单级喷水室、双级喷水室。

3. 喷水室的应用

喷水室补充水量可按水量的2%~4%考虑。喷水室主要在纺织厂、卷烟厂等工厂中使用。

1.4.4.2 表面式换热器

在空调工程中广泛使用的冷却、加热盘管统称为表面式换热器。表面式换热器具有设备紧凑、机房占地面积小、冷源热源可密闭循环不受污染及操作管理方便等优点。其主要缺点是不便于严格控制和调节被处理空气的湿度。

1. 表面式换热器的工作原理

与空气进行热湿交换的冷、热媒流体并不与空气相接触,而是通过设备的金属表面来进行的。工作原理是让热媒或冷媒或制冷工质流过金属管道内腔,而要处理的空气流过金属管道与外壁进行热交换来达到加热或冷却空气的目的。表面式换热器结构示意图如图 1.83 所示。

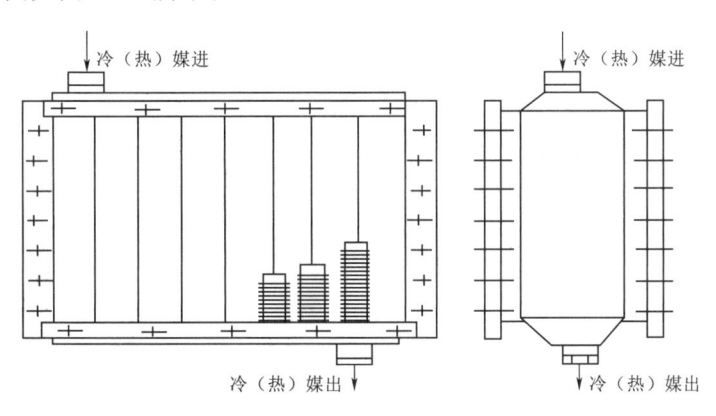

图 1.83 表面式换热器结构示意图

2. 表面式换热器的分类

表面式换热器包括空气加热器和空气冷却器两类,前者以热水或蒸汽为热媒,后者以冷水或制冷剂为冷媒。

(1) 空气加热器。根据构造不同,空气加热器可分为翅片管式和光管式两类。

光管式加热器是由若干排钢管和联箱组成。热媒在管内流动,通过管道的外表面加热空气。这种空气加热器传热表面小,传热性能较差,金属耗用量也大,但由于其构造简单,阻力小,易于清扫,适合含尘量较大的场合使用。

翅片管式加热器的换热方式与光管式加热器相同,其是用翅片管代替光管,这种翅片管式加热器在空调工程中被普遍采用。翅片管式加热器(图 1.84)由管和翅片构成。为了使表面式换热器性能稳定,应力求使管与翅片间紧密接触,减小接触热阻,并保证长久使用后也不会松动。根据加工方法不同,翅片管式又分为绕片管、串片管和扎片管等。

(2) 空气冷却器。空气冷却器又称为表面式冷却器(简称表冷器),目前空调

图 1.84 翅片管式加热器

工程中采用的空气冷却器大部分属于翅片管式,翅片与管子的连接方式有缠绕式、嵌片式和串片胀套式。如果空气冷却器表面温度低于空气露点温度,则空气不但被冷却,而且有部分水凝结析出,需要在表冷器下部设集水盘,以接收和排除凝结水。

3. 表面式换热器的应用

在某些场合，有时不用冷媒，直接让制冷工质流过表面式换热器，对空气进行冷却。此时换热器就是制冷剂循环系统中蒸发器的一部分，制冷剂在换热器管内汽化吸热，空气在管外流过被直接冷却，这种方式称为直接蒸发式空气冷却。窗式空调、分体式空调等小型空调机组多为这种方式。

风机盘管是典型的表面式换热器，可以在冬天送暖气，也可在夏天送冷气。

1.4.4.3 电加热器

电加热器是让电流通过电阻丝发热而加热空气的设备。其具有结构紧凑、加热均匀、热量稳定、控制方便等优点。但是由于电加热器利用的是高品位能源，因此只适宜在一部分空调机组和小型空调系统中采用。在恒温精度要求较高的大型空调系统中，也常用电加热器控制局部加热量或作为末级加热器使用。

1. 电加热器的工作原理

电加热器的发热元件为不锈钢电加热管，加热器内腔设有多个折流板（导流板），引导气体流向，延长气体在内腔的滞留时间，从而使气体充分加热，使气体加热均匀，提高热交换效率。

在耐高温不锈钢无缝管内均匀地分布高温电阻丝，在空隙部分致密地填入导热性能和绝缘性能均良好的结晶氧化镁粉，这种结构不但先进，热效率高，而且发热均匀，当高温电阻丝中有电流通过时，产生的热通过结晶氧化镁粉向金属管表面扩散，再传递到被加热件或空气中去，达到加热的目的。

电加热器主要是用来将所需要的空气流从初始温度加热到所需要的空气温度，最高可达850℃。

2. 电加热器的分类

常用的电加热器有裸线式、管式、PTC电加热器等。

（1）裸线式电加热器。裸线式电加热器（图1.85）热惰性小，加热迅速且结构简单，但安全性差，电阻丝容易断落漏电。

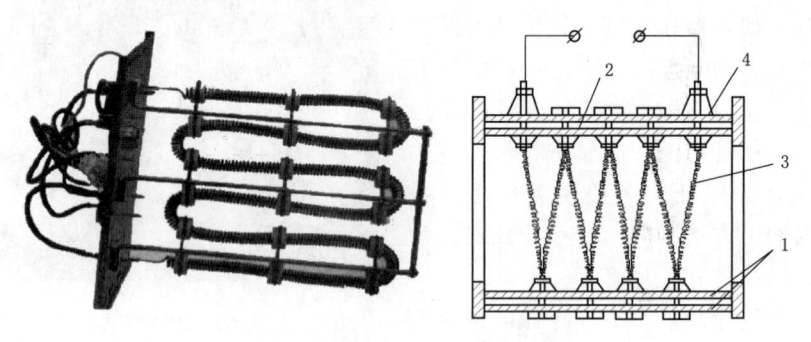

图1.85 裸线式电加热器示意图
1—钢板；2—隔热层；3—电阻丝；4—瓷绝缘子

（2）管式电加热器。管式电加热器（图1.86）由管状电热元件组成，这种电热元件将金属丝装在特制的金属套管中，中间填充导热性好的电绝缘材料。

管式电加热器加热均匀，热量稳定、持久，安全性好，可直接装在风道内。

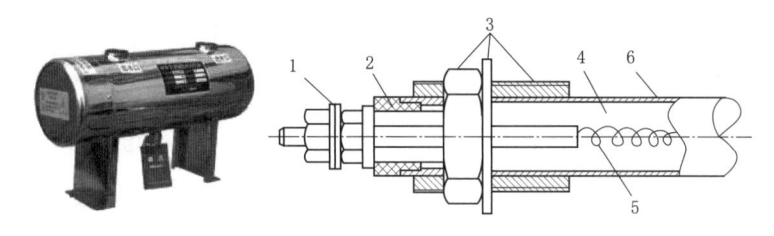

图 1.86　管式电加热器示意图

1—接线端子；2—绝缘端子；3—紧固装置；4—绝缘材料；5—电阻丝；6—金属套管

（3）PTC 电加热器。PTC 电加热器（图 1.87）又称 PTC 发热体或正温度系数热敏电阻加热器，指采用 PTC 陶瓷发热元件与铝管组成的器件。PTC 电加热器采用半导体陶瓷加热元件，最高温度为 240℃，无明火，是比较安全的电加热器。

PTC 电加热器具有换热效率高、热阻小、使用寿命长、绿色环保等优势，在空调、热风机、浴霸、干燥机等暖风设备中应用广泛。

3. 电加热器的应用

电加热器是一种运用很广泛的加热器，已被广泛地应用到航空航天、兵器工业、化工工业和高等院校等许多科研生产试验室。特别适合于自动控温和大

图 1.87　PTC 电加热器

流量高温联合系统和附件试验。电加热器使用范围广，可以对任何气体进行加热，产生的热空气干燥无水分、不导电、不燃烧、不爆炸、无化学腐蚀性、无污染、安全可靠、被加热空间升温快（可控）。

1.4.5　空气过滤器

空气过滤器是指空气过滤装置，一般用于洁净车间、洁净厂房、实验室及洁净室或者电子机械通信设备等的防尘。

1. 空气过滤器的工作原理

空气过滤器的工作原理是以过滤介质为主要过滤手段，当空气通过过滤式空气滤清器时，滤纸会阻挡空气中的杂质，并将其粘在滤芯上，从而实现空气过滤的效果。

空气过滤器的工作原理主要有两种：一种是物理过滤，另一种是静电过滤。虽然它们中间存在着比较多重要的不同特性，但过滤器原料均为纤维介质，广泛用在通风空调系统收集尘埃粒子。空气过滤器的过滤介质是紊乱铺设的纤维集合。纤维的尺寸准许在范围内从 $<1\mu m$ 到 $>50\mu m$ 的直径。纤维介质可以分为玻璃纤维、聚酯、聚丙烯或其他材料。

2. 空气过滤器的分类

按国家标准《空气过滤器》（GB/T 14295—2019）把空气过滤器分为粗效、中效、高中效和亚高效四类。适用于通风、空气调节和空气净化系统或设备。按国家标准《高效空气过滤器》（GB/T 13554—2020）把高效空气过滤器按过滤效率分为

高效 A、高效 B、高效 C、超高效 D、超高效 E 和超高效 F 六类。

（1）粗效过滤器。粗效过滤器过滤对象是 $10\sim100\mu m$ 的大颗粒尘埃，用于空调系统的初级过滤，保护中效过滤器。过滤材料可以是金属丝网、铁屑、瓷环、玻璃纤维（直径 $20\mu m$ 左右）、粗孔和中孔聚氨酯泡沫塑料以及各种人造纤维。结构形式可以是平板式、袋式和自动卷绕式。平板式粗效过滤器示意图如图 1.88 所示。

（2）中效过滤器。中效过滤器过滤对象是 $1\sim10\mu m$ 的尘埃，用于空调系统的中级过滤，保护末级过滤器。过滤材料可以是无纺布、玻璃纤维、中细孔聚氨酯泡沫塑料等。结构形式可以是平板式、袋式（图 1.89）、分隔板式。

图 1.88　平板式粗效过滤器 　　　图 1.89　袋式中效过滤器

（3）高中效空气过滤器。高中效空气过滤器能较好地去除 $1.0\mu m$ 以上的灰尘粒子，可做净化空调系统的中间过滤器和一般送风系统的末端过滤器。其滤料为无纺布或丙纶滤布。

（4）亚高效空气过滤器。亚高效空气过滤器过滤对象是 $1\sim5\mu m$ 的尘埃，用于洁净室送风的末级过滤或高洁净度要求场合的中间级过滤器。过滤材料可以是玻璃纤维（直径小于 $1\mu m$）、超细聚丙烯纤维等。其结构形式可以是薄板式、有隔板密褶式（图 1.90）。

（5）高效空气过滤器。高效空气过滤器过滤对象是粒径小于 $1\mu m$ 的尘粒，用于洁净室送风的末级过滤。过滤材料可以是超细玻璃纤维纸、超细石棉纤维纸、超细聚丙烯纤维纸等。其结构形式可以是有隔板式、无隔板式（图 1.91），还有特殊环境下使用的耐高温或高湿的高效过滤器。

图 1.90　有隔板密褶式亚高效过滤器 　　　图 1.91　无隔板式高效过滤器示意图

1.4.6 空气处理机组

集中式空调设备由空气处理机、制冷机、通风机、风道和散流器（或诱导器）等组成。其中，空气处理机是最主要的设备，由过滤器、加热器和喷雾室等组成，在其中进行空气的过滤、加热和喷雾处理等。用水喷雾处理空气时，可使空气降温或升温、增湿或减湿（依水的温度和喷雾前空气的温度和含湿量而定）。在通风机的作用下房间内的空气被吸入空气处理机，经处理后又送回房间。处理空气用的冷水由冷水机组供给，加热用的水蒸气由锅炉供给。为了减少有害气体，需要经常掺入新鲜空气。

1.4.6.1 空气处理机组的工作原理

空气处理机组的功能是对空气进行降温除湿、冷却干燥、加热加湿、净化过滤等处理，并把处理后的新鲜空气通过风管等送到空调区域。

在空气处理机中空气的处理过程是随季节而变的。夏季房间需要降温，室外空气热而潮湿，被处理的空气需要降温减湿。处理过程是使新鲜空气先与一部分循环空气混合，经冷水喷雾降温减湿，再与一部分循环空气混合（若混合后空气温度偏低时，尚需再加热）后送往房间。冬季房间需要升温，室外空气冷而干燥，被处理的空气需要升温增湿。处理过程是先将新鲜空气预热，并与一部分循环空气混合，再用常温下的水喷雾（称绝热喷雾）使之增湿，然后与另一部分循环空气混合，经第二次加热后送往房间。春秋季的处理过程依室外空气条件和车间散发热量、湿量的情况而定。夏季喷雾用的冷水可由压缩式制冷机（用氟利昂或氨为制冷剂）、溴化锂吸收式冷水机组或蒸汽喷射式制冷机提供。

空调箱又称组合式空气处理机组（图1.92），是一款以冷冻水/热水为冷、热源的中央空调末端设备，即由不同功能段组合起来，实现对空气的温度、湿度及洁净度的处理。标准的分段大致有送风段、中效过滤段、中间段、消音段、送风机段、二次回风段、再加热段、挡水板段、表冷段、中间段、初效过滤段、热回收段、回风机段、消音段、回风段等。

装配式空调箱的大小一般以每小时处理的空气量来标定，小型的处理空气量为每小时几百立方米，大型的为几万甚至几十万立方米，目前国内产品最大处理空气量达300000 m^3/h。

空气处理机通过风管分配加热空气的热风采暖和通风系统，是将空气过滤器、风机、表冷器、加热器、加湿器等空气处理部件，整体装在一个立/卧柜式箱体内而形成的机组。空气处理机组是不带制冷机的，由集中的冷、热源提供冷、热水。

空气处理机的工作过程是室外来的新风与室内的一部分回风混合后，经过滤器滤掉空气中的有害物质。然后风机将干净的空气送到冷却器或加热器进行冷却或加热，使其达到适宜的温度再送入房间。与风机盘管加新风系统及单元式空调器相比，空气处理机具有处理风量大、空气品质高、节能等优点，尤其适合商场、展览馆、机场等大空间、大人流量的系统。广泛应用于工厂、超市、餐厅、连锁店、娱乐等场所。

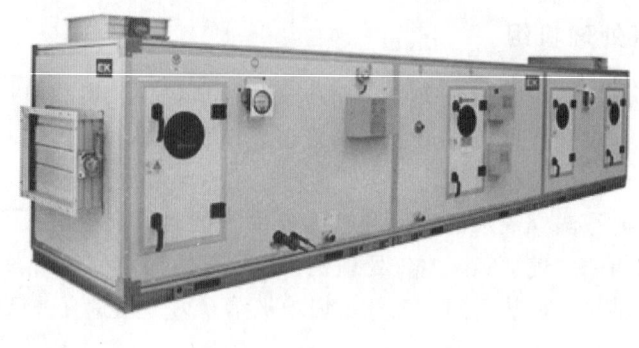

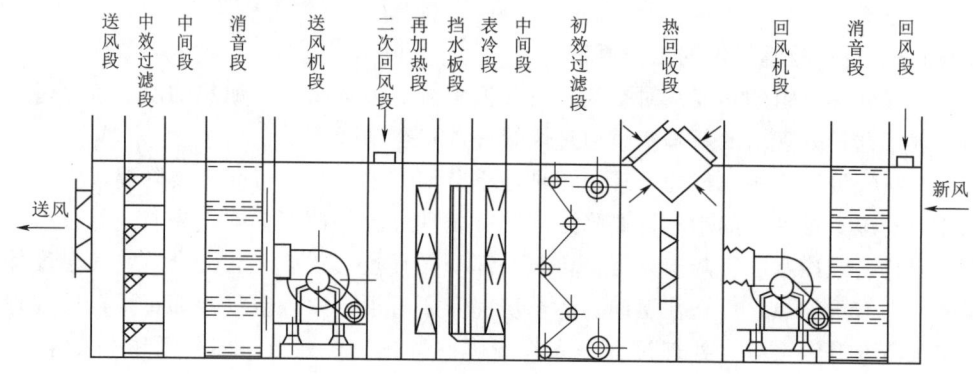

图 1.92　组合式空气处理机组示意图

1.4.6.2　空气处理机组的分类

（1）根据服务对象的不同可分为舒适性空调和工艺性空调。

（2）根据面板结构的不同分为单壁空气处理机组和双壁空气处理机组。

（3）根据机组形式的不同分为卧式机组、立式机组、柜式机组和吊顶式机组。

（4）根据机外余压大小分为两种：一种是机外余压较大的，可以接风管；另一种是机外余压较小的，一般不接风管。

空气处理机组示意图如图 1.93 所示。

柜式空调机组具有占地面积小、安装简便、使用灵活等优点，多使用在面积较小或比较分散的大房间，也可将多台柜式空调机组分散布置在面积较大的空调房间使用。但柜式空调机组的机外余压一般不是很大，难以用在有较长距离的风管或有较多风管弯头的空调系统。

1.4.6.3　空气处理机组的选用

空气处理机组一般由空气加热器、空气冷却器、空气加湿器、空气过滤器、混风箱、通风机、消声器等设备组成。根据全年空气调节的要求，机组可配置与冷热源相连接的自动调节系统。可由工厂制成系列的定型产品，组成各种容量和功能的处理段，由设计人员选配，并在现场进行装配。一般容量较大（风量大于 5000m^3/h），故不带独立的冷热源。

一个好的空气处理机组应该具有占用空间少、功能多、噪声低、能耗低、造型美观、安装维修方便等特点。但是由于其功能段多、结构复杂，要做到顾此而不失

1.4 空气调节设备

(a) 吊顶式　　　　　(b) 卧式　　　　　(c) 立式

(d) 射流直吹吊顶式　　　(e) 明装直吹柜式

图 1.93　空气处理机组示意图

彼，全面兼顾，就要求设计人员和建设单位在材质、制造工艺、结构特性、选型计算时多方比较，方能取得较为满意的效果。

1. 选型方法

对于大空间的空调设计，多数采用组合式空气处理机组。选用时需进行多方面考虑。采用落地式组合式空气处理机组，便于管理，但占用一定的有效空间，但由于将组合式空气处理机组安装在一个机房内，通过风道对各个房间进行空气调节，组合式空气处理机组的噪声不会传到室内，对降低室内的噪声非常有益；采用吊顶式组合式空气处理机组可节省有效空间，但不便于维护，并且会产生噪声。采用吊顶式组合式空气处理机组也有大小的考量，通风量大的吊顶式组合式空气处理机组数量少，可减少维护量，但噪声大。采用小吊顶式组合式空气处理机组噪声低，但由于数量的增加，会使以后的维护量增加。

如果采用吊顶式组合式空气处理机组，应尽可能选用通风量约 $5000 m^3/h$ 的组合式空气处理机组，因为吊顶式组合式空气处理机组大多安装在室内。如果风量过大，组合式空气处理机组自身所产生的噪声较大，会影响组合式空气处理机组附近人员的正常工作。如果组合式空气处理机组通风量选择过小，会使组合式空气处理机组的数量过多，增加系统的投资以及系统的故障率。当然，对于某一区域复杂新风的组合式空气处理机组要根据实际情况进行选择。

另外，在设计时，如果选用室内吊顶式组合式空气处理机组，应尽可能加大风道的截面积，降低空气流速，从而减小风道的阻力，这对降低组合式空气处理机组的噪声非常必要。因为所选组合式空气处理机组的出风量是根据冷负荷确定的，一般说来是不能改变的。加大风道截面面积后，空气在风道内的流动速度降低，流动阻力相应下降，从而降低了空气在风道内的流动阻力。这样在选择空调箱出风口静压力时，就可以选得小一些。随着组合式空气处理机组出风静压力的下降，组合式空气处理机组内风机电动机的功率也随之下降,组合式空气处理机组的噪声也自然随之减小。

2. 选型过程

在进行组合式空气处理机组选型时,首先根据空调系统负荷计算结果确定该组合式空气处理机组所需风量、风压、冷热量以及出风口噪声和空气过滤要求,然后查询相应厂家组合式空气处理机组样本选择对应型号产品。也可根据需求进行详细的选型计算后确定组合式空气处理机组型号。选型步骤如下:

(1) 机组规格的选定。机组的选定是最初也是最重要的选定步骤。由所提供的风量来选定机组的规格,由此确定盘管迎风面面积及其尺寸规格。盘管迎风面风速以 2.7m/s 为宜。

(2) 盘管的选定。冷水盘管、热水盘管及蒸汽盘管是标准品,根据冷却负荷及加热负荷选定盘管最合适的列数。当冷却盘管的迎风面风速大于 3m/s 时,需要用挡水板。

(3) 加湿器的选定。首先确定水汽化加湿器或蒸汽加湿器中的一种。再根据加湿器进行精确选型。

(4) 空气过滤器的选定。为维持舒适及健康的室内环境,需配置空气过滤器。根据空气洁净要求和使用方法来选定空气过滤器的规格。

(5) 配置形式和风机出风方向。根据用户需求来确定机组的配置形式和风机出口方向。

(6) 机组所需静压的确定。通过机内消耗静压(盘管、空气过滤器、挡水板等压力损失)机外静压及箱体泄漏损失,最终计算出机组风机所需的静压。

(7) 送风机及电动机的选定。根据所选定机组的规格及所需静压决定所用的风机规格及电动机。

(8) 机组外形尺寸的确定。根据所选定机组的规格及其选用空气过滤器等查询机组的外形尺寸。

3. 组合式空气处理机组选择注意事项

(1) 箱体保温。国家标准规定箱体保温层热阻应不小于 $0.68m^2 \cdot K/W$,同时还要防止箱体各段连接处产生的冷桥。保温材料目前多采用聚乙烯(PEF)或聚氨酯发泡。

(2) 迎风面风速。将表冷器迎风面风速控制在 2~2.5m/s 为宜。

(3) 漏风指标。国家标准规定,组合式空调箱在箱内静压为 700Pa 时,机内漏风率不得超过 3%。

(4) 凝水盘溢水。检查迎风面风速是否过大;机组出厂时是否设水封;凝结水盘的长度和深度是否足够。

除了以上几个主要问题外,还应注意以下问题:

(1) 采用双风机的组合式空调箱送风机风压应大于回风机的风压,否则会发生新风吸不进来的现象。

(2) 空调箱面板材料应优先采用钢板(外表喷塑),如采用玻璃钢材料做面板应注意防火问题。

(3) 对大风量机组内应设分风板以保证气流能够均匀流经过滤器和表冷器。

(4) 对大风量机组宜考虑将某些功能段合并（如将表冷段与加热段合并）以减少机组长度。

(5) 对大风量机组应考虑将风机的电机设置于箱体外部以节约能耗。

1.4.7 空调机组

空调机组是为适应分散式空调而将制冷机与空气处理设备组装在一起的成套设备。其优点是可以满足不同房间的不同要求，减少风道，运转机动，便于实现自动化。在空调机组中通常用氟利昂压缩式制冷机。

空调机组按特性可分为恒温恒湿机组和冷（热）风机两类。前者可同时调节房间内空气的温度和湿度；后者只能调节温度。在空调机组中通常用制冷机直接冷却法处理空气，在恒温恒湿机组中用加入水蒸气的方法使空气增湿。空调机组大多做成立柜式，故又称柜式空调器，但小型空调机组也可做成其他形式。

1.4.7.1 恒温恒湿机组

恒温恒湿净化空调机组是集制冷、制热、恒温恒湿、空气净化、化学过滤等功能于一体的大中型空气集中处理设备，多用于无其他冷热源（地源、水源）且需要风管送风集中空气处理的场所，安装于屋顶上并通过风管向密闭空间、房间或区域直接提供集中处理空气。

恒温恒湿机组（图1.94）由制冷系统、加热系统、控制系统、湿度系统、送风循环系统和传感器系统等组成，上述系统分属电气和机械制冷两大方面。

1. 恒温恒湿机组的工作原理

(1) 制冷系统。制冷系统是恒温恒湿机组的关键部分之一。一般来说，制冷方式都是机械制冷以及辅助液氮制冷，机械制冷采用蒸汽压缩式制冷，其主要由压缩机、冷凝器、节流机构和蒸发器组成。如果我们试验的温度低温要达到－55℃，单级制冷难以满足要求，因此恒温恒湿机组的制冷方式一般采用复叠式制冷。恒温恒湿机组的制冷系统由两部分组成，分别称为高温部分和低温部分，每一部分是一个相对独立的制冷系统。高温部分制冷剂的

图1.94 恒温恒湿机组示意图

蒸发吸收来自低温部分制冷剂的热量而汽化；低温部分制冷剂的蒸发则从被冷却的对象吸热以获取冷量。高温部分和低温部分之间用一个蒸发冷凝器联系起来，其既是高温部分的冷凝器，也是低温部分的冷凝器。

(2) 加热系统。加热系统相对制冷系统而言较简单。其主要由大功率电阻丝组成，由于试验要求的升温速率较大，因此加热系统功率都比较大，而且在试验机的

底板也设有加热器。

（3）控制系统。控制系统包括电源部分和自动控制部分。电源部分通过接触器对压缩机、风扇、电加热器、加湿器等供应电源；自动控制部分又分为温、湿度控制及故障保护部分。温、湿度控制是通过温、湿度控制器，将回风的温、湿度与用户设定的温、湿度做对比，自动运行压缩机（降温及除湿）、加湿器、电加热（升温）等元件，实现恒温恒湿机组的自动控制。

（4）湿度系统。湿度系统分为加湿和除湿两个子系统。加湿方式一般采用蒸汽加湿法，即将低压蒸汽直接注入试验空间加湿。这种加湿方法加湿能力强，速度快，加湿控制灵敏，尤其在降温时容易实现强制加湿。

2. 恒温恒湿机组的应用

恒温恒湿机组主要为电子零部件、工业材料、成品在研发、生产和检验各环节的试验提供恒定湿热、复杂高低温交变等试验环境和试验条件，适用于电子电器、通信、化工、五金、橡胶、玩具等各行业。

1.4.7.2 冷（热）风机

较大型的冷风机或冷—热风机通常做成立柜式，其结构和工作原理与立柜式恒温恒湿机组相似，只是其不设置加湿器，不能控制被处理空气的含湿量，因而不能保持恒湿。

冷风机中只装有制冷机，只能对空气起冷却作用，故只能用于夏季降温；冷—热风机除用制冷机冷却空气外，还可对空气加热，故还可用于冬季采暖。冷—热风机按加热方式可分为电热型和热泵型两种。电热型冷—热风机用于冬季采暖时由电加热器加热，此时制冷机停置不用。热泵型冷—热风机不装电加热器，用于冬季采暖时通过一个四通换向阀的作用使制冷机按热泵工作。此时，原来的冷凝器被用作蒸发器，原来的蒸发器被用作冷凝器，并利用制冷剂在冷凝器中放出的热量来加热空气。

小型冷—热风机通常做成立方体型，只用于一个小房间，且装在窗台上，通常称为窗式空调器。这种冷—热风机也有电热型和热泵型两种。用于夏季降温时需要制冷，此时室内换热器用作蒸发器，室外换热器用作冷凝器。用于冬季采暖时通过换向阀的作用使制冷机按热泵工作，制冷剂在系统中反向流动，室外换热器用作蒸发器而室内换热器用作冷凝器。小型冷—热风机也可做成分置式，把室内换热器从机组中分离出来置于室内，而把室外换热器和制冷压缩机安装在室外的阳台上。

1.4.8 风机盘管

风机盘管（图1.95）是空气—水系统中央空调理想的末端产品，用于舒适性空调。风机将室内空气或室外混合空气通过表冷器进行冷却或加热后送入室内，使室内气温降低或升高，以满足人们的舒适性要求。风机盘管主要由电机、风轮、换热器等组成。盘管内的冷（热）媒水由空调主机房集中供给。

1.4.8.1 风机盘管的工作原理

风机盘管工作原理是由两个循环系统构成——风循环和水循环。水循环是中央机房过来的冷水（热水）经过水管在换热器内循环；风循环是机组内不断地再循环所在房间的空气，使空气通过冷水（热水）盘管后被冷却（加热），以保持房间温度的恒定。通常，新风通过新风机组处理后送入室内，以满足空调房间新风量的需要。

1.4.8.2 风机盘管的分类

（1）根据出口静压不同分为标准型、高静压型。

（2）根据安装形式不同分为暗装式、明装式、半明装式。

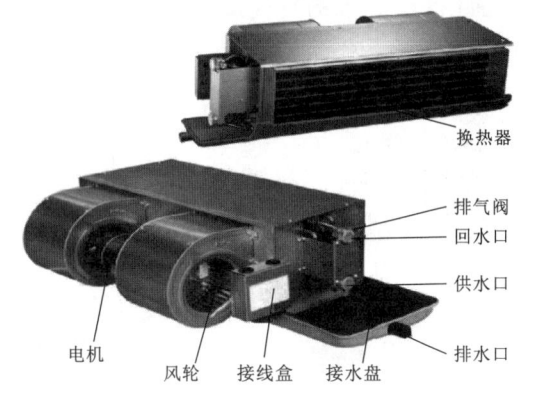

图 1.95 风机盘管

（3）根据结构型式不同分为立式、卧式、壁挂、卡嵌式（四面出风、两面出风）、其他。

（4）根据进水方位不同分为左式、右式。

1.4.8.3 风机盘管的选用

（1）风机盘管在名义工况下的供热量约为制冷量的 1.5 倍。一般情况下，按夏季负荷选用风机盘管，按冬季负荷进行校核。

（2）根据使用要求和建筑情况，选定风机盘管的型式及系统布置方式，确定新风供给方式和水管系统类型。

（3）根据要求处理的制冷量和计算得到的风量，选用风机盘管，但应注意工况的不同；在设计工况下查取修正系数进行修正。

（4）选择风机盘管必须确定其应承担的冷负荷和运行条件（室内干、湿球温度、冷水初温和温差）。

（5）风机盘管选择时应考虑一定的附加，所选风机盘管应具有全热供冷量或显热供冷量。

（6）档位参数选择。以高档位参数选择时，冷量没有富余、运行噪声相对高、气流组织好、节省造价；以中档位参数选择时，冷量有富余、运行噪声相对低、气流组织相对较差。

1.4.8.4 风机盘管的应用

由于风机盘管这种采暖方式只基于对流换热，而致使室内达不到最佳的舒适水平，故只适用于人停留时间较短的场所，如办公室、宾馆、商住、科研机构，而不用于普通住宅。由于增加了风机，提高了造价和运行费用，设备的维护和管理也较为复杂。

1.4.9 新风机组

新风机组（图 1.96）是一种有效的空气净化设备，能够使室内空气产生循环，一方面把室内污浊的空气排出室外，另一方面把室外新鲜的空气经过杀菌、消毒、过滤等措施后，再输入到室内，让房间里时刻保持新鲜干净的空气。

图 1.96 新风机组

1924年，奥斯顿·淳以室内回风和室外新风呈正交叉方式流经设备，设备内部采用平隔板设置。由于平隔板两侧气流存在着温度差和水蒸气分压力差，两股气流间同时产生热传质，引起全热交换过程，通过热交换达到室内外空气循环内置送排风机，双向等量置换，抑制室温变化，使室内保持足够的新鲜空气。并首次发明热交换机，也称热交换器。

1935年，奥斯顿·淳以经过多番尝试后，采用过滤净化技术配置专业空气过滤器，对热交换进行预处理，保证送入室内的清新空气洁净无尘，并可根据对新风系统的特殊要求，配置高性能的过滤装置。发明制造出了世界上第一台可以过滤空气污染的热交换设备，并称之为热交换新风系统净化机，后人也称之为新风系统或新风机组。

1.4.9.1 新风机组的工作原理

新风机组的工作原理（图1.97）是在室外抽取新鲜的空气经过除尘、除湿（或加湿）、降温（或升温）等处理后通过风机送到室内，在进入室内空间时替换室内原有的空气。

图 1.97 新风机组工作原理示意图

为保障室内空气品质，为室内空间配备集中新风系统，而供应新风并对新风进行处理的主机则称为新风机组。新风机组是将一些处理功能段和风机等组合在一起而形成的整体机组。其主要特点是机组的高度小，安装方便，适合于吊装在吊顶内，可不占用机房面积，适用于建筑物层高低的场合。但由于机组高度的限制，机组处理空气量有限，最大可达 15000m³/h，且机组的表冷段换热器的排数一般为 4～8 排，因此机组的空气处理能力有限。

新风机组一般采用低噪声双吸离心风机。该类风机具有能耗低、噪声小、静压高、经久耐用等优点。这种机组也可作为空调机组使用。

1.4.9.2 新风机组的分类

（1）根据送风方式不同主要分为排风式新风机组和送风式新风机组两种类型。

（2）根据不同的场合可提供壁挂式新风机组、吸顶式新风机组、柜式新风机组等多种机型。

（3）根据气流方向不同分为单向流新风机组、双向流新风机组和全热交换新风机组三种类型，前两种新风机组原理较为简单，而全热交换新风机组有节能热交换系统，虽然工作原理较为复杂，但使用效果较好。

1）单向流新风机组。单向流新风机组（图 1.98）即"强制排风，自然进风"系统，只有一个进风口，将室外新鲜空气过滤后送入室内，并通过微正压将室内污浊空气排出。其工作原理就是依靠主机工作产生的吸力，形成室内负压，将污浊空气通过送风管道送到室外，为了平衡室内的负压，房间外面相对新鲜的空气从预先安装好的进气孔进入室内，以达到通风换气的目的。单向流新风机组进风时是自然进行，系统安装管道少、安装简单，一般多用于建筑层高较高的住宅、公寓或者办公场所。

2）双向流新风机组。双向流新风机组（图 1.99）是一种"强制排风，强制送风"系统，由一组强制送风系统和一组强制排风系统组成，有一个进风口和一个出风口，进风口进风，出风口排风。与单向流新风机组的区别在于送风形式由自然风改为强制送风，新风由送风系统管道进入室内，排风通过排风系统管道排至室外。新风及排风的流动方向和新风口及排风口的布置，可以根据特定要求实际布置。双向流新风机组能对所引入的新风进行过滤，新风品质好，换气效果更彻底，在家庭和公共场合中都可安装使用。

图 1.98　单向流新风机组　　　　图 1.99　双向流新风机组

3）全热交换新风机组。全热交换新风机组（图 1.100）是双向流新风机组的升级，其主机中增加了全热回收系统，进出的空气都经过安置在主机中的热交换器进行了预热预冷的能量交换，可以保留室内空气 70% 的能量，与空调配合使用非常节能,即使温差较大也不会影响室内温度。全热交换新风机组适用于面积在1000m² 以内的公寓、别墅和办公场所,新风品质高,高效节能。

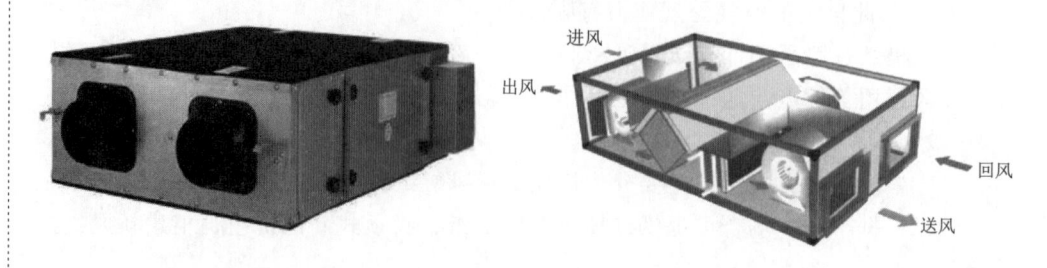

图1.100 全热交换新风机组

1.4.9.3 新风机组的特点

(1) 利用特殊设计的专用高压头及大流量鼓风机实现机械通风换气,以纯物理方式提高室内空气品质,无二次和衍生污染。

(2) 空气流量、流速符合健康住宅新规范要求,对人体无任何副作用和不适感。多种功能复合,即除尘、杀菌、增氧、加热于一体。由于没有管道连接,能有效防止室内污染空气中的病菌通过管道交叉感染。

(3) 应用独特的动、静平衡工艺技术,使机械运行噪声不大于45dB,并可根据应用地域的气候地理环境,将灭毒、杀菌、加热、防尘、隔噪等多种功能组合成不同系列产品。

(4) 由于不用管道,免除管道安装维护工作量,系统造价成本低,节能环保,有效解决了大型管道新风系统造价高、安装复杂、清洗难、维护难的问题。

1.4.9.4 新风机组的选用

(1) 风量。《民用建筑供暖通风与空气调节设计规范》(GB 50736—2012)中明确了人均新风换气是30m³/h,而建筑节能设计标准中明确室内新风换气为1次/h,新风机风量的计算可按照上述两种方法进行。另外,在选择每个房间新风机组前,最好根据房间的空间体积(使用面积×室内高度)来计算出每个房间换气一次的空气体积。例如,10m²的房间面积,房屋高度为2.9m,则室内空气体积为29m³。那么当使用新风处理量为100m³/h的新风机组在最大挡位运行时,理想条件下可以将室内空气循环3次/h。

净化速率(单位:m³/h)与风量(单位:m³/h)成正比,风量越大,短时间内净化效果越明显。

换算规则是1m²面积对应风量为2.8m³/h,因此100m²的房子就需要风量为300m³/h左右的新风机组。

(2) 噪声。作为一款需要长时间运行的家电,其运行噪声也是直接关系到舒适性的参数。如果新风机组的运行噪声很大,势必会影响到使用者的使用体验。新风机组的标称新风量通常是新风机组在运行于最大风量时的新风量,此时运行的噪声最大。

一款合格的新风机组应满足风量大、噪声小的特点，购买选择新风机组时应当多留意新风机组标注的睡眠模式下运行噪声大小，以及最大风量时的运行噪声大小和睡眠模式下的新风风量大小。一般商用主要关注其最大功率运行时的噪声分贝。家用时，最大分贝控制在40dB，睡眠模式下一般要小于30dB。

（3）新风机组的体积。需根据要安装的空间（比如卧室）所预留的位置，来选择相应体积的新风机组，避免过大或过小。

（4）热交换率。若考虑热交换功能，优先选择全热交换新风机组，其可调节温湿度，且采用逆流结构设计，换热效率高。

（5）产品价格。价格也是影响选择新风机组的重要因素。若预算充足且未装修，建议优先选择中央新风系统；若预算有限，建议选择壁挂式新风机组。

（6）外观及安装方式。新风机组的安装也很重要，由于需要开孔打眼，因此在选择前需根据尺寸找好安装位置，并根据房间装修风格和家具摆放布局等选择一款尺寸合适的产品。主流新风机组以长方形、正方形、圆形为主，外观均为白色设计。

（7）后期耗材成本。作为一种利用物理拦截过滤空气的空气净化类家电，新风滤网是必不可少的耗材。目前新风机组也采用了多种组合方式的过滤结构，部分品牌为多层复合式滤网，部分品牌则是分体组合式滤网。后期使用时的耗材成本要根据具体使用情况来判断，一体式滤网单次更换成本高，组合式滤网可以分别按照滤网损耗情况进行更换，成本相对更加可控。

（8）效能等级。目前多数壁挂式新风机组都会自带有电辅热功能，打开电辅热功能时，新风机组的运行功率也会随着设置温度而增大。因此，选择时需确定机组最大运行功率，以及所在地区冬天最低温度。避免温暖地区选择大功率电辅热产品造成资源浪费及高寒地区选择小功率电辅热产品造成加热不足的问题。

1.4.9.5 新风机组的应用

新风机组可以在绝大部分室内环境下安装，使用舒适，安装、维护方便，新风柔和，可广泛应用于家居、办公、公共场所。

1.4.10 气流组织

1.4.10.1 送风口

送风口（图1.101）是指空调管道中间向室内输送空气的管口。其作用是将送风状态的空气均匀地送入空调房间。送风口及回风口通常布置于吊顶的顶底平面，风口有单个的定型产品，通常用铝片、塑料片或薄木片做成，形状多为方形和圆形。也可利用发光顶棚的折光片作送风口，亦可与扬声器等组合成送风口。这种方法不仅避免了在吊顶表面开设风口，有利于保证吊顶的装饰效果，而且将端部处理、通气和使用效果三者有机地结合起来，有些顶棚在此还设置暗槽反射灯光，使顶棚的装饰效果更加丰富。

送风口有多种分类方式，常用的有以安装的位置分为侧送风口、顶送风口（向下送）和地面风口（向上送）；按送出气流的流动状况分为辐射型风口、轴向型风口、线形风口和面形风口。常用送风口类型见表1.9。

图 1.101　送风口

表 1.9　　　　　　　　　　　常见送风口类型

送风口的类型	特　点	举　例
辐射型	送出气流呈辐射状向四周扩散	盘式散流器送风口、片式散流器送风口
轴向型	气流沿送风口轴线方向送出	格栅送风口、百叶送风口、喷口送风口、条缝送风口、旋流送风口
线形	气流从狭长的线状风口送出	线槽形风口、线条形风口
面形	气流从大面积的平面上均匀送出	孔板送风口

常见送风口特点及应用见表 1.10。

表 1.10　　　　　　　　　　常见送风口特点及应用

送风口形式	常见形状	常用类型	特　点	应　用
百叶送风口	方形、矩形	单层、双层	既能调节送风方向，又能调节送风量大小	办公室、宾馆等
散流器送风口	圆形、方形、矩形	单向、多向、下送型、平送型、流线型、直片式、圆环式	造型美观，易与房间装饰要求匹配	影剧院、图书馆、商场等
喷口送风口	圆形、球形	球形旋转式、带长嘴球形式	射程远、送风口数量少、系统简单、投资较小	远距离送风场所，如机场、体育场等
条缝送风口	矩形	单条缝、多条缝	风口平面的长宽比值很大，使出风口形成条缝状，送风气流为扁平射流	机场、旅店大厅等
旋流送风口	圆形	上送式、下送式	能诱导周围大量空气与之混合，然后送至工作区	展览馆、计算机房等
孔板送风口	小孔形	全面孔板、局部孔板	送风均匀，噪声小；区域气流速度和温度都衰减差小，可达到±0.1℃的要求	恒温室、洁净室

1. 侧送风口

侧送风口是指安装在空调房间侧墙或风道侧面上、可横向送风的风口。一般以贴附射流形式出现，工作区通常是回流区，具有射程长、射流温度和速度衰减充分的优点。管道布置简单，施工方便。

在这类送风口中，用得最多的是百叶风口（图1.102、图1.103）。百叶风口中的百叶活动可调，既能调风量，也能调方向。为了满足不同调节性能要求，可将百叶做成多层，每层有各自的调节功能。除百叶送风口外，还有格栅送风口和条缝送风口，这两种送风口可以与建筑装饰协调配合。

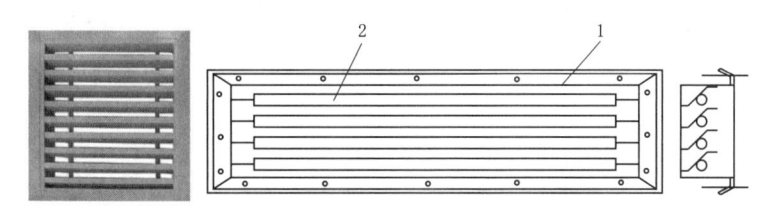

图1.102 单层百叶风口示意图
1—铝框（或其他材料的外框）；2—水平百叶片

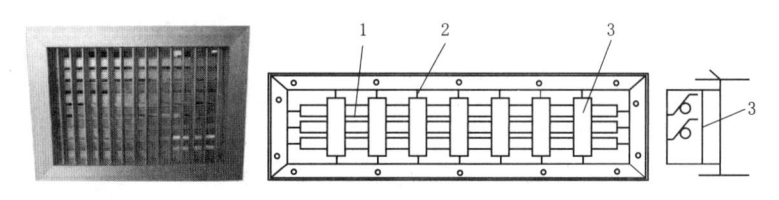

图1.103 双层百叶风口示意图
1—水平百叶片；2—百叶片轴；3—垂直百叶片

侧送风口可以使由送风口出来的气流在叶片的作用下，横向流过房间。这种送风口有6种形式，其主要形式及性能见表1.11。

表1.11　　　　　　　　　　侧送风口的形式及性能

形　式	特　点	适应场合
格栅送风口	应用普遍	一般空调系统
单层百叶送风口	叶片活动，可根据冷热射流调节送风的上下倾角	一般空调系统
双层百叶送风口	叶片可活动，内层对叶片用以调节风量	一般空调系统
三层百叶送风口	叶片可活动，对开的叶片调节风量，又有水平、垂直叶片可调上下倾角和射流扩散角	高精度空调系统
带调节板活动百叶送风口	通过调节板调节风量	精度较高的空调系统
带出口隔板的条缝送风口	常设于工业车间的截面变化的均匀送风管上	一般空调系统

2.散流器送风口

散流器（图1.104）送风口是一种安装在顶棚上的送风口，其送风气流从风口向四周呈辐射状送出。送风和回风的射程均比侧送方式短，射流扩散好。根据出流方向的不同分为平送散流器和下送散流器（图1.105）。

（1）平送散流器。平送散流器送出的气流是贴附着顶棚向四周扩散，适用于房间层高较低、恒温精度较高的场合。在商场、餐厅等大空间中应用广泛。

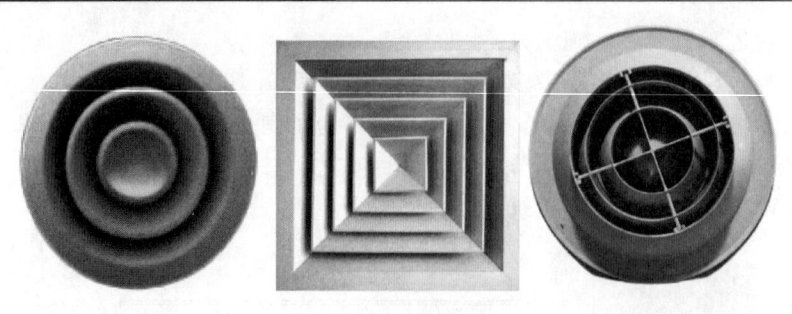

图 1.104 散流器

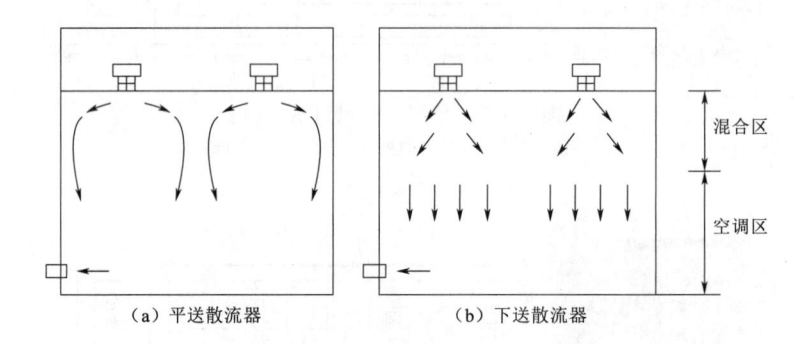

图 1.105 散流器送风示意图
（a）平送散流器　（b）下送散流器

（2）下送散流器。下送散流器送出的气流是向下扩散，射流流程短，工作区有较大的横向区域温差，管道布置复杂，适用于少数工作区域保持平行流和建筑层高较大的空调房间，以及净化要求较高的场合。

3. 孔板送风口

送入静压箱的空气通过开有一些圆形小孔的孔板送入室内。孔板送风口（图 1.106）的主要特点是射流扩散和混合效果好，混合过程短，温度和速度衰减快，因而工作区温度和速度分布均匀。适用于对区域温差和工作区风速要求不严格、单位面积送风量大、室温允许波动范围小的空调房间，如高精度恒温室和平行流洁净室。

4. 喷口送风口

喷口送风口（图 1.107）简称喷口，其主要部件是射流喷嘴，通过喷嘴将气流喷射出去。在工程上也有将喷嘴安装在圆筒形、球形或半球形的壳体内，构成不同类型的喷口送风口。该风口的喷嘴可以是固定的，也可以是在上下或左右方向可调的。

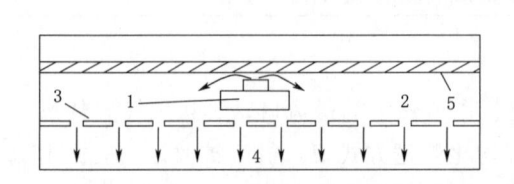

图 1.106 孔板送风口示意图
1—风管；2—静压箱；3—孔板；4—空调房间；5—屋顶

图 1.107 喷口送风口

喷口送风口由高速喷口送出的射流带动室内空气进行强烈混合,使射流流量成倍地增加,射流截面面积不断扩大,速度逐渐衰减,室内形成大的回旋气流,工作区一般是回流区。其特点是风口的渐缩角很小,风口无叶片阻挡,噪声小、紊流系数小、射程远、系统简单、投资较小,一般能满足工作区舒适条件,适用于大空间公共建筑的送风,如体育馆、剧院、候车(机)大厅、工业厂房等大型建筑。

为了提高送风口的灵活性,可做成既能调节风量,又能调节出风方向的球形转动风口。一般根据工作区长度与落差来选取球形喷口。

5. 旋流送风口

旋流送风口(图1.108)气流一边旋转一边向周围空气扩散送出。送出旋转射流具有诱导比大、风速衰减快的特点,在空调通风系统中可用作大风量、大温差送风,以减少风口数量。旋流送风口安装在天花板或顶棚上,可用于3m以内低空间送风,也可用于10m以上高度的大面积送风。

(1)旋流送风口的分类。旋流送风口按材质不同可分为钢制和铝合金两类;按动力源不同可分为手动旋流送风口和电动旋流送风口两种。手动旋流送风口必须为手动调制相应角度才能送风。电动旋流送风口可用开关控制,随意调节送风角度。

手动旋流送风口、电动旋流送风口均可适合工业厂房或高级活动场

图1.108 旋流送风口

所。旋流送风口既可安装在层高较大的公共场所(如工业厂房、机场、剧院、银行营业厅等),也可安装在层高大于等于3.8m的室内(如会议室)。

(2)旋流送风口的选用。旋流送风口选用主要控制参数为风口类型、风口尺寸、射程、风速、温差等。

6. 送风口的选型

首先,确认需求的功能参数如下:

(1)根据工程特点、所需气流组织类型、调节性能和送风方式等,选择相应的风口类型。

(2)根据需要风量,在风口颈部(或风口进出口断面处)允许的风速范围内,确定所需风口的尺寸。

(3)校核所选择风口的主要技术性能,如射程、压力损失、噪声指标以及工作区域内的风速与温差。

(4)确定所选风口的布置安装方式以及与风道的连接方式。

其次,需了解的选型要点如下:

(1)送风口布置需要综合考虑室内气流组织、噪声、建筑装修、安装维修等方面要求。

(2)根据房间构造选择送风口。如有吊顶时,应根据空调区高度与使用场所对

气流的要求,分别采用圆形或方形散流器。

(3) 出口风速民用建筑不宜大于 0.2m/s,工业建筑不宜大于 0.5m/s。

(4) 对于室内散热量大的场所或高大空间,应优先选用气流稳定的顶送风口。

(5) 送风口的出口风速应根据送风方式、送风类型、安装高度、室内允许风速和噪声等因素确定。

7. 送风口选型规定

(1) 岗位送风、置换送风及地板送风口宜采用扩散性能较好的旋流送风口。送风口的形式是影响气流组织的关键因素。岗位送风、置换送风及地板送风方式,由于送风可能会直接吹向人体,因此要求扩散性能较好。岗位送风口作为个性化送风装置,还宜具有风量和送风角度可调的功能。

(2) 净高较低的房间,采用顶部送风时,宜采用贴附型平送散流器。净高较低的房间,气流组织设计的重点是防止冷风直接吹向人体,因此要求送风口贴附性能较好,与贴附型散流器(也称为平送散流器)的特点较为吻合。当有吊顶可利用时,采用这种送风方式较为合适。对于室内高度较高的空调区(如影剧院等),以及室内散热量较大的空调区,应采用下送散流器。

(3) 侧送风口宜采用双层百叶风口、可调条缝型风口等射流收缩角可调的风口。侧送风是所有送风方式中比较简单经济的一种,在大多数舒适性空调中均可以采用。当采用较大送风温差时,侧送时,贴附射流有助于增加气流射程,使气流混合均匀,既能保证舒适性要求,又能保证人员活动区温度波动小的要求。送风射程大小可通过调节扩散角来实现。

(4) 体育馆、展览馆、演播室等高大空间集中送风时,宜采用喷口送风口;条件允许时,宜可采用可伸缩送风口。喷口送风口主体段射程远,出口风速高,可与室内空气强烈掺混,能在室内形成较大的回流区,同时还具有风管布置简单、便于安装、经济等特点,达到布置少量送风口即可满足气流均匀分布的要求,适用于高大空间的集中送风。结合使用场所的需要(例如演播室),采用可伸缩送风口来提高送风效率,减少送风口射程,可以实现岗位送风。

(5) 冬夏合用的变风量系统可采用可调送风角度的送风口。冬夏合用的变风量系统,往往是按照夏季送冷风来选择送风口的。由于在使用过程中送风量不断变化,且冬季绝大部分时间的送风量会小于夏季,因此需要特别注意其冬季的送风气流组织,必要时可采用可变射流流型的送风口。

(6) 应对送风口表面温度进行校核,当低于室内露点温度时,应采用低温送风口。送风口表面温度与送风口的送风温度并不完全等同。在送风时,由于存在送风口对室内空气的诱导卷吸作用,因此送风口表面所接触的空气并不完全是室内空气。同时,不同的送风口材质由于传热的不同也会影响送风口表面温度的分布。在一般情况下,夏季送风口表面的防结露温度可按照送风温度提高 1.2℃来核算。

低温送风口与常规散流器的主要差别是可以通过诱导方式使其风量加大,因此低温送风口所适用的温度和风量范围较常规散流器广。选择低温送风口时,一般与常规方法相同，但应对低温送风口射流的贴附长度予以重视。在考虑送风口射程的同时，应使送风口的贴附长度大于空调区的特征长度，以避免人员活动区吹冷风的现象发生。

（7）当采用与灯具结合的一体式送风口时，与送风口相接触的静压箱等部分应采取与送风管同等级别的保温措施。同时，为了防止灯具散热对送风口进行加热，送风口也应有相应的保温措施。

1.4.10.2 回风口

回风口（图1.109）又称吸风口、排风口，是空调管道中间向室外输送空气的管口。回风口由于汇流速度衰减很快、作用范围小，且回风口吸风速度的大小对室内气流组织的影响很小，因此回风口的类型较少。

1. 回风口的类型

在空调工程中，除了单层百叶风口、固定百叶直片条缝风口等可用作回风口外，还有篦孔回风口、网板回风口、孔板回风口和蘑菇形回风口等（图1.110）。

图1.109 常见回风口

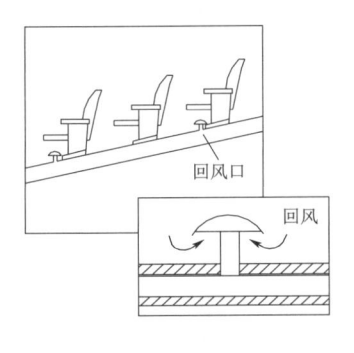

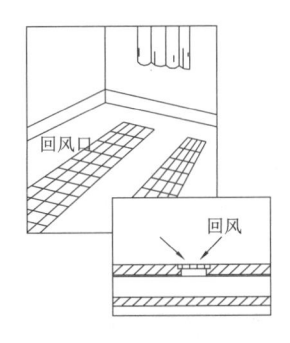

(a) 蘑菇形回风口　　　　(b) 格栅式回风口

图1.110 蘑菇形回风口和格栅式回风口示意图

常见回风口形式有格栅式、单层百叶式、金属网格式等。

在空调工程中，回风口应能进行风量调节。回风口若设在房间下部时，为避免灰尘和杂物吸入，回风口下缘离地面不得少于0.15m。若在地面上布置回风口，可以使用专门的蘑菇形回风口。

2. 回风口的布置方式

按照射流理论，送风射流引射着大量的室内空气与之混合，使射流流量随着射程的增加而不断增大。而回风量不大于送风量，同时回风口的速度场分布呈半球状，其速度与作用半径的平方成反比，吸风气流速度的衰减很快。因此在空气调节区内的气流流型主要取决于送风射流，而回风口的位置对室内气流流型及温度、速度的均匀性影响较小。因此，在设计时，应考虑尽量避免射流短路和产生"死区"等现象。采用侧送风时，把回风口布置在送风口同一侧效果较好。对于走廊回风，其横断面风速不宜过大，以免引起扬尘和造成不舒适感。

3. 回风口的选用

回风口的大小根据回风量与回风口的吸风速度确定。确定回风口的吸风速度（即迎面风速）时，主要考虑3个因素：一是避免靠近回风口处的风速过大，防止对回风口附近经常停留的人员造成不舒适的感觉；二是不要因为风速过大引起扬尘及增加噪声；三是尽可能缩小风口断面，以节约投资。此外，关于回风口的吸风速度的确定，一般有以下要求：

（1）当回风口布置在房间的上部时，吸风速度一般在 4~5m/s。

（2）当回风口布置在房间下部，不靠近人经常停留的地点时，吸风速度一般在 3~4m/s。

（3）当回风口布置在房间下部且靠近人经常停留的地点时，吸风速度一般在 1.5~2m/s。

（4）当回风口布置在房间下部，用于走廊回风时，最大吸风速度小于等于 1.5m/s。

1.5 通 风 系 统

实训目的：

（1）掌握通风系统的概念及分类。
（2）掌握通风系统的构成及特点。
（3）熟悉通风系统的适用场合。

实训内容：

1.5.1 通风系统的概念及分类

1.5.1.1 通风系统的概念

通风又称换气，是用机械或自然的方法向室内空间送入足够的新鲜空气，同时把室内不符合卫生要求的污浊空气排出，使室内空气满足卫生要求和生产需要。通风是一种借助换气稀释或通风排除等手段，控制空气污染物的传播与危害，实现室内外空气环境质量保障的建筑环境控制技术。主要任务是控制、捕集、处理生产过程中产生的粉尘、有害气体、高温因素、高湿因素，创造良好的生产环境和保护大气环境。由进风口、排风口、送风管道、风机、降温及采暖、过滤器、控制系统以及其他附属设备在内的一整套装置可以实现通风这一功能。

1.5.1.2 通风系统的分类

（1）按通风范围不同可分为全面通风和局部通风。全面通风也称稀释通风，是对整个空间进行换气；局部通风是在污染物的产生地点直接把被污染的空气收集起来排至室外，或者直接向局部空间供给新鲜空气。局部通风具有通风效果好、风量节省等优点。

（2）按通风动力源不同可分为机械通风（或称强迫通风）和自然通风。机械通风是以风机为动力造成空气流动。机械通风不受自然条件的限制，可以根据需要进行送风和排风，获得稳定的通风效果；自然通风是不需要另外设置动力设备，依靠室内外空气的温度差（实际是密度差）造成的热压，或者是室外风造成的风压，使房间内外的空气进行交换，从而改善室内的空气环境，适合在需通风的区域较小，且建筑物允许的情形下采用。

（3）按建筑物类型不同可分为民用建筑通风和工业建筑通风。

（4）按气流方向不同可分为送风（进）和排风（烟）。

（5）按通风目的不同可分为一般换气通风、热风采暖、排毒与除尘、事故通风、防护式通风、建筑防排烟等。

（6）按动力所处的位置不同可分为动力集中式和动力分布式。

1.5.2 常见通风系统的构成及特点

1.5.2.1 机械通风系统

机械通风是利用机械设备将室内外空气进行强制交换，引入外界空气的方式。其可以维持室内空气品质，减少空气中的湿气、异味及污染物，若外界的湿度较高，还需要额外的能量去除引入空气中的湿气。机械通风系统一般由风机、风道、阀门、送排风口组成。

机械通风分为正压通风、负压通风和平衡通风3种模式。在需要保护或对洁净度要求比较高的房间一般采用正压通风；在需要排除异味或危险气体的房间一般采用负压通风，如厨房、卫生间、浴室和产生危险气体的厂房或仓库等；在需要利用大量空气进行冷却的房间采用平衡通风，如变压器房。

1. 机械通风系统组合方式

（1）既有机械送风系统，又有机械排风系统。

（2）只有机械排风系统，室外空气靠门窗自然渗入。

（3）机械送风系统和局部排风系统相结合。

（4）机械送风系统与机械排风、局部排风系统相结合。

（5）机械排风系统与空调系统相结合。

（6）机械送风系统与空调系统相结合。

2. 机械送风系统

机械送风系统是向室内或车间输送新鲜并且经过适当处理的空气，因此机械送风系统一般是由进风口、空气处理设备、通风机、送风管道、风量调节阀、送风口组成。适用于酒店、公寓、别墅、办公楼、住宅、医院、学校等场合。

3. 机械排风系统

机械排风系统是一种常见的工业外排系统，其主要作用是将空气、灰尘、烟雾、有害气体等从建筑物或装置中排出，以维护人类的健康和环境的清洁。机械排风系统（包括除尘系统和空气净化系统）一般由排风罩、排风管道、排风机、风帽、空气净化设备组成。

1.5.2.2 自然通风系统

自然通风的动力是室内外空气温度差所产生的"热压"和室外风的作用所产生的"风压"。这两种因素有时单独存在，有时同时存在。

打开的窗户是最简单的自然通风设备，较复杂的自然通风系统会利用暖空气上升的原理（即烟囱效应），使得建筑物内的空气产生对流，暖空气从建筑物上方的开口处排出，同时使上方的冷空气下降到较低的区域。这类系统耗能很少，不过需确保通风过程不会造成建筑物内人员的不适。在较潮湿或较热的天气，很难只靠自然通风来维持室内舒适的温度，因此仍然会配合传统的空调系统一起使用。空气侧的节能装置其功能也是自然通风，不过会视需要先对要导入的外界空气进行预处理，调节温度及湿度后再进入室内。

自然通风对于有大量余热的车间，是一种经济、有效的通风方法。其缺点是无法处理进入室内的空外空气，也难于对从室内向室外排出的污浊空气进行净化处理；受室外气象条件影响通风效果不稳定。因此，自然通风是难于进行有效控制的通风方式。

一般的居住建筑、普通办公楼、工业厂房等的室内空气品质主要依靠自然通风来保证。

1.5.2.3 局部排风系统

局部排风是直接从污染源处排除污染物的一种局部通风方式。当污染物集中于某处发生时，局部排风是最有效地治理污染物对环境产生危害的通风方式。局部排风系统主要由局部排风罩、风管、除尘净化设备、风机组成。当排风温度较高，且污染物危害性较小时可以不用风机进行输送，而靠热压和风压进行排风，这种系统称为局部自然排风系统。

1.5.2.4 局部送风系统

我国规范《工业建筑供暖通风与空气调节设计规范》（GB 50019—2015）规定，当车间中操作点的温度达不到卫生要求时，应设置局部排风。

局部排风实现对局部地区降温，而且增加空气流速，增强人体对流和蒸发散热，以改善局部地区的热环境。

1.5.2.5 事故通风系统

为防止对工作人员造成伤害和防止事故进一步扩大，必须设有临时的排风系统—事故通风系统。事故通风系统的排风量宜根据工艺设计要求通过计算确定，换气次数不小于12次/h。

事故通风系统的吸风口应设在有毒气体或燃烧、事故通风的排风口，应避开人员经常停留或通行的地方，与机械送风系统的水平距离不小于20m；水平距离不足20m时，排风口必须高于进风口，且高度差不得小于6m。风机可以是离心式或轴流式，其开关应设在室内外便于操作的位置。

事故通风系统仅在紧急情况下使用。

1.6 通风设备认知

实训目的：
(1) 熟悉通风设备的功效。
(2) 掌握通风设备的作用及种类。
(3) 熟悉通风设备的选用。
实训内容：

1.6.1 通风设备概念

建筑中完成通风工作的各项设施，统称通风设备。

1. 排除污染物

通风设备可以将室内的污染物迅速排除，如烟雾、异味、甲醛等有害物质，引入新鲜空气，提高空气质量，为人们提供舒适的室内环境。

2. 调节湿度

通风设备可有效降低室内湿度，减少因湿度过高而发生霉菌、螨虫增加等问题，保持适宜的湿度水平，同时改善人体呼吸道健康，避免湿度过高或过低引发健康问题。

3. 节能环保

合理使用通风设备可减少对空调、加湿器等设备的依赖，降低能源消耗，有利于环境保护。

1.6.2 通风设备的作用及种类

(1) 被动通风设备。被动通风设备包括自然通风和气密窗。自然通风利用自然气流和建筑特点，通过开窗、百叶窗、通风口等方式实现空气流通。气密窗则通过有效地隔离室内外空气，减少气体交换。这些设备通常适合温暖季节使用，而在寒冷季节可能需要其他通风设备的辅助。

(2) 主动通风设备。主动通风设备包括机械通风和空调系统。机械通风通过使用风扇、排风扇、通风罩等设备主动引导空气流动，以达到通风效果。空调系统则同时提供了通风和调节室温的功能，适用于各种季节和气候条件。机械通风可分为机械送风系统和机械排风系统。

(3) 排气扇。排气扇是最常见的通风设备之一，通过将空气吸入室内并排出室外的方式实现通风。适用于厨房和卫生间等有明显异味和湿度的区域，能有效减少有害气体和湿气对室内环境的污染。

(4) 风机。风机通过产生强风来改善室内气流，将新鲜空气输送到室内。适用于较大空间和需要强力通风的地方，如工厂、办公楼等。

(5) 空调新风系统。空调新风系统通过过滤和净化处理外部空气后，将其输送到室内以实现通风。适用于需要恒温和空气净化的环境，如住宅、办公室等。

1.6.2.1 机械送风系统设备

1. 进风口

(1) 进风口的作用。进风口的作用是采集室外的新鲜空气。进风口要求设在空气不受污染的外墙上。进风口上设有百叶风格或细孔的网格,以便挡住室外空气中的杂物进入送风系统。

(2) 进风口的种类。百叶风格式的进风口又称作百叶窗(图1.111),百叶窗上可设置保温阀,而保温阀的作用是当机械送风系统停止工作时,可以防止大量室外冷空气进入室内。

2. 空气处理设备

(1) 空气处理设备的作用。空气处理设备的作用是对空气进行必要的过滤、加热处理。

(2) 空气处理设备的种类。

1) 空气过滤器。空气过滤器(图1.112)是用来过滤空气,除去空气中所含的灰尘,使送入室内或车间的空气达到比较洁净的程度。在送风系统中常用空气过滤器去除空气中的尘粒。根据过滤效率的不同,空气过滤器分为粗效过滤器、中效过滤器、高效过滤器三类。通常以金属丝网、玻璃丝、泡沫塑料、合成纤维和滤纸作过滤材料。一般的机械送风系统中,选用的空气过滤器多为粗效过滤器。

图1.111 百叶窗

2) 空气加热器。空气加热器是将经过过滤的比较洁净的空气加热到室内送风所需要的温度。一般的机械送风系统中常用的加热器多为以蒸汽或热水为热媒的空气加热器,这种加热器又称作表面式空气加热器(图1.113)。

3) 空气处理箱。在机械送风系统中,一般是将空气过滤器、空气加热器设置在同一个箱体中,这种箱体称作空气处理箱。空气处理箱可以是砖砌、混凝土浇筑,也可用钢板或玻璃钢制作。

图1.112 空气过滤器　　图1.113 表面式空气加热器

3. 通风机

(1) 通风机的作用。通风机(图1.114)的作用是提供机械通风系统中空气流动所需的能量。

114

图 1.114　通风机

（2）通风机的种类。机械送风系统中常用离心式和轴流式风机。

1）离心式风机。离心式风机压头高，噪声小，其中采用机翼形叶片的后弯式风机是一种低噪声高效风机。基本构造组成包括叶轮、机壳、吸入口、机轴等部分，其叶轮的叶片根据出口安装角度的不同，分为前向叶片叶轮、径向叶片叶轮和后向叶片叶轮。离心式风机的机壳呈蜗壳形，用钢板或玻璃钢制成，作用是汇集来自叶轮的气体，使之沿着旋转方向引至风机出口。风机的吸入口是吸风管段的首端部分，主要起着集气作用，又称作集流器。风机的机轴是与电机的连接部位。

2）轴流式风机。轴流式风机在叶轮直径、转速相同的情况下，风压比离心式风机低，噪声比离心式风机高，主要用于系统阻力小的通风系统；主要优点是体积小、安装简便，可以直接装设在墙上或管道内。

（3）通风机的选用。

1）选择类型。首先应充分了解整个装置的用途、管路布置、地形条件、被输送流体的种类及性质、水位高度等原始资料。例如，在选风机时，应弄清被输送气体的性质（如清洁空气、烟气、含尘空气或易燃易爆以及腐蚀性气体等），以便选择不同用途的风机。

2）确定所选风机流量及压头。根据工程计算所确定的风机的最高全压 P_{max}，然后分别加 10%～20% 的安全量（考虑计算误差及管网漏耗等）作为选风机的依据。

3）确定型号大小及转数。当风机的类型选定后，要根据风机全压，查阅样本手册，选定其大小（型号）和转数。

4）选择电动机及传动配件或风机转向及出口位置。用性能表选图时，在性能表上附有电机功率及型号和传动配件型号，可一并选用。

5）如果风机的转速与电动机的转速相同，对于机体较大的风机可以采用联轴器将风机和电动机直联的传动方式，其结构简单、紧凑；对机体较小、转子较轻的风机，则可以取消轴承和联轴器，将叶轮直接装在电动机轴承上，其结构更加简单、紧凑，如果风机的转速与电动机的转速不同，则可以采用皮带传动方式。

6）通风机的噪声包括电动机的电磁噪声、机械噪声和气动噪声。气动噪声包括旋转噪声和涡流噪声。这些噪声的叠加形成通风机的频谱特性。同一系列的通风机，风量、风压越大，噪声越大。因此，选择机号时，余量过大不仅浪费电能，而且还增大噪声。风机的性能必须和管道与管网及运行方式相匹配方能得到最低噪声。对同一型号通风机，在性能允许条件下，应尽量选用低转速运行的通风机。

4. 送风管道

(1) 送风管道的作用。在通风系统中，依靠通风管来送入或抽出空气。

(2) 送风管道的种类。按送风管道的形状分有矩形和圆形两种。

通风空调工程中常见的送风管道有普通薄钢板、镀锌薄钢板、不锈钢板、铝板、硬聚氯乙烯塑料板、塑料复合钢板和玻璃钢送风管道等。玻璃钢送风管道又分为保温和不保温两类，不保温的玻璃钢送风管道叫作玻璃钢送风管道，带有保温层（即蜂窝夹层或保温板夹层）的玻璃钢送风管道叫作夹心结构送风管道。另外还有砖、混凝土、炉渣石膏板等做成的风管。

送风管道除直管外，还可由弯头、来回弯、变径弯、三通、四通等管件按工程实际需要组合而成。管道的连接是用相同材质的管件（弯头、三通、四通等）进行法兰螺栓连接，法兰间加橡胶密封垫圈。

5. 送风口

(1) 送风口的作用。送风口的作用是直接将送风管道送过来的经过处理的空气送至各个送风区域或工作点。

(2) 送风口的种类。送风口的种类较多，但在一般的机械送风系统中多采用侧向式送风口，即将送风口直接开在送风管道的侧壁上，或使用条形风口及散流器。

6. 风量调节阀

(1) 风量调节阀的作用。风量调节阀的作用是用于机械送风系统的开、关和进行风量调节。因为机械送风系统往往会有许多送风管道的分支，各送风分支管承担的风量不一定相等，所以在各分支管处需要设置风量调节阀，以便进行风量调节与平衡。

(2) 风量调节阀的种类。在机械送风系统中，常用的风量调节阀有插板阀和蝶阀两种。插板阀一般用于通风机的出口和主干管上，作为开或关用；蝶阀主要设在分支管道上或室内送风口之前的支管上，用作调节各支管的送风量。

1.6.2.2 机械排风系统设备

1. 排风罩

局部排风罩是用来捕集有害物质的。其性能对局部排风系统的技术经济指标有直接影响。性能良好的局部排风罩，如密闭罩，只要较小的风量就可以获得良好的工作效果。

(1) 排风罩的作用。排风罩的作用是将污浊或含尘的空气收集并吸入风道内。排风罩如果用在除尘系统中，则称作吸尘罩。

(2) 排风罩的种类。排风罩按应用场景及功能的不同分为伞形罩、条缝罩、密闭罩及吹吸罩。

1) 伞形罩。伞形罩一般设置在产生有害气体或含尘空气的设备及工作台的上方，这样可以直接将设备或工作台产生的有害气体或含尘空气由设备的上部吸走排出，避免有害气体或含尘空气在室内扩散，形成大范围内的污染。

2）条缝罩。条缝罩多用于电镀槽、酸洗槽上的有害蒸汽的排除。因含有酸蒸汽的空气不能直接排入大气，所以一般要设中和净化塔对含酸蒸汽的空气进行净化处理，达标后才能排入室外的大气中。

3）密闭罩。密闭罩是用于产生大量粉尘的设备上。其作用是将产生粉尘的设备尽可能地进行全部密闭，以隔断在生产过程中造成的一次尘化气流与室内二次尘化气流的联系，防止粉尘随室内气流飞扬传播而形成大面积的污染。

4）吹吸罩。吹吸罩是利用射流能量密度高、速度衰减慢的特点，用吹出的气流把有害物吹向设在另一侧的吸风口。这种方式可以大大减小排风量，同时可以达到良好地控制污染的效果。

2．排风管道

（1）排风管道的作用。排风管道的作用是用来输送污浊或含尘空气，并把系统中的各种设备或部件连成了一个整体。

（2）排风管道的种类。为了提高系统的经济性，应合理选定排风管道中的气体流速，管路应力求短、直。排风管道通常用表面光滑的材料制作，如薄钢板、聚氯乙烯板，有时也用混凝土、砖等材料。

在一般的排风除尘系统中多用圆形排风管道，因为圆形排风管道的水力条件好，且强度也较矩形排风管道高。

3．排风机

排风机是机械排风系统的动力设备，其结构性能如送风机。为了防止风机的磨损和腐蚀，通常将其放在净化设备的后面。

4．风帽

风帽是机械排风系统的末端设备，作用是直接将室内污浊空气（或经处理达标后的空气排入室外大气中）。常用的风帽有伞形风帽、筒形风帽和锥形风帽三种形式。

（1）伞形风帽。伞形风帽（图 1.115）分圆形和矩形两种，适用于一般机械通风系统，可采用钢板制作，也可采用硬聚氯乙烯塑料板制作。

（2）筒形风帽。筒形风帽适用于自然通风系统，一般还须在风帽下装有滴水盘，以防止冷凝水滴在房间内。

（3）锥形风帽。锥形风帽适用于除尘系统及非腐蚀性有毒系统，一般采用钢筋制作。

5．空气净化设备

用于排除有毒气体或含尘气体的机械排风系统，一般都要设置空气净化设备，以将有毒气体或含尘空气净化处理达标后排放到大气中，而工程中常用的净化设备主要是除尘器。通风除尘系统中常用的除尘器有旋风除尘器、袋式除尘器、湿式除尘器、静电除尘器等。

图 1.115　伞形风帽

为了防止大气污染,当排出空气中的污染物浓度超过国家排放标准时,必须设置除尘器,使排出的空气达到排放标准才可排入大气。

除尘器(图 1.116)是分离气体中固体微粒的一种设备,在工业通风系统中用以去除粉尘。某些生产过程(如原料破碎、有色金属冶炼、粮食加工等)排出空气中所含的粉粒状物料是生产的原料或产品,对其进行回收具有经济价值。因此,在这些部门,除尘器既是环境保护设备又是生产设备。

(a)旋风除尘器　　(b)袋式除尘器　　(c)滤筒式除尘器

图 1.116　除尘器

1.6.3　通风设备的选用

通风设备是保障室内空气质量的重要工具,选择合适的通风设备能够有效改善室内环境、保障人体健康。在选购通风设备时,应考虑房间尺寸、噪音和能耗、过滤系统以及设备的维护保养等因素。只有做到科学选购和合理使用,才能确保通风设备的长期效益。

(1)根据房间大小选择设备尺寸。不同房间的通风需求不同,应根据房间的面积和高度选择合适的通风设备尺寸,确保能够覆盖整个房间并有效通风。

(2)噪声和能耗。通风设备的噪音和能耗也是选购时需要考虑的因素。选择低噪声、高能效的设备可以提供更好的使用体验并节约能源。

(3)过滤系统。高效过滤系统能有效去除细菌、病毒、颗粒物等有害物质,确保室内空气质量。

(4)设备的维护保养。通风设备需要定期维护保养,如清洗过滤网、更换滤芯等。在选购设备时,了解其维护保养的方式和成本,以确保正常使用并延长设备使用寿命。

第 2 章 BIM 软件

2.1 BIM 软件介绍

实训目的：
(1) 了解 BIM 软件定义。
(2) 熟悉 BIM 软件特点。

实训内容：

建筑信息模型（Building Information Modeling，BIM）是建筑学、工程学及土木工程的新工具。建筑信息模型或建筑资讯模型一词由 Autodesk 所提出，用来形容那些以三维图形为主、物件导向、建筑学有关的电脑辅助设计。这一概念是由 Jerry Laiserin 把 Autodesk、奔特力系统软件公司、Graphisoft 所提供的技术向公众推广。

BIM 技术是 Autodesk 公司在 2002 年率先提出，目前已经在全球范围内得到业界的广泛认可，其可以帮助实现建筑信息的集成，从建筑的设计、施工、运行直至建筑全寿命周期的终结，各种信息始终整合于一个三维模型信息数据库中，设计团队、施工单位、设施运营部门和业主等各方人员可以基于 BIM 进行协同工作，有效提高工作效率、节省资源、降低成本，以实现可持续发展。

BIM 的核心是通过建立虚拟的建筑工程三维模型，利用数字化技术，为这个模型提供完整的、与实际情况一致的建筑工程信息库。该信息库不仅包含描述建筑物构件的几何信息、专业属性及状态信息，还包含了非构件对象（如空间、运动行为）的状态信息。借助这个包含建筑工程信息的三维模型，大大提高了建筑工程的信息集成化程度，从而为建筑工程项目的相关利益方提供了一个工程信息交换和共享的平台。

BIM 不仅可以在设计中应用，还可应用于建设工程项目的全寿命周期中；用 BIM 进行设计属于数字化设计；BIM 的数据库是动态变化的，可在应用过程中不断更新、丰富和充实；为项目参与各方提供了协同工作的平台。

2.1.1 定义

BIM 技术是一种应用于工程设计、建造、管理的数据化工具，通过对建筑的数据化、信息化模型整合，在项目策划、运行和维护的全生命周期过程中进行共享和传递，使工程技术人员对各种建筑信息作出正确理解和高效应对，为设计团队以及包括建筑、运营单位在内的各方建设主体提供协同工作的基础，在提高生产效率、节约成本和缩短工期方面发挥重要作用。

这里引用美国国家BIM标准对BIM的定义，定义由3部分组成。

(1) BIM是一个设施（建设项目）物理和功能特性的数字表达。

(2) BIM是一个共享的知识资源，是一个分享有关这个设施的信息，为该设施从概念到拆除的全生命周期中的所有决策提供可靠依据的过程。

(3) 在设施的不同阶段，不同利益相关方通过在BIM中插入、提取、更新和修改信息，以支持和反映其各自职责的协同作业。

2.1.2 特点

1. 可视化

可视化即"所见所得"的形式，对于建筑行业来说，可视化运用在建筑业上的作用是非常大的，例如经常拿到的施工图纸，只是各个构件的信息在图纸上采用线条绘制表达，但是其真正的构造形式就需要建筑业从业人员去自行想象了。BIM提供了可视化的思路，让人们将以往的线条式的构件形成一种三维的立体实物图形展示在人们的面前；现在建筑业也有设计方面的效果图。但是这种效果图不含有除构件的大小、位置和颜色以外的其他信息，缺少不同构件之间的互动性和反馈性。而BIM提到的可视化是一种能够同构件之间形成互动性和反馈性的可视化，由于整个过程都是可视化的，可视化的结果不仅可以用效果图展示及生成报表，更重要的是，项目设计、建造、运营过程中的沟通、讨论、决策都在可视化的状态下进行。

2. 协调性

协调是建筑业中的重点内容，不管是施工单位，还是业主及设计单位，都在做着协调及相配合的工作。一旦项目的实施过程中遇到了问题，就要将各有关人士组织起来开协调会，找出各个施工问题发生的原因及解决办法，然后做出变更及相应补救措施等来解决问题。在设计时，往往由于各专业设计师之间的沟通不到位，出现各种专业之间的碰撞问题。如暖通等专业中的管道在进行布置时，由于施工图纸是各自绘制在各自的施工图纸上的，在真正施工过程中，可能在布置管线时正好在此处有结构设计的梁等构件在此阻碍管线的布置，像这样的碰撞问题的协调解决就只能在问题出现之后再进行解决。BIM的协调性服务就可以帮助处理这种问题，也就是说BIM建筑信息模型可在建筑物建造前期对各专业的碰撞问题进行协调，生成并提供协调数据。当然，BIM的协调作用也并不是只能解决各专业间的碰撞问题，其还可以解决例如电梯井布置与其他设计布置及净空要求的协调、防火分区与其他设计布置的协调、地下排水布置与其他设计布置的协调等。

3. 模拟性

模拟性并不是只能模拟设计出的建筑物模型，还可以模拟不能够在真实世界中进行操作的事物。在设计阶段，BIM可以对设计上需要进行模拟的一些东西进行模拟实验。如节能模拟、紧急疏散模拟、日照模拟、热能传导模拟等；在招投标和施工阶段可以进行 4D 模拟（三维模型加项目的发展时间），也就是根据施工的组织设计模拟实际施工，从而确定合理的施工方案来指导施工。同时还可以进行 5D 模拟（基于 4D 模型加造价控制），从而实现成本控制；后期运营阶段可以模拟日常紧急情况的处理方式，例如地震人员逃生模拟及消防人员疏散模拟等。

4. 优化性

事实上整个设计、施工、运营的过程就是一个不断优化的过程。当然优化和 BIM 也不存在实质性的必然联系，但在 BIM 的基础上可以做更好的优化。优化受三种因素的制约，即信息、复杂程度和时间。没有准确的信息，做不出合理的优化结果。BIM 模型提供了建筑物的实际存在的信息，包括几何信息、物理信息、规则信息，还提供了建筑物变化以后的实际存在信息。复杂程度较高时，参与人员本身的能力无法掌握所有的信息，必须借助一定的科学技术和设备的帮助。现代建筑物的复杂程度大多超过参与人员本身的能力极限，BIM 及与其配套的各种优化工具提供了对复杂项目进行优化的可能。

5. 可出图性

BIM 模型不仅能绘制常规的建筑设计图纸及构件加工的图纸，还能通过对建筑物进行可视化展示、协调、模拟、优化，并出具各专业图纸及深化图纸，使工程表达更加详细。

2.2 通用工具认知实训

实训目的：
（1）熟悉 BIM 软件通用工具作用。
（2）掌握 BIM 软件通用工具的操作步骤。

实训内容：

2.2.1 三维修剪

将横管与立管使用弯头连接在一起，仅保留选择的一端。该命令可在三维视图下使用。

（1）选择：【通用工具】→【三维修剪】。

（2）操作步骤：点击该命令，选择需要保留的横管一端，再选择需要保留的立管一端，即可完成。三维修剪效果示意图如图 2.1 所示。

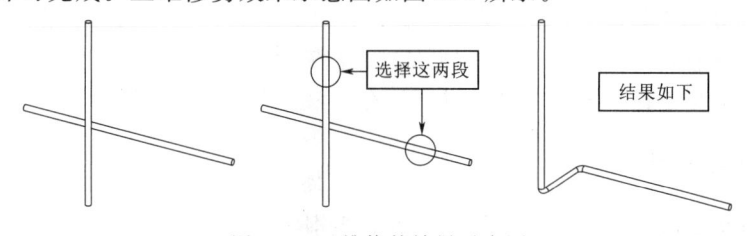

图 2.1 三维修剪效果示意图

2.2.2 系统选择

选择整个系统。

(1) 选择：【通用工具】→【系统选择】。

(2) 操作步骤：点击该命令，按照提示，选择系统的某个构件，软件会自动搜索该构件所属的整个系统，并将其建立选择集以供操作。

2.2.3 系统升降

统一调整整个系统的标高。

(1) 选择：【通用工具】→【系统升降】。

(2) 操作步骤：点击该命令，按照提示，选择某个系统（操作方法类似【系统选择】命令）后，弹出如图 2.2 所示界面。

该命令有以下两种升降方式：

1) 升降至。设定整个系统抬升/降低到的标高值。

2) 升降值。设定整个系统抬升/降低的偏移量值（正值为上升，负值为下降）。

图 2.2 系统升降界面示意图

2.2.4 删除构件

主要解决删除管道阀件或附件时管道断开的问题。使用删除构件功能，可以删除任意实体，当删除的是阀件或者附件时，管道会自动连接。

(1) 选择：【通用工具】→【删除构件】。

(2) 操作步骤：点击【删除构件】命令，根据提示选择构件进行删除即可。

2.2.5 自动保存

自动根据设置的时间间隔对 rvt 文件进行保存。

(1) 选择：【通用工具】→【自动保存】。

(2) 操作步骤：选择【自动保存】菜单项，点击命令后弹出界面如图 2.3 所示。

1)【自动保存】。勾选后，按照设置的间隔时间对 rvt 项目文件进行自动保存。

2)【间隔时间】。设置自动保存的时间间隔。

3)【备份文件数量上限】。设置自动保存过程中所允许保存的最大文件数，超过此数量的文件后，自动覆盖最早的一个文件进行保存。

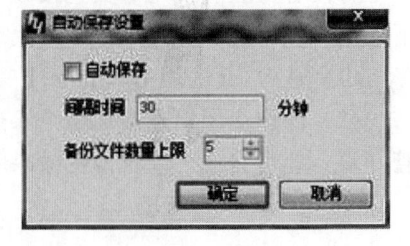

图 2.3 自动保存设置界面示意图

2.2.6 批量升级

批量升级低版本的 rvt、rfa 等文件到高版本中。

(1) 选择:【通用工具】→【批量升级】。

(2) 操作步骤:在菜单面板上选择【批量升级】菜单项,点击命令后弹出界面如图 2.4 所示。

1)【待升级文件夹】。选择需要批量升级的文件夹。

2)【升级后拷贝到】。选择批量升级后将升级文件保存到的目录。

3)【文件类型过滤】。勾选需要进行批量升级的文件类型。

2.2.7 测量工具

测量长度及面积。

(1) 选择:【通用工具】→【测量工具】。

(2) 操作步骤:在菜单面板上选择【测量工具】菜单项,点击命令后弹出界面如图 2.5 所示。

图 2.4 文件批量升级界面示意图

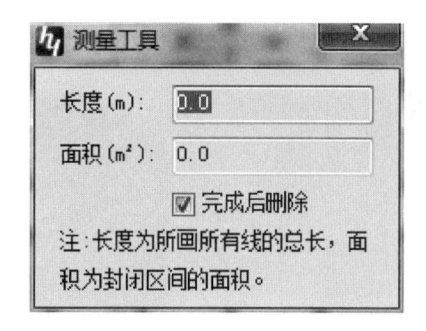

图 2.5 测量工具界面示意图

2.3 视图类认知实训

实训目的:

(1) 熟悉 BIM 软件视图类工具的作用。

(2) 掌握 BIM 软件视图类工具的操作步骤。

实训内容:

2.3.1 模型浏览

在三维视图中按类别或者按楼层浏览模型。可快速定位、显示或隐藏模型中的构件。

(1) 选择:【通用工具】→【模型浏览】。

(2) 操作步骤:在菜单面板上选择【模型浏览】菜单项,会创建当前项目三维浏览视图。

1) 双击构件标签快速定位并高亮构件,如图 2.6 所示。

2) 勾选图元类隐藏或显示指定类型构件。

运行前如图 2.7 所示。

图 2.6　模型浏览器界面

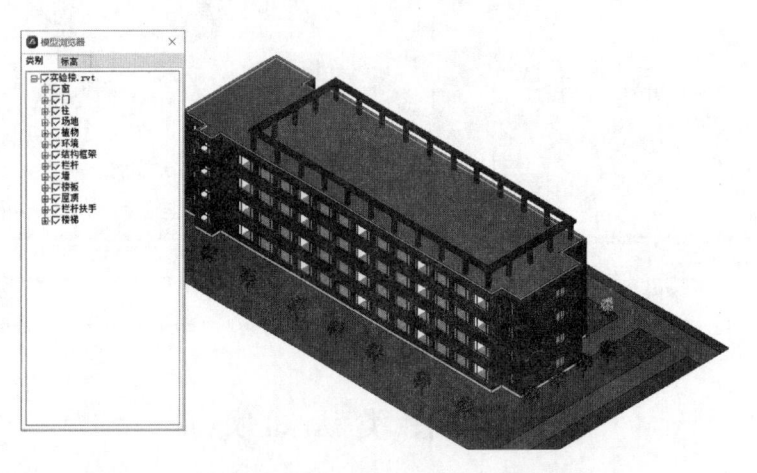

图 2.7　模型浏览器勾选图元类隐藏或显示类别运行前

运行后示意图如图 2.8 所示。

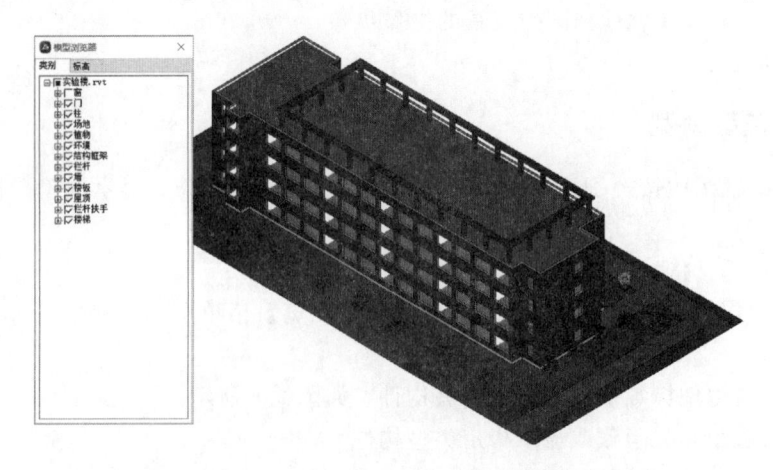

图 2.8　模型浏览器勾选图元类隐藏或显示类别运行后

3）勾选标高隐藏或显示指定标高的构件。

运行前如图 2.9 所示。

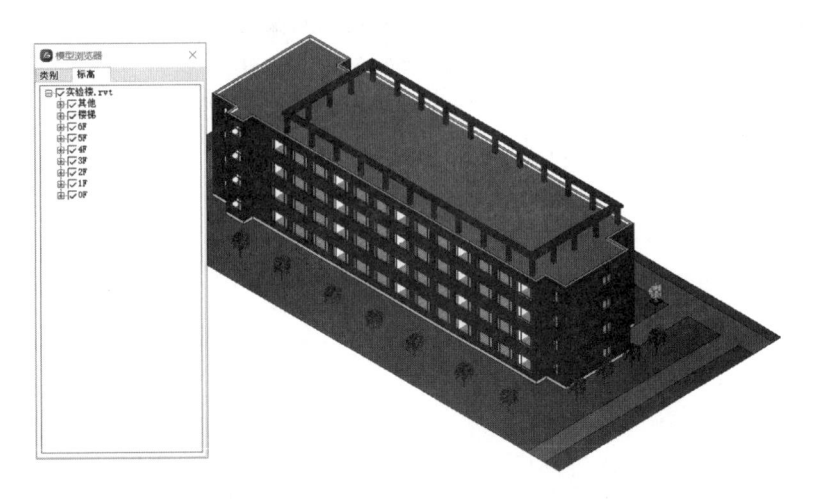

图 2.9 模型浏览器勾选标高隐藏或显示指定标高运行前

运行后如图 2.10 所示。

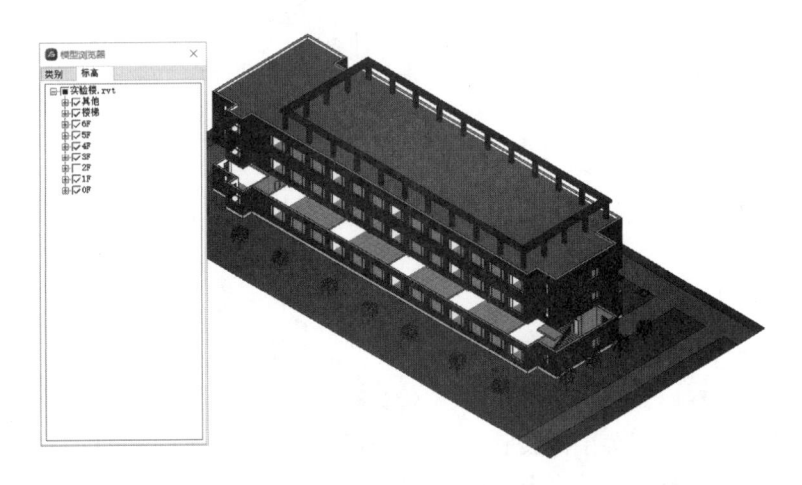

图 2.10 模型浏览器勾选标高隐藏或显示指定标高运行后

2.3.2 局部三维

用户选择一个区域，查看局部三维细节内容。

(1) 选择：【通用工具】→【局部三维】。

(2) 操作步骤：运行后弹出界面如图 2.11 所示。

1)【楼层选择】。选择局部三维查看的楼层范围方式。

2)【选择多层】。设置显示范围的楼层，仅在选择楼层情况下可用。

3)【顶部楼层】。设置显示范围的顶部楼层，仅在选择多层情况下可用。

4)【底部楼层】。设置显示范围的底部楼层,仅在选择多层情况下可用。

5)【上部剪裁相对偏移】。设置剪裁范围顶部的偏移量。

6)【下部剪裁相对偏移】。设置剪裁范围底部的偏移量。

7)【显示剪裁框】。勾选是否需要显示视图的剪裁框。

8)【新生成临时3D视图覆盖上次生成视图】。使用同样的视图名,每次生成的临时3D视图都生成到此临时视图中,覆盖原有视图。

9)【显示三维轴网】。勾选是否需要显示三维轴网。

结果示意图如图2.12所示。

图2.11 局部三维界面示意图

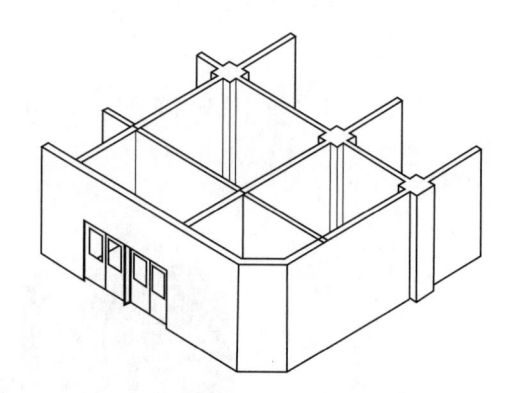

图2.12 局部三维效果

2.3.3 视图旋转

旋转当前视图。

(1)选择:【通用工具】→【视图旋转】。

(2)操作步骤:在菜单面板上【视图旋转】菜单项。命令运行后,需要选择一根对齐线形对象,软件自动将当前视图旋转到所选线形对象所处的角度。

2.3.4 视图范围

框选区域进行视图范围的设置。

(1)选择:【通用工具】→【视图范围】。

(2)操作步骤:在菜单面板上选择【视图范围】命令,点击命令提示:请框选范围,用户框选一个矩形区域进行视图范围的设置即可。

2.3.5 缩放视图

选择某个对象,自动缩放视图到所选对象的可视范围内。

（1）选择：【通用工具】→【缩放视图】。

（2）操作步骤：在菜单面板上选择【缩放视图】命令，点击命令弹出界面如图 2.13 所示。

勾选需要设置视图缩放的视图后，在项目中点选对象即可。

2.3.6 系统浏览

显示相应系统。

（1）选择：【通用工具】→【系统浏览】。

（2）操作步骤：在菜单面板上选择【系统浏览】命令，点击命令弹出界面如图 2.14 所示，系统名称中会将该视图中所有系统罗列出来，点击想要查看的系统名称，则右侧视图中会显示出对应的系统图。

图 2.13 缩放视图界面示意图

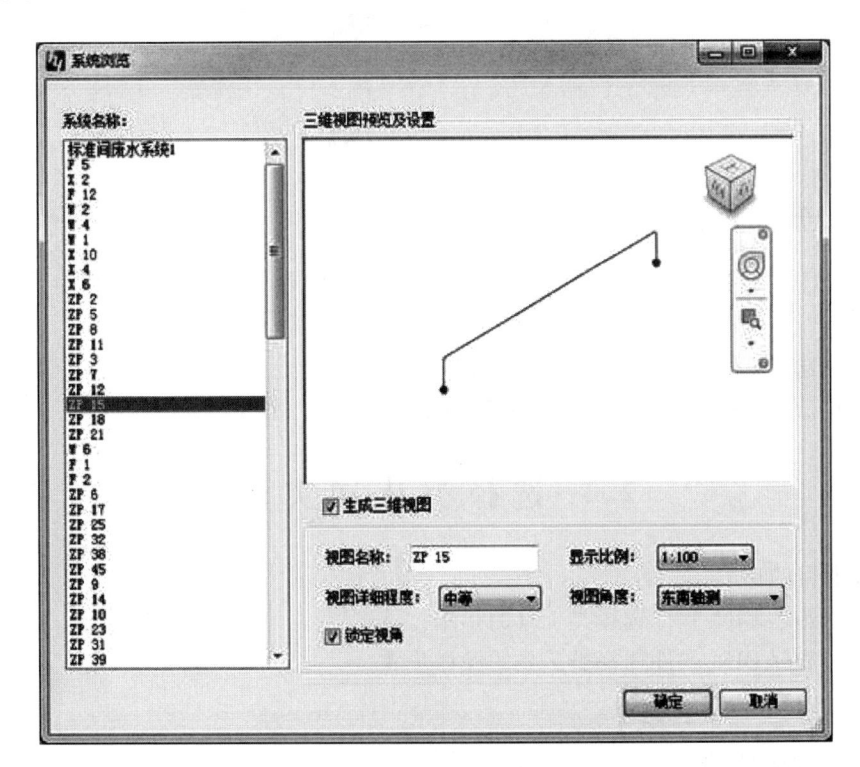

图 2.14 系统浏览界面示意图

2.3.7 分标高显示

修改系统中相应标高位置管线的颜色。

（1）选择：【通用工具】→【分标高显示】。

(2)操作步骤：在菜单面板上选择【分标高显示】命令，点击命令弹出界面如图 2.15 所示，根据标高段，将管道系统填充设定的颜色。

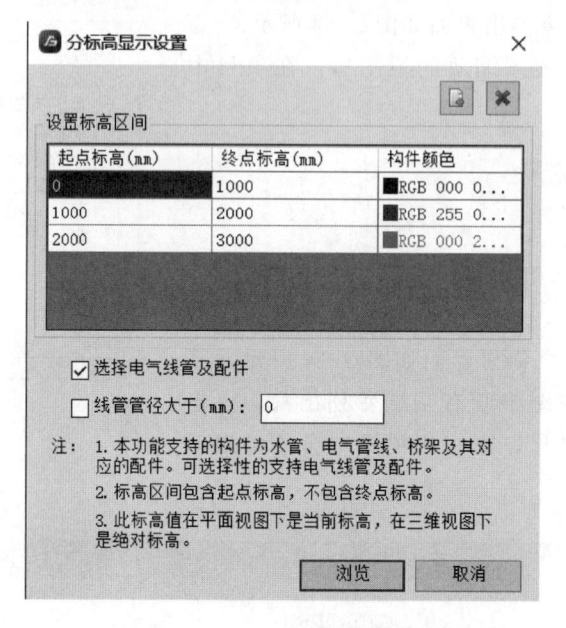

图 2.15　分标高显示设置界面示意图

2.3.8　全局轴号

在绘图区的边框处显示轴号，便于在项目中定位，该功能支持平面、立面、剖面。

(1)选择：【通用工具】→【全局轴号】。

(2)操作步骤：选择【全局轴号】命令。

2.4　选择类认知实训

实训目的：

(1)熟悉 BIM 软件选择类工具的作用。

(2)掌握 BIM 软件选择类工具的操作步骤。

实训内容：

2.4.1　过滤选择

选择项目中的构件，按照不同方式进行过滤，形成选择集。

(1)选择：【通用工具】→【过滤选择】。

(2)操作步骤：首先，在界面中选择实体，然后在菜单面板上选择【过滤选择】命令，弹出对话框，如图 2.16 所示，将选择的族按照类别列出来，然后通过右侧的内容过滤。

2.4 选择类认知实训

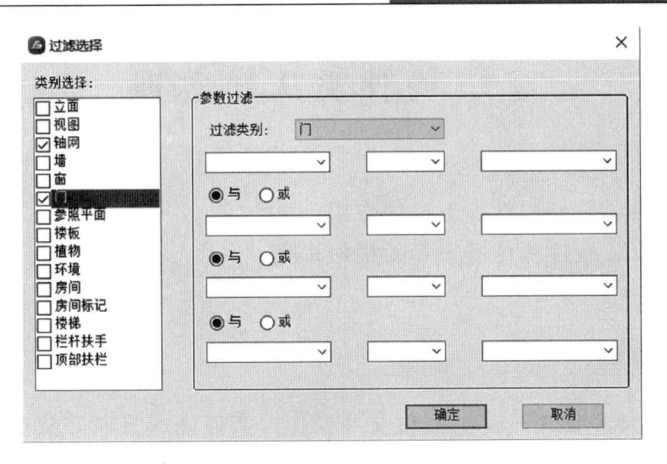

图 2.16 过滤选择界面示意图

2.4.2 增强过滤

选择项目中的构件，按照不同方式进行过滤，形成选择集。

(1) 选择：【通用工具】→【增强过滤】。

(2) 操作步骤：在菜单面板上选择【增强过滤】命令，点击命令弹出界面如图 2.17 所示，勾选需要的类别，确定后形成选择集。

2.4.3 构件检索

按照不同的检索条件，检索项目中的构件。

(1) 选择：【通用工具】→【构件检索】。

(2) 操作步骤：在菜单面板上选择【构件检索】命令，点击命令弹出界面如图 2.18 所示。

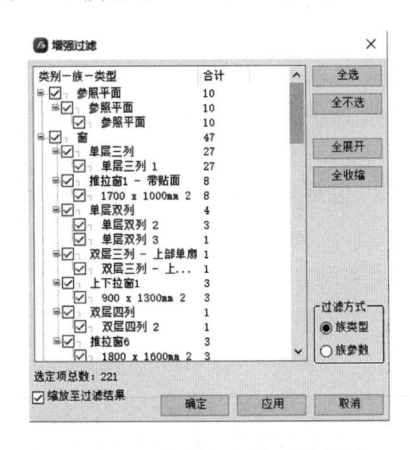

图 2.17 增强过滤界面示意图　　图 2.18 构件检索界面示意图

可按照相关材质、族类别、族类型来进行构件的组合检索，软件会将所有检索条件进行组合查找，得到符合所有条件的对象列表。

双击列表中某一个构件，可在项目中高亮定位所选项，并提供是否缩放的选择。

129

2.5 构件类认知实训

实训目的：
(1) 熟悉 BIM 软件构件类工具的作用。
(2) 掌握 BIM 软件构件类工具的操作步骤。

实训内容：

2.5.1 批量复制

用户框选实体，通过一定的对位交互操作，实体完成复制并变换到新位置（适用于楼层平面和天花板平面视图）。

(1) 选择：【通用工具】→【批量复制】。

(2) 操作步骤：在菜单面板上选择【批量复制】命令，点击命令弹出界面如图 2.19 所示。

图 2.19　操作设置界面示意图

1)【选择集列表】。选择集列表用于循环覆盖保存 5 次选择记录，双击单项可以重命名，同时根据当前选择集刷新类型过滤列表中的类型和选择状态。

2)【选择实体】。当点击【选择实体】按钮时，主界面隐藏，提示用户在当前实体进行实体选择，完成后返回主界面。

3)【类型过滤】。用于过滤当前选择实体的实体类型。

4)【全选】。实体类型全部选中。

5)【全不选】。实体类型全部不选。

6)【反选】。实体类型反选。

7)【对位方式】。用于实现变换前后的位置对位，分为【选墙对位】和【选点对位】。

a. 选墙对位方法。用于源区域和目标区域都存在墙的情况。

提示"选择源区域第 1 根直线墙"，用户在刚才的选择区域内选择一根直线墙体；然后提示"选择源区域与第 1 根墙相交的第 2 根直线墙"，用户可根据提示进行选择，如图 2.20 所示。

（a）源区域　　　　　　　　　（b）目标区域

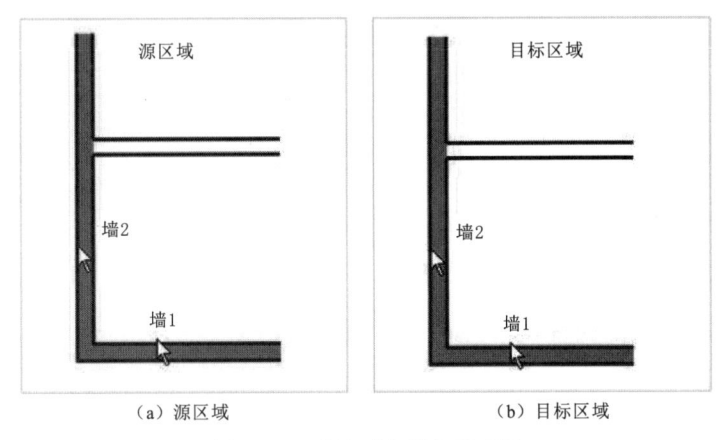

图 2.20　选墙对位操作示意图

提示"选择目标区域第 1 根直线墙",用户在目标区域内选择一根与源区域中墙 1 对应的直线墙体;然后提示"选择目标区域与第 1 根墙相交的第 2 根直线墙",同操作步骤 a,同时保证该墙与源区域墙 2 对应,如图 2.20（b）所示。

需要注意的是,点选时点选位置决定墙 1 与墙 2 的夹角方向,如图 2.21 中两种选择方式并不相同。

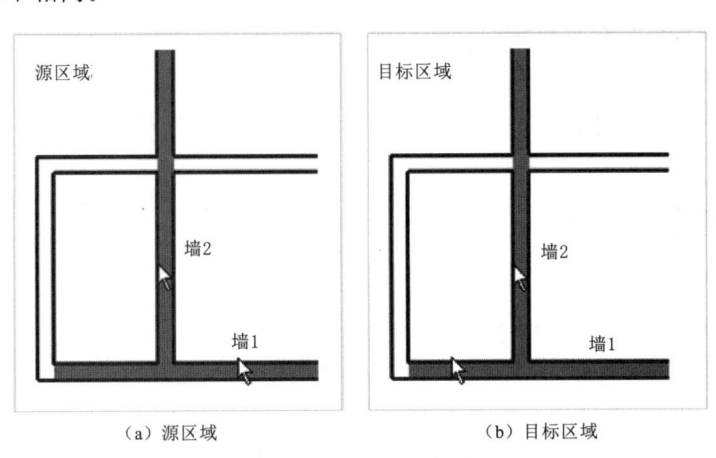

（a）源区域　　　　　　　　　（b）目标区域

图 2.21　选墙对位点选操作示意图

b. 选点对位方法。用于源区域或目标区域不存在墙的情况,例如当前图是采用连接 Revit 文件的方式时。

提示"选择源区域第 1 定位点",用户在刚才的选择区域内选择一个定位点;然后提示"选择源区域第 2 定位点"和"选择源区域第 3 定位点",用户采用第 1 定位点同样的操作进行选择如图 2.22 所示。

提示"选择目标区域第 1 定位点",用户在目标区域内选择一个与源第 1 定位点对应的点;然后提示"选择目标区域第 2 定位点"和"选择目标区域第 3 定位点",用户采用第 1 定位点同样的操作进行选择,如图 2.22（b）所示。

8)【精度】。由于允许源和目标之间存在一定的外形结构误差,提供精度参数用于控制源位置和目标位置对位时的误差。

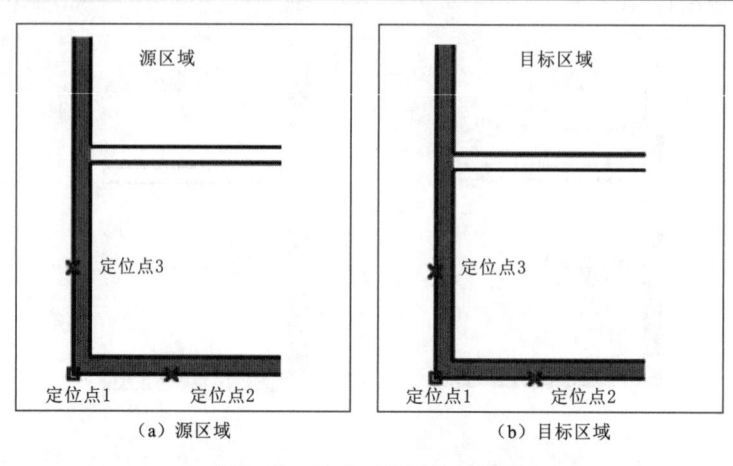

图 2.22 选点对位操作示意图

9)【确定】。确认当前选项设置退出设置界面,并在视图下进行对位选择,最终完成复制变换。

10)【取消】。退出当前命令。

2.5.2 格式刷

将源对象中的参数值批量刷新到目标对象中。

(1) 选择:【通用工具】→【格式刷】。

(2) 操作步骤:在菜单面板上选择【格式刷】命令,选择源目标,弹出界面如图 2.23 所示,选择需要复制的参数内容。

2.5.3 族替换

将已有族替换成另外的族。

(1) 选择:【通用工具】→【族替换】。

(2) 操作步骤:点击该命令,选择要替换所使用的新的族类型(先把新的族类型布置在视图中),出现界面如图 2.24 所示。

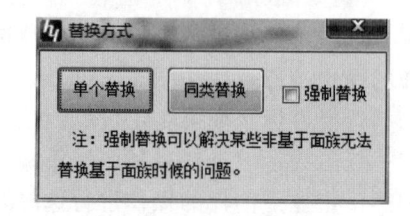

图 2.23 格式刷界面示意图   图 2.24 替换方式界面示意图

可使用【单个替换】手动选取视图中某一个族进行替换，也可使用【同类替换】统一将视图中某一个族类型替换为新的族。【强制替换】可以不考虑族是否基于面而强制替换掉。

2.6 竖向菜单认知实训

实训目的：
（1）熟悉 BIM 软件竖向菜单的作用。
（2）掌握 BIM 软件竖向菜单的操作步骤。

实训内容：
显示、关闭竖向菜单。
（1）选择：【通用工具】→【竖向菜单】。
（2）操作步骤：点击该命令将【竖向菜单】调用出来，弹出对话框如图 2.25 所示。

图 2.25 竖向菜单界面示意图

2.7 设置认知实训

实训目的：
(1) 熟悉 BIM 软件设置工具的作用。
(2) 掌握 BIM 软件设置工具的操作步骤。

实训内容：

2.7.1 风管设置

该命令可以对风管系统、规格及计算进行设置。在【系统设置】中，提供【内置模板】，选择后可直接应用于绘制风管功能中。也可对当前项目系统进行新增修改等操作。在【规格设置】中，可以对风管尺寸、材质及粗糙度进行设置。在【计算设置】中，通过压力、介质等选择，直接计算出所需参数，应用于绘制风管中比摩阻的计算。

(1) 选择：【设置定义】→【风管设置】。
(2) 操作步骤：在设置定义下点击【风管设置】按钮，选择后会弹出如图 2.26 所示界面。

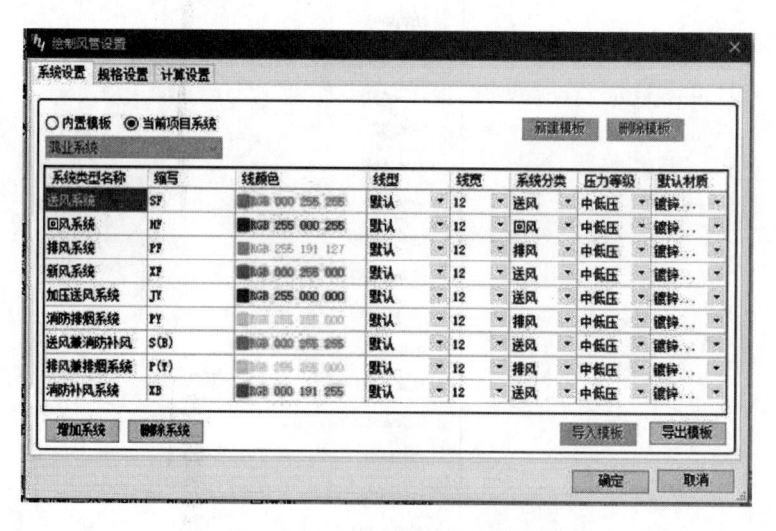

图 2.26 绘制风管设置界面中系统设置

1)【当前项目系统】。自动读取当前样板文件中的系统类型、缩写、线型、线宽、系统分类，默认给定压力等级为中低压，默认材质为镀锌钢板。以上数据信息均支持手动修改。如选择此项，在绘制风管中自动调用当前项目中的系统。

2)【内置模板】。本模块提供内置模板，可以进行使用，支持对参数进行修改。如选择此项，在绘制风管中自动调用模板中的系统。

3)【增加系统】。可增加当前项目系统或模板中的系统，自动在下方增加一行，对相应内容进行添加。

4)【删除系统】。可删除当前项目系统或模板中的系统。
5) 在内置模板中可【新建模板】【删除模板】，并且可以将模板导入、导出。

(3) 规格设置：切换到【规格设置】后弹出界面如图 2.27 所示。

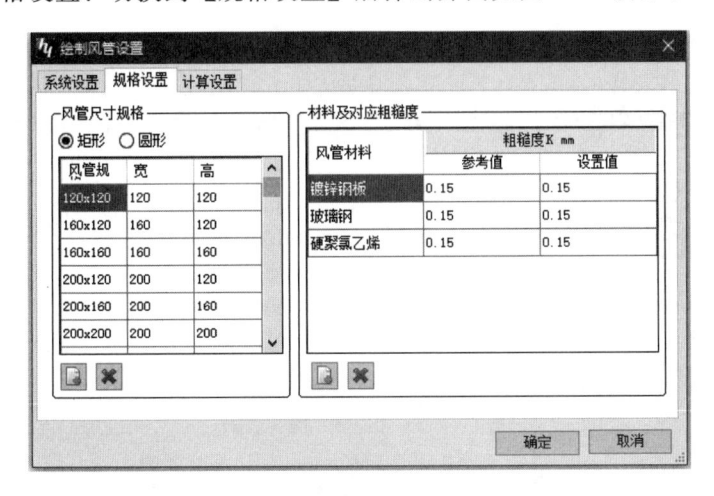

图 2.27　绘制风管设置规格设置界面示意图

1) 可对规格、风管材料进行新增、删除。
2) 双击界面上已有数据可以对数据进行修改。

(4) 计算设置：切换到【计算设置】后弹出如下界面，如图 2.28 所示。
1) 可对计算参数进行设置，应用于绘制风管功能中及比摩阻的计算。
2) 可对计算结果设定颜色标识，应用于绘制风管的计算结果颜色显示。

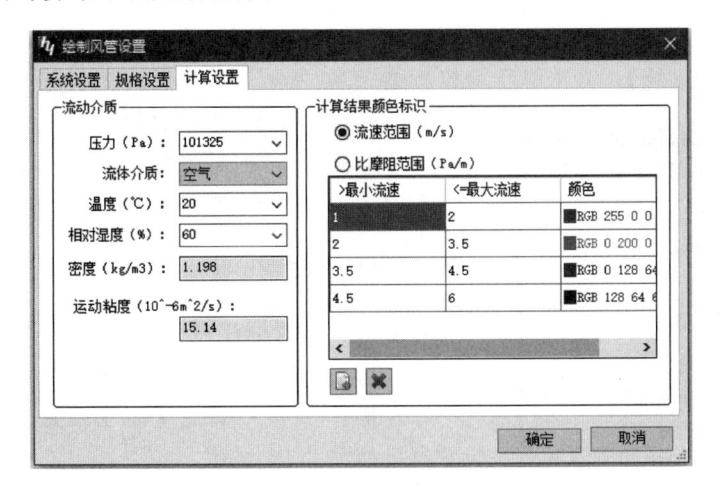

图 2.28　绘制风管设置计算设置界面示意图

2.7.2　暖管设置

该命令可以让用户方便地在 Revit 平台上获得类似于 CAD 平台上 MEP 软件的设置体验，包括参数设置、管件设置、类图层设置等内容。

第2章 BIM软件

(1) 选择:【设置定义】→【暖管设置】。

(2) 操作步骤:在设置定义下点击【暖管设置】按钮,选择后会弹出界面如图 2.29 所示。

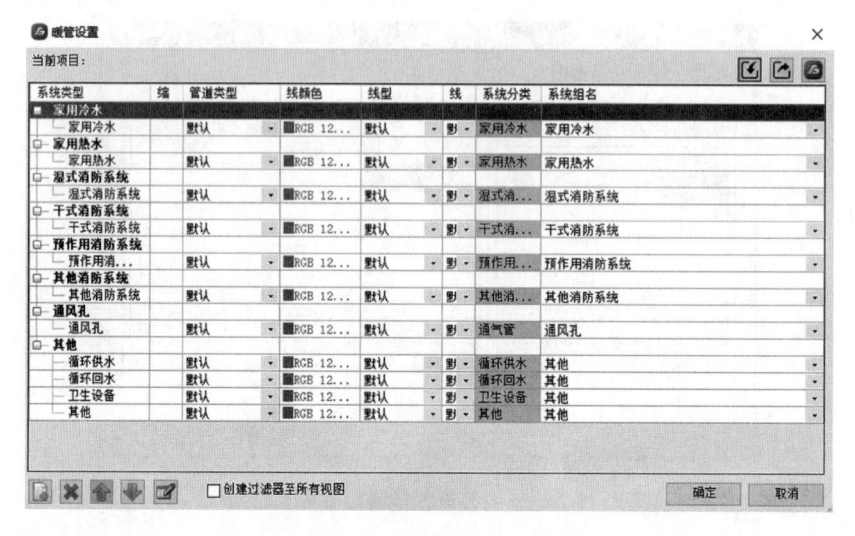

图 2.29 暖管设置界面示意图

1)弹出框上面按钮依次为:【导入标准】【导出标准】【鸿业标准】。

a.【导入标准】。从外部导入已有的模板配置。

b.【导出标准】。导出所有配置信息。

c.【鸿业标准】。可调用增加鸿业标准。

2)弹出框下面按钮依次为:【新建系统】【删除系统】【上移】【下移】。

a.【新建系统】。点击显示窗口如图 2.30 所示,新建系统类型窗口。

b.【删除系统】。点击删除对应信息。

c.【上移】。可把系统类型进行上移。

d.【下移】。可把系统类型进行下移。

图 2.30 暖管设置新建系统界面示意图

2.7.3 标注设置

对管道、风管标注做相关基础设置。

(1) 选择:【设置定义】→【标注设置】。

(2) 操作步骤:单击【标注设置】按钮,弹出如下窗口如图 2.31 所示。

1)【通用标注】。可对字体、字高、宽高比、文字对齐、文字引线比例、标注精度、文字距引线距离、文字距管道距离进行设置;可对管综剖面标注进行标注设置;可对尺寸定位进行设置。

2)【水管标注】。可对管径标注的标注内容、管径标注前缀等进行设置;可对管道标高标注的绝对标高和相对标高、相对标高前缀等进行设置;可对分隔符进行

图 2.31 标注设置界面示意图

设置;可对管道标高标注进行设置;可对坡度/水流方向标注样式进行设置。

3)【风管标注】。可对图形风管尺寸前缀、风管尺寸后缀进行设置;可对尺寸、标高间分隔符样式进行设置;可对风管标高标注的绝对标高和相对标高、相对标高前缀等进行设置;可对风口标注样式进行设置。

2.8 规范/模型检查认知实训

实训目的:
(1) 熟悉 BIM 软件规范/模型检查工具的作用。
(2) 掌握 BIM 软件规范/模型检查工具的操作步骤。
实训内容:

2.8.1 暖通距离测量

用于距离的测量。
(1) 选择:【规范/模型检查】→【暖通距离测量】。
(2) 操作步骤:点击命令后软件弹出界面如图 2.32 所示。

2.8.2 链接模型对比

建筑专业链接结构模型,当墙体发生重合或者墙体结构层与结构墙发生重合情况时,则以链接结构墙为主,对建筑墙体进行物理扣减。

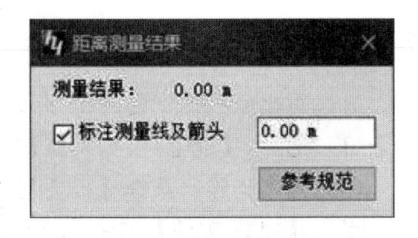

图 2.32 距离测量结果界面示意图

(1) 选择：【规范/模型检查】→【链接模型对比】。

(2) 操作步骤：点击【链接模型扣减】按钮，选择链接的结构模型，点击【扣减】按钮，对列表中与结构构件相交的建筑构件进行扣减，偏离的不做处理；点击【关闭】命令结束。

如无不完全重合扣减构件，则不弹出列表，直接扣减后提示完成。

2.8.3 模型对比

对加载的两个模型进行族、属性字段等进行对比。

(1) 选择：【规范/模型检查】→【模型对比】。

(2) 操作步骤：选择【模型对比】命令，弹出界面如图 2.33 所示。

点击【开始比对】弹出模型对比结果，如图 2.34 所示。

图 2.33 模型对比界面示意图

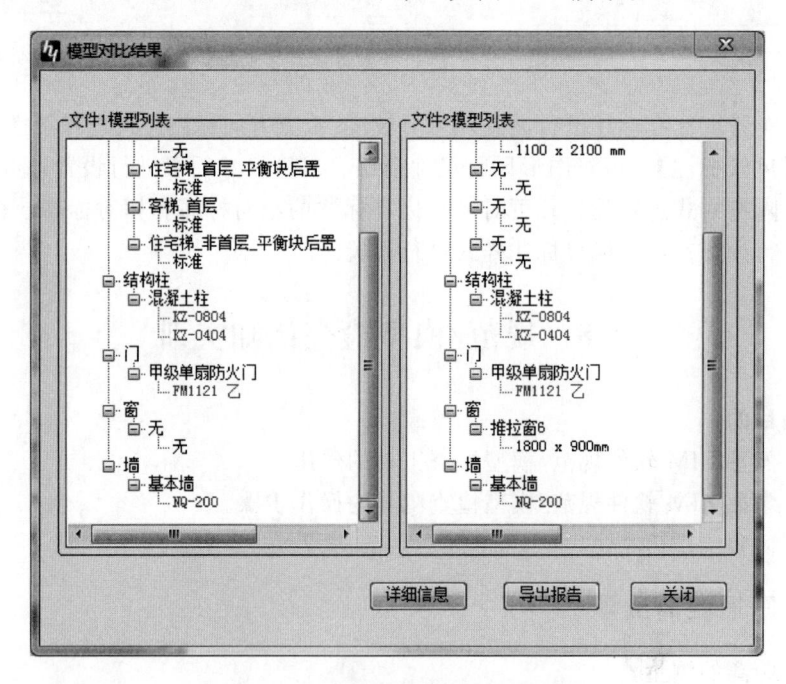

图 2.34 模型对比结果界面示意图

2.8.4 提资对比

通过对比前后提资的两个 Revit 文件，提示两份文件中存在的差异。

(1) 选择：【规范/模型检查】→【提资对比】。

(2) 操作步骤：选择【提资对比】命令，弹出界面如图 2.35 所示。

点击【加载文件】选择加载文件的路径；点击【确定】完成对提资文档的对比。

2.8.5 误差墙检查

可以正确实现墙体对于中心线错位小于 0.8mm 的构件的检查。

(1) 选择：【规范/模型检查】→【误差墙检查】。

(2) 操作步骤：选择【误差墙检查】命令，程序对当前视图的模型进行检查，并对于不满足要求的构件做错误提示。

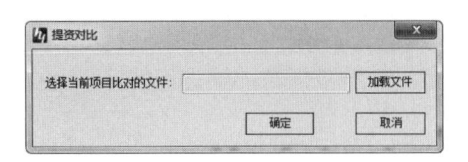

图 2.35 提资对比界面示意图

2.9 净高分析认知实训

实训目的：
(1) 熟悉 BIM 软件净高分析工具的作用。
(2) 掌握 BIM 软件净高分析工具的操作步骤。

实训内容：

2.9.1 净高设置

设置净高平面方案及填充样式如图 2.36 所示。

2.9.2 净高检查

用于对净高进行检测。

(1) 选择：【规范/模型检查】→【净高检测】。

(2) 操作步骤：点击命令后软件弹出界面如图 2.37 所示。

图 2.36 净高设置界面示意图

图 2.37 净高检测方式界面示意图

1) 点击【检测设置】后弹出检测类型对话框如图 2.38 所示。
2) 点击【楼层标高】后弹出楼层标高选择对话框如图 2.39 所示。

软件对检测出的错误地方可以进行查看、定位，如图 2.40 所示。

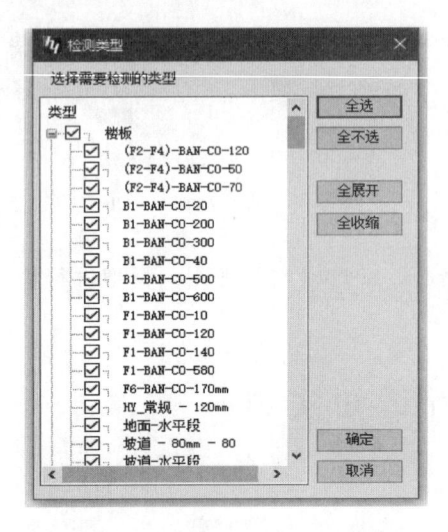

图 2.38 检测类型界面示意图 　　图 2.39 楼层标高选择界面示意图

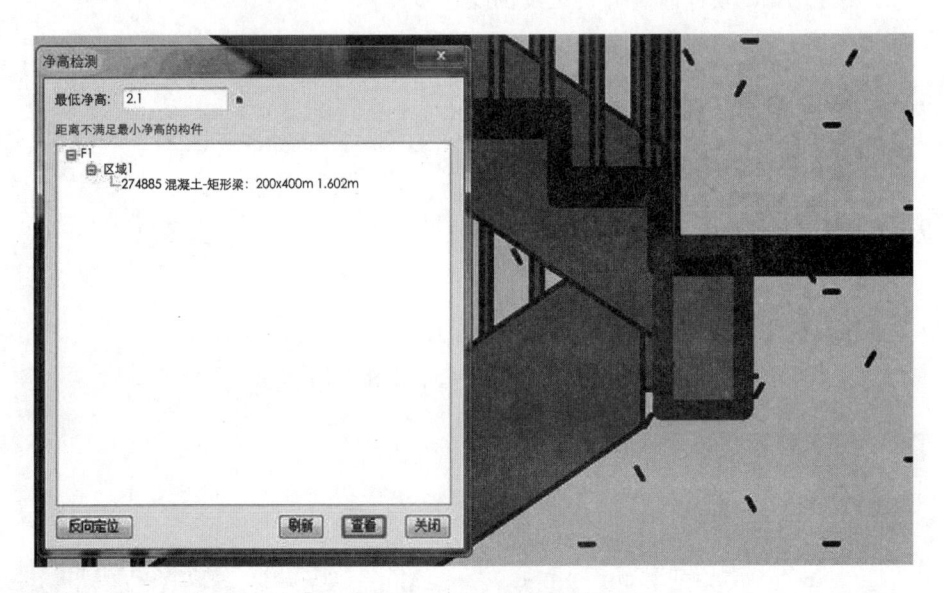

图 2.40 净高检测结果

2.9.3 净高平面

用于绘制净高平面。

（1）选择：【规范/模型检查】→【净高平面】。

（2）操作步骤：点击命令后软件弹出对话框如图 2.41 所示，可选择不同方式绘制净高区域，绘制完成后点击【完成】。

2.9.4 净高刷新

用于对净高进行刷新。

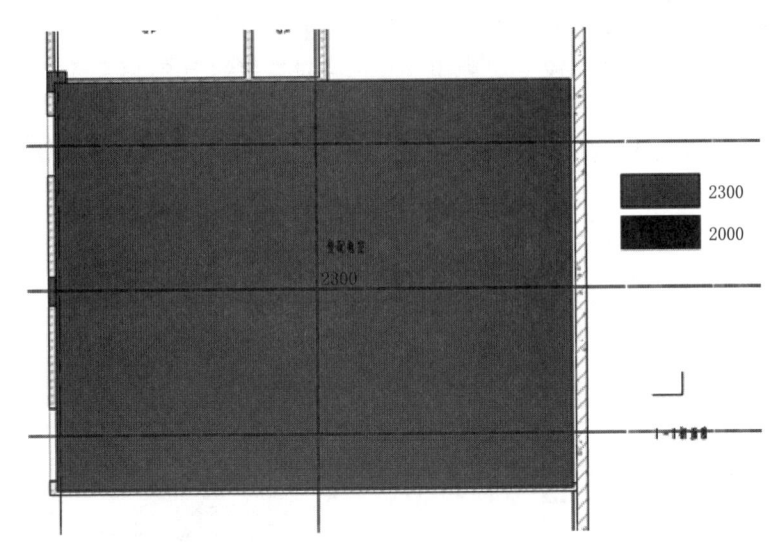

图 2.41 净高平面绘制效果

(1) 选择:【规范/模型检查】→【净高刷新】。
(2) 操作步骤:打开净高平面图,点击命令后软件刷新净高值。

2.10 专业标注/协同认知实训

实训目的:
(1) 熟悉 BIM 软件专业标注/协同工具的作用。
(2) 掌握 BIM 软件专业标注/协同工具的操作步骤。
实训内容:

2.10.1 暖通(图元隐现)

用于将图元进行隐藏和显示。
(1) 选择:【专业标注/协同】→【暖通】。
(2) 操作步骤:点击该命令出现界面如图 2.42 所示,可以进行图元的隐现操作。

2.10.2 水系统标注

1. 尺寸定位
可对管道与轴网墙体进行尺寸定位。
(1) 选择:【专业标注/协同】→【尺寸定位】。
(2) 操作步骤:点击该命令,状态栏提示:请选择第一点;选择完成后显示:请选择第二点。点击后,完成对两点间的管道的尺寸定位。
2. 立管标注
管道上显示系统类型的缩写。

(1) 选择：【专业标注/协同】→【立管标注】。

(2) 操作步骤：点击该命令，弹出立管标注对话框如图2.43所示。

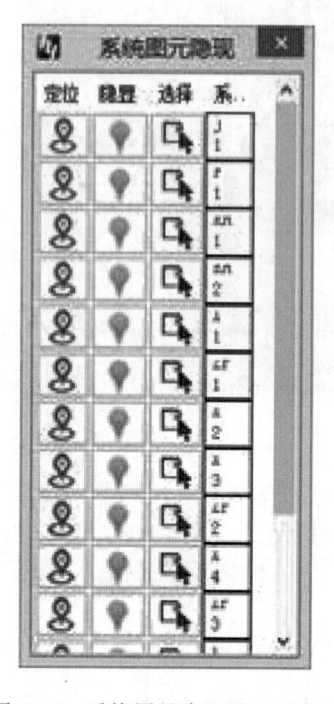

图2.42 系统图元隐现界面示意图 　　图2.43 立管标注界面示意图

立管标注既可进行单管标注也可以进行共线的多管标注，程序首先默认读取创建立管时，赋予的编号数值，同时也支持用户选择同系统递增或自定义编号，当用户勾选楼号或区号时，显示效果分别如图2.44所示。

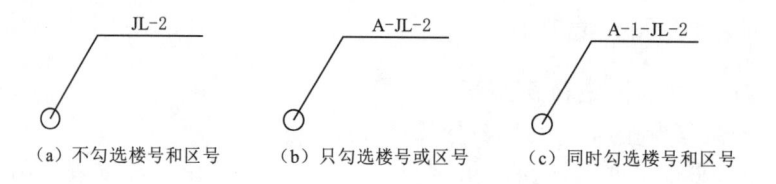

（a）不勾选楼号和区号　　（b）只勾选楼号或区号　　（c）同时勾选楼号和区号

图2.44 立管标注效果

同时，还可以设置标注位置，设置引线角度或文字距管垂直距离。并且当用户选择当前楼层，程序仅对选中的当前楼层立管进行标注；当选择整个系统时，软件可对选中的整个项目中所有楼层的立管进行标注。

3. 管径标注

标注管径、壁厚、标高等。

(1) 选择：【专业标注/协同】→【管径标注】。

(2) 操作步骤：点击该命令，弹出管径标注对话框如图2.45所示。

在界面中进行参数设置后，标注效果如下：

图 2.45 管径标注界面示意图

1) 单管管径标注。
a. 单管管径管线上/管线下标注如图 2.46 所示。
b. 单管管径带引线（包括上下方向及左右反转）标注如图 2.47 所示。

图 2.46 单管管径管线上/管线下标注　　图 2.47 单管管径带引线标注

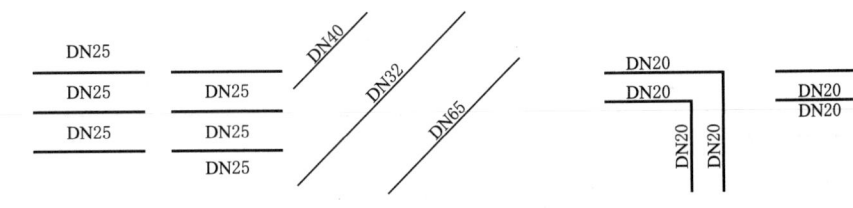

2) 多管管径标注。
a. 多管管径管线上/管线下标注形式 1 如图 2.48 所示。
b. 多管管径管线上/管线下标注形式 2 如图 2.49 所示。

图 2.48 多管管径管线上/管线下标注
形式 1

图 2.49 多管管径管线上/
管线下标注形式 2

c. 多管管径带引线标注如图 2.50 所示。

3）管径标高标注。

a. 单管管径/相对标高/无引线如图 2.51 所示。

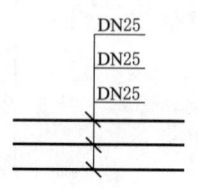

图 2.50　多管管径带引线标注 　　图 2.51　单管管径/相对标高/无引线

b. 单管管径/绝对标高/无引线如图 2.52 所示。

c. 单管管径/相对标高/有引线如图 2.53 所示。

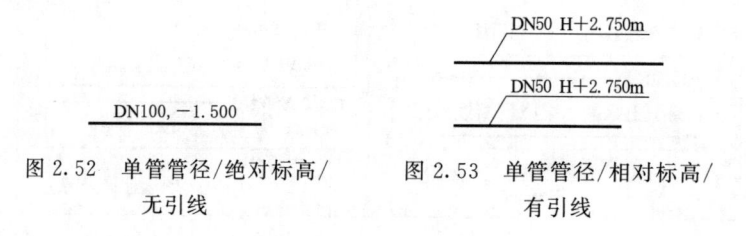

图 2.52　单管管径/绝对标高/　　图 2.53　单管管径/相对标高/
　　　　　无引线　　　　　　　　　　　　　　有引线

d. 多管管径/相对标高/无引线如图 2.54 所示。

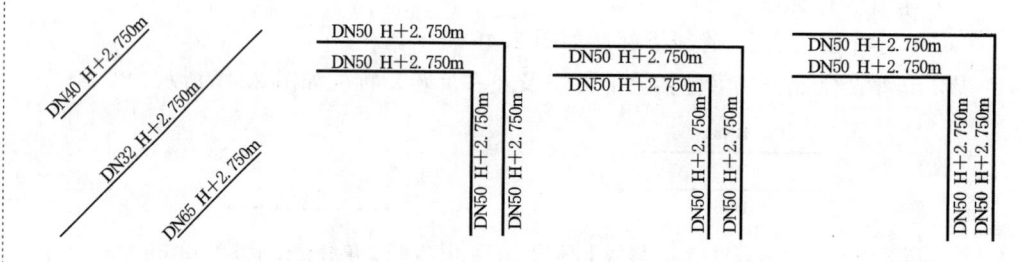

图 2.54　多管管径/相对标高/无引线

e. 多管管径/相对标高/有引线如图 2.55 所示。

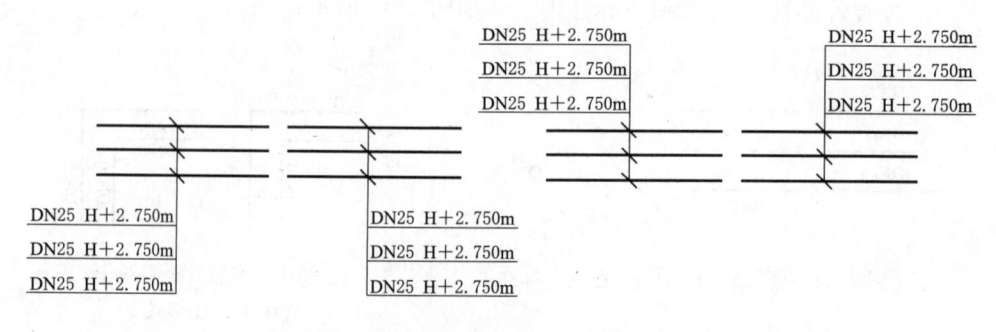

图 2.55　多管管径/相对标高/有引线

2.10 专业标注/协同认知实训

4. 管道标高标注

标注管道标高。

(1) 选择：【专业标注/协同】→【管道标高标注】。

(2) 操作步骤：点击该命令，弹出管道标高标注对话框如图 2.56 所示。

在界面中进行参数设置后，标注效果如下：

1) 单管绝对标高标注（包括上下方向及左右翻转）。

a. 单管绝对标高三角形样式/无引线如图 2.57 所示。

b. 单管绝对标高三角形样式/有引线如图 2.58 所示。

c. 单管绝对标高无三角形样式/无引线及无三角形样式/有引线如图 2.59 所示。

2) 多管绝对标高标注如图 2.60 所示。

3) 单管相对标高。

a. 单管相对标高三角形样式/无引线如图 2.61 所示。

b. 单管相对标高无三角形样式线上/线下/无引线如图 2.62 所示。

c. 单管相对标高有引线（包括上下方向及左右翻转）如图 2.63 所示。

图 2.56　管道标高标注界面示意图

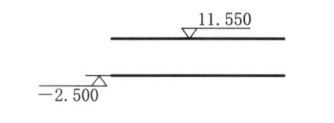

图 2.57　单管绝对标高三角形样式/无引线示意图

图 2.58　单管绝对标高三角形样式/有引线示意图

图 2.59　单管绝对标高无三角形样式/无引线及无三角形样式/有引线示意图

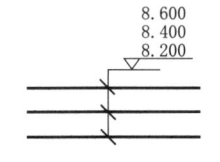

图 2.60　多管绝对标高标注示意图

图 2.61　单管相对标高三角形样式/无引线示意图

图 2.62　单管相对标高无三角形样式线上/线下/无引线示意图

图 2.63　单管相对标高有引线示意图

4) 多管相对标高。

a. 多管相对标高无引线如图 2.64 所示。

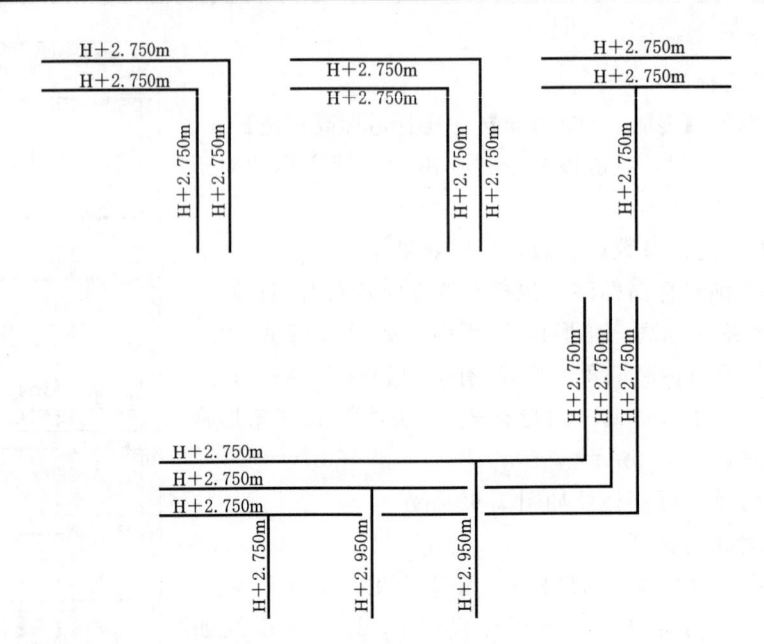

图 2.64 多管相对标高无引线示意图

b. 多管相对标高有引线如图 2.65 所示。

5. 坡度标注

标注管道坡度和水流方向。

(1) 选择：【专业标注/协同】→【坡度标注】。

(2) 操作步骤：点击该命令，弹出坡度标注对话框如图 2.66 所示。

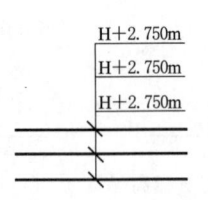

图 2.65 多管相对标高有引线示意图　　图 2.66 坡度标注界面示意图

坡度标注效果如图 2.67 所示。

6. 入户管号标注

标注出户、入户管道编号。

(1) 选择：【专业标注/协同】→【入户管号标注】。

(2) 操作步骤：点击该命令，弹出【入户管号标注】对话框如图2.68所示。

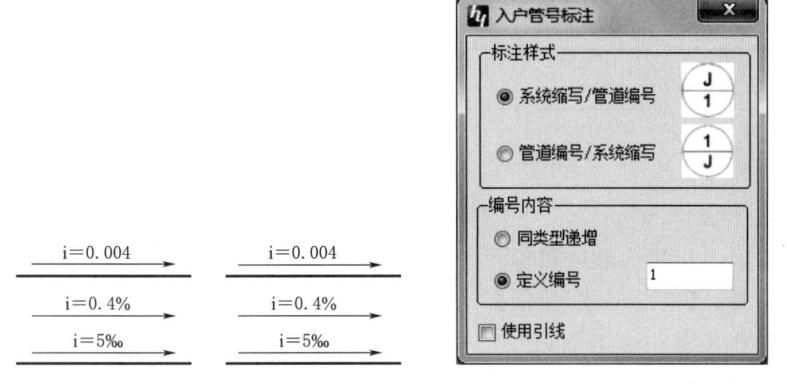

图2.67　坡度标注效果示意图　　图2.68　入户管号标注界面示意图

入户管号标注效果如图2.69所示。

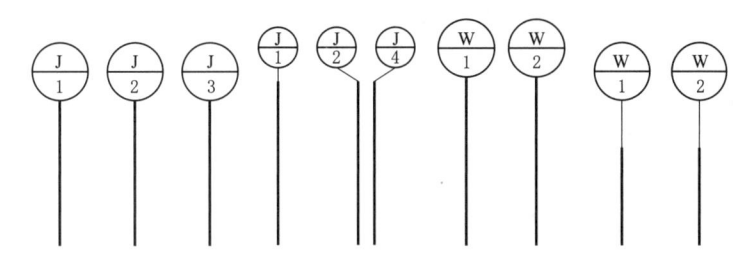

图2.69　入户管号标注效果示意图

7．断管符号

在管线末端插入断管符号。

(1) 选择：【专业标注/协同】→【断管符号】。

(2) 操作步骤：点击该命令，框选管道便可插入断管符号。

8．管上文字

管道上显示系统类型的缩写。

(1) 选择：【专业标注/协同】→【管上文字】。

(2) 操作步骤：点击该命令，弹出【管上文字】对话框如图2.70所示。

管上文字提供了三种标注方式。

1) 点选标注。用户点击系统某一处，即可进行管上系统缩写的标注。

2) 按系统标注。可标注出同系统且有连接关系的所有的系统缩写。

3) 全模型标注。软件将自动标注出项目中所有系统缩写。

图2.70　管上文字界面示意图

管上文字标注内容，软件自动默认读取系统设置里的系统缩写，同样也支持用户自定义，同时也可以设置管上文字的间距。

管上文字标注效果如图 2.71 所示。

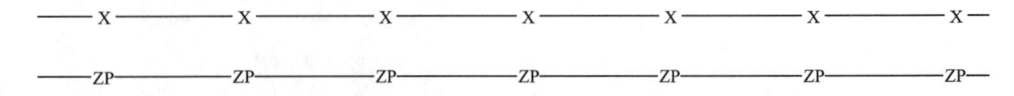

图 2.71　管上文字标注效果示意图

9. 删除标注

删除管径、标高、坡度等标注。

(1) 选择：【专业标注/协同】→【删除标注】。

(2) 操作步骤：点击该命令，弹出【删除标注】对话框如图 2.72 所示。选择标注类型，通过框选便可删除标注。

10. 水阀标注

对水管阀件进行标注，标注的内容为水管阀件的名称和尺寸。

(1) 选择：【专业标注/协同】→【水阀标注】。

(2) 操作步骤：单击此命令，选择要标注的阀件，再选择要标注的位置，然后完成标注，标注结果如图 2.73 所示。

图 2.72　删除标注界面示意图　　图 2.73　水阀标注效果示意图

11. 管线综合剖面

用于在剖面中进行管综标注。

(1) 选择：【专业标注/协同】→【管线综合剖面】。

(2) 操作步骤：在剖面视图中，点击【管线综合剖面】命令，将管综信息进行一键标注，包含各专业管线的系统、标高信息、定位尺寸、剖面纵向尺寸。

2.10.3　风系统标注

1. 风管标注

对风管进行标注，标注内容可以从标注界面选取。

(1) 选择：【专业标注/协同】→【风管标注】。
(2) 操作步骤：单击【风管标注】按钮，弹出界面如图 2.74 所示。

选择标注内容、标注方式、标注样式、标注位置，对风管进行标注。单选管道标注方式为拾取管道，多选管道标注方式为框选管道。可重复进行选择完成标注。

如需对前缀等其他内容进行设定，可在【标注设置】中完成，如图 2.75 所示。

图 2.74　风管标注界面示意图　　图 2.75　标注设置界面示意图

2. 风口标注

对风口进行标注，标注的内容为风口的风量、名称、尺寸、数量。
(1) 选择：【专业标注/协同】→【风口标注】。
(2) 操作步骤：单击【风口标注】按钮，弹出界面如图 2.76 所示。

其中风口名称、风量为可选性标注，选择好标注的内容后，框选相同规格需要标注的风口，选择风口作为标注引出点，标注效果支持预览，选择合适位置放置，即可完成对风口的标注。可重复进行操作。

3. 风口间距

对风口与轴网、墙进行尺寸标注、定位。
(1) 选择：【专业标注/协同】→【风口间距】。
(2) 操作步骤：单击【风口间距】按钮，弹出界面如图 2.77 所示。

选择风口距墙或距轴网进行标注，并设定当风口距轴线距离大于等于多少米时才进行标注。框选需要标注的风口，将尺寸线引出到合适位置进行放置即可，可重复操作。

图 2.76　风口标注界面示意图

4. 设备标注

对风机、其他设备进行标注。
(1) 选择：【专业标注/协同】→【设备标注】。

(2)操作步骤：单击【设备标注】按钮，弹出界面如图 2.78 所示。

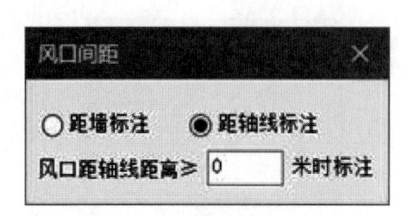

图 2.77　风口间距界面示意图

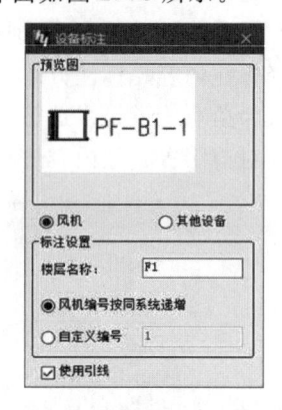

图 2.78　设备标注界面示意图

选择对风机或其他设备进行标注；风机标注内容为风机所在系统、楼层、风机编号；其他设备标注内容为自定义。

5. 风阀标注

请参考 2.10.2 水系统标注中水阀标注操作。

2.10.4　协同

1. 提资

读取提资文件信息，按照提资洞口进行洞口创建。

(1)选择：【专业标注/协同】→【提资】。

(2)操作步骤：点击【提资】按钮，程序自动对水管、风管、桥架以及部分设备洞口进行碰撞检查，并得出提资洞口信息。可以对洞口信息进行合并，最后导出提资信息供协同开洞其他专业施工单位读取开洞信息，以用来创建洞口，如图 2.79 所示。

提资设置如图 2.80 所示。

图 2.79　提资界面示意图

图 2.80　提资设置界面示意图

需要注意的是，组合规则判断外扩，第一次为方洞或圆洞外扩尺寸，第二次外扩为洞口组合容差，如界面参数先外扩 50mm，再外扩 300mm，以此判断是否组合，如图 2.81 所示。

2. 协同开洞

读取提资文件信息，按照提资洞口进行洞口创建。

(1) 选择：【专业标注/协同】→【协同开洞】。

(2) 操作步骤：点击【协同开洞】按钮，选择提资文件，读取提资信息进行洞口创建。【最小开洞尺寸】程序会自动筛选最小开洞尺寸以上的洞口进行勾选，如图 2.82 所示。

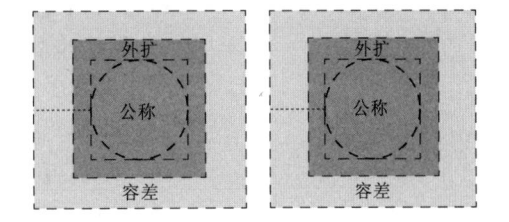

图 2.81 判断是否组合示意图

3. 洞口查看

读取提资文件信息，查看洞口开启情况。

(1) 选择：【专业标注/协同】→【洞口查看】。

(2) 操作步骤：点击【洞口查看】按钮，选择提资文件，查看洞口开启状况，如图 2.83 所示。

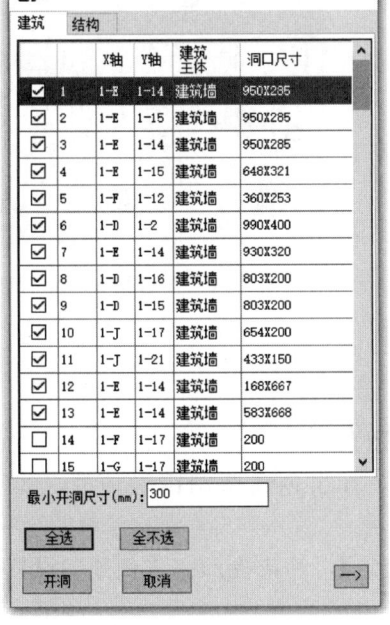

图 2.82 开洞界面示意图　　图 2.83 查看界面示意图

4. 手动加套管

可进行手动加套管。

(1) 选择：【专业标注/协同】→【手动加套管】。

(2) 操作步骤：点击该命令，可以进行手动加套管操作，如图 2.84 所示。

5. 套管标注

可进行套管标注。

（1）选择：【专业标注/协同】→【套管标注】。

（2）操作步骤：点击该命令，可以进行套管标注操作。

6. 洞口标注

可以对洞口进行标注。

（1）选择：【专业标注/协同】→【洞口标注】。

（2）操作步骤：点击该命令，框选需要标注的洞口，如图2.85所示。

7. 洞口删除

对通过协同开洞创建的洞口按专业或时间等分类进行删除。

（1）选择：【专业标注/协同】→【洞口删除】。

（2）操作步骤：点击【洞口删除】按钮，选择要删除的洞口进行删除，如图2.86所示。

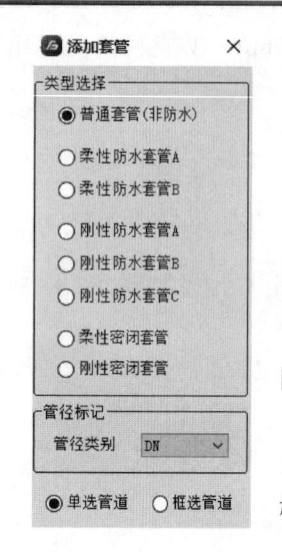

图2.84　套管选择界面示意图

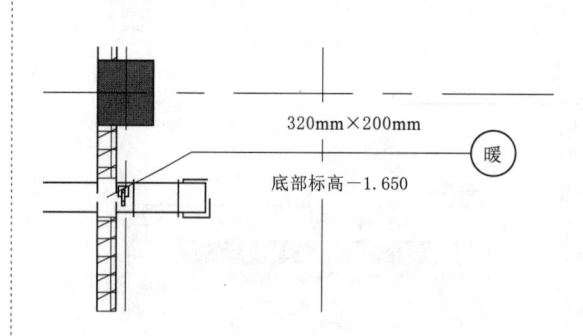

图2.85　洞口标注效果示意图

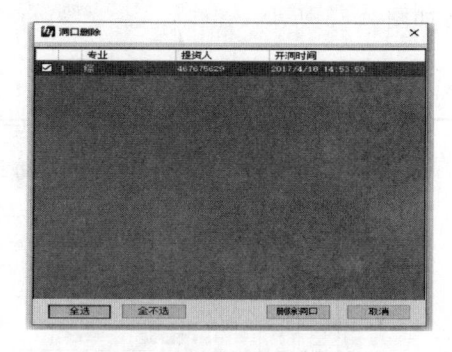

图2.86　洞口删除界面示意图

8. 留洞图

快速生成机电各专业提资留洞图。

（1）选择：【专业标注/协同】→【留洞图】。

（2）操作步骤：点击【留洞图】按钮，弹出创建留洞图对话框，如图2.87所示。

选择需要创建留洞图的视图，单击【确定】，等待提示完成创建。设置中可以选择洞口标注位置及定位位置。

9. 占位布置

提供对管道占位进行粗略的布置。

（1）选择：【专业标注/协同】→【占位布置】。

（2）操作步骤：点击【占位布置】按钮，选择需要布置的设备管道，在视图中进行布置，如图2.88所示。

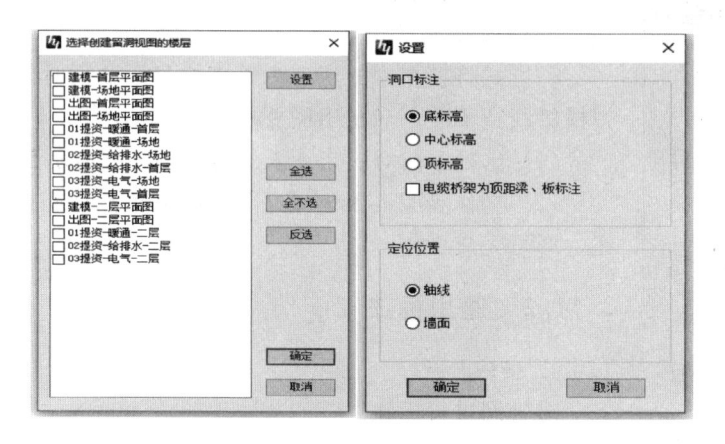

图 2.87　留洞图界面示意图　　　　　图 2.88　占位布置
　　　　　　　　　　　　　　　　　　　　　界面示意图

10. 占位显隐

提供对管道占位的显隐工具。

(1) 选择：【专业标注/协同】→【占位显隐】。

(2) 操作步骤：点击【占位显隐】按钮，对管道占位进行显隐。

11. 删除占位

提供对管道占位的删除。

(1) 选择：【专业标注/协同】→【删除占位】。

(2) 操作步骤：点击【删除占位】按钮，对管道占位进行显隐。

2.11　标注/出图认知实训

实训目的：

(1) 熟悉 BIM 软件标注/出图工具的作用。

(2) 掌握 BIM 软件标注/出图工具的操作步骤。

实训内容：

2.11.1　出图设置

1. 隐藏设置

隐藏喷头短立管，满足喷淋系统的出图要求；创建立管勾选辅助框选项，便于立管精确定位，出图前可一键式隐藏立管辅助框；检查消火栓、喷头的保护半径，并在图纸中标注或者隐藏起来。

(1) 选择：【标注/出图】→【隐藏立管辅助框】。

(2) 操作步骤：单击【隐藏设置】功能，弹出界面如图 2.89 所示。用户勾选喷头短立管、立管辅助框、喷淋保护半径、消火栓保护半径选项，即

153

可控制该选项的隐藏与显示。

2. 立管细线显示

一键式将模型中的所有立管细线显示，同时保持横管线宽不变，满足出图要求。

(1) 选择：【标注/出图】→【立管细线显示】。

(2) 操作步骤：单击【立管细线显示】功能按钮，即可完成操作。

2.11.2 通用标注

1. 轴网标注

对轴网进行标注。

图 2.89 隐藏设置界面示意图

(1) 选择：【标注/出图】→【轴网标注】。

(2) 操作步骤：在菜单面板上选择点击命令后软件弹出界面如图 2.90 所示。

2. 对齐尺寸标注

可以将对齐尺寸标注放置在 2 个或 2 个以上平行参照或者点（例如墙端点）之间，如图 2.91 所示。

图 2.90 轴网标注界面示意图 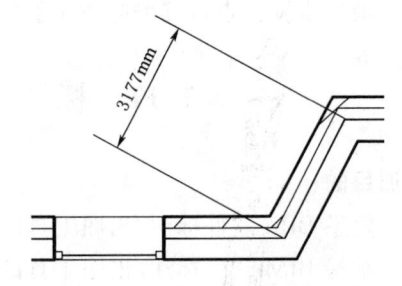　　图 2.91 对齐尺寸标准效果示意图

(1) 单击【注释】选项卡选择【尺寸标注】面板（对齐）。可供选择的选项有【参照墙中心线】【参照墙面】【参照核心层中心】和【参照核心层表面】。例如选择【参照墙中心线】，则将光标放置于某面墙上时，光标将首先捕捉该墙的中心线。

(2) 在选项栏上，选择【单个参照点】作为【拾取】设置。

(3) 将光标放置在某个图元（例如墙）的参照点上。如果可以在此放置尺寸标注，则参照点会高亮显示。需注意的是，按"Tab"键可以在不同的参照点之间循环切换。几何图形的交点上将显示蓝色点参照。在内部墙层的所有交点上显示灰色方形参照。

(4) 单击以指定参照。

(5) 将光标放置在下一个参照点的目标位置上并单击。当移动光标时，会显示一条尺寸标注线。如果需要，可以连续选择多个参照。

(6) 当选择完参照点之后，从最后一个构件上移开光标并单击。永久性对齐尺寸标注将会显示出来。

3. 线性标注

线性尺寸标注放置于选定的点之间。尺寸标注与视图的水平轴或垂直轴对齐。选定的点是图元的端点或参照的交点（例如两面墙的连接点）。在放置线性标注时，可以使用弧端点作为参照。只有在项目环境中才可用水平标注和垂直标注。水平标注和垂直标注无法在族编辑器中创建。

形状不规则的建筑上的水平线性尺寸标注和垂直线性尺寸标注如图 2.92 所示。

4. 角度标注

可以将角度标注放置在共享同一公共交点的多个参照点上。不能通过拖曳尺寸标注弧来显示一个整圆。

(1) 单击【注释】选项卡，在【尺寸标注】面板上设置角度。

(2) 将光标放置在构件上，然后单击以创建尺寸标注的起点。

通过按"Tab"键，可以在墙面和墙中心线之间切换尺寸标注的参照点。

(3) 将光标放置在与第一个构件不平行的某个构件上，然后单击鼠标。角度标注时，可以为尺寸标注选择多个参照点。所标注的每个图元都必须经过一个公共点。例如，要在四面墙之间创建一个多参照的角度标注，每面墙都必须经过一个公共点。

(4) 拖曳光标以调整角度标注的大小。选择要显示尺寸标注的象限如图 2.93 所示。

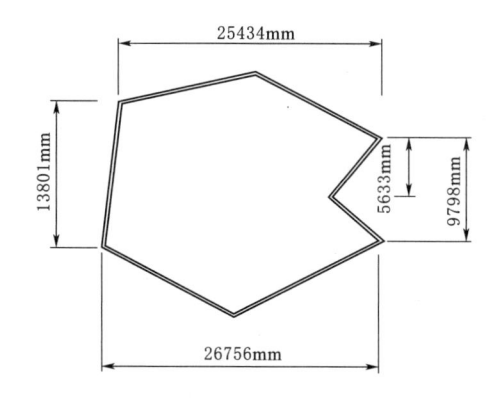

图 2.92 线性尺寸标注效果示意图

图 2.93 4 个不同象限的墙连接示意图

(5) 当尺寸标注大小合适时，单击以进行放置。

5. 径向标注

(1) 单击【注释】选项卡，在【尺寸标注】面板设置径向。

(2) 将光标放置在弧上，然后单击。一个临时尺寸标注将显示出来。

(3) 再次单击以放置永久性尺寸标注。

2.11.3 编辑标注

1. 隐藏标注

控制标注的显隐。

(1) 选择：【标注/出图】→【隐藏标注】。

(2) 操作步骤：通过框选的方式完成对尺寸的标注，点击【隐藏标注】显示如图 2.94 所示。

2. 连接尺寸

调整尺寸标注。

(1) 选择：【标注/出图】→【连接尺寸】。

(2) 操作步骤：在菜单面板上选择【连接尺寸】，点击命令后软件弹出界面如图 2.95 所示。

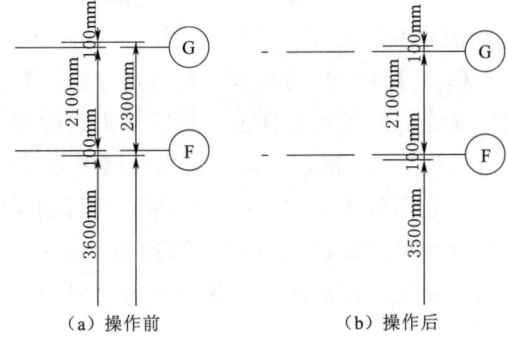

图 2.94 隐藏标注界面示意图

图 2.95 连接尺寸效果

3. 打断尺寸

在尺寸标注上拾取需要被打断的尺寸方向，然后打断尺寸。

(1) 选择：【标注/出图】→【打断尺寸】。

(2) 操作步骤：点击【打断尺寸】按钮，选择需要被打断的尺寸方向。

4. 合并区间

调整尺寸标注。

(1) 选择：【标注/出图】→【合并区间】。

(2) 操作步骤：在菜单面板中选择【合并区间】命令，如图 2.96 所示。

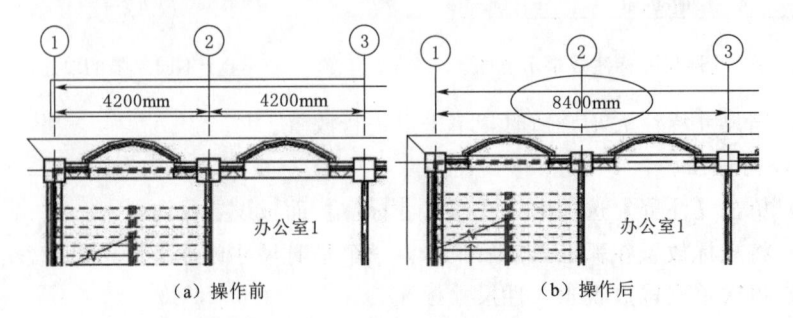

图 2.96 合并区间效果示意图

5. 位置取齐

多楼层标高批量标注。

（1）选择：【标注/出图】→【位置取齐】。

（2）操作步骤：在菜单面板上选择【位置取齐】，选择标注内容，将标注对齐。

6. 线长取齐

多楼层标高批量标注。

（1）选择：【标注/出图】→【线长取齐】。

（2）操作步骤：在菜单面板上选择【线长取齐】，选择标注内容，将标注线长对齐。

2.11.4 符号标注

1. 标高标注

对指定位置进行指定标高添加。

（1）选择：【标注/出图】→【标高标注】。

（2）操作步骤：点击【标高标注】按钮，输入需要标注的标高参数，单击视图选择标注的构件，再次单击放置标高标注，如图2.97所示。

2. 多层标高

多楼层标高批量标注。

（1）选择：【标注/出图】→【多层标高】。

（2）操作步骤：在菜单面板上选择【多层标高】，点击命令后软件弹出界面如图2.98所示。

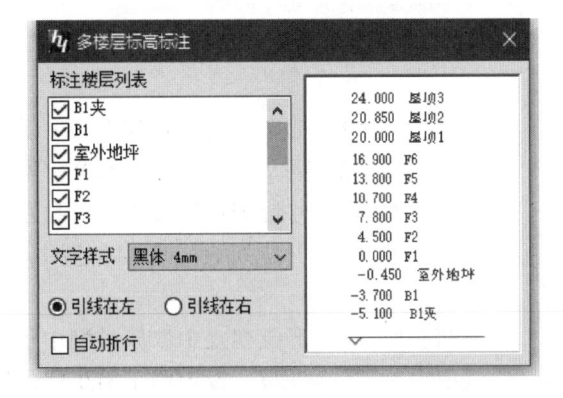

图2.97 标高标注界面示意图　　图2.98 多楼层标高标注界面示意图

1)【标注楼层列表】。可对当前工程中需要标注的楼层标高进行勾选。

2)【文字样式】。设定标注所使用的文字样式。

3)【引线在左】【引线在右】。设定标高线引线在左侧/右侧。
右侧预览框可以进行当前标注内容预览。设定完毕直接选取图面上一点进行标注。

3. 坡度标注

在图面进行交互式的坡度标注。

(1) 选择:【标注/出图】→【坡度标注】。

(2) 操作步骤:在菜单面板上选择【坡度标注】,点击命令后软件弹出界面如图 2.99 所示。

1)【坡度值】。设定标注的坡度值。
2)【旋转角度】。设置坡度线和文字旋转角度。
3)【箭头类型】。可对坡度标注中的箭头类型进行选择。
4)【字体类型】。设定标注所使用字体类型。

在右侧预览框可以进行当前标注内容预览。设定完毕直接选取图面上一点进行标注。

4. 引线标注

用于对多个标注点进行说明性的文字标注。

(1) 选择:【标注/出图】→【引线标注】。

(2) 操作步骤:在菜单面板上选择【引线标注】,点击命令后软件弹出界面如图 2.100 所示。

图 2.99 坡度标注界面示意图

图 2.100 引线标注界面示意图

1)【线上文字】。把文字内容标注在文字基线上。
2)【线下文字】。把文字内容标注在文字基线下。
3)【多行文本】。勾选则可使文本换行显示。
4)【文字类型】。下拉列表中取族类型中文字类型,动态取自该项目样板中所有文字类型。
5)【箭头样式】。下拉列表中取族类型中引线箭头的样式。
6)【引出线固定角度】。设定用于引出线的固定角度。
7)【文字与基线对齐】。包括始端对齐、居中对齐和末端对齐三种文字对齐方式。

运行实例如图 2.101 所示。

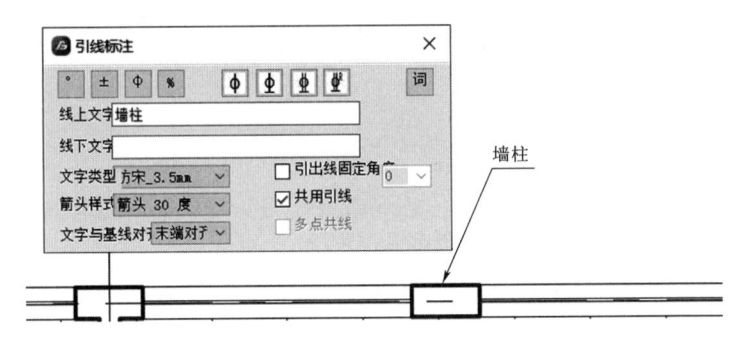

图 2.101　文字标注效果

5. 做法标注

用户通过选择或者输入标注文字,并设置标注排布方向,将做法标注添加到图面上。

(1) 选择:【标注/出图】→【做法标注】。

(2) 操作步骤:在菜单面板中选择【做法标注】命令,点击命令弹出界面如图 2.102 所示。

1) 特殊符号按钮。点击按钮直接将对应特殊符号插入到文本光标位置。

2) 钢筋符号按钮。点击按钮直接将对应钢筋符号插入到文本光标位置。

3) 词库按钮。弹出词库对话框,用户可从词库内进行标注内容的选择,插入到当前标注内容中。

4) 标注内容编辑框。当前可编辑的标注内容。

5)【文字样式】。输出到图面的字体样式。

图 2.102　做法标注界面示意图

6)【文字在线端】。标注样式选择(详见后面标注样式)。

7)【文字在线上】。标注样式选择(详见后面标注样式)。

(3) 基本操作:程序提示绘制引线的起始点;继续提示绘制引线的终点,图面出现标注方向的提示选择箭头,如图 2.103(左侧)所示。

选择其中一个箭头,确定标注左右方向,同样确定上下方向,如图 2.103(右侧)所示,生成标注。

标注样式分为文字在线端和文字在线上两种如图 2.104、图 2.105 所示。

6. 加折断线

绘制折断线,设置遮挡范围。

(1) 选择:【标注/出图】→【加折断线】。

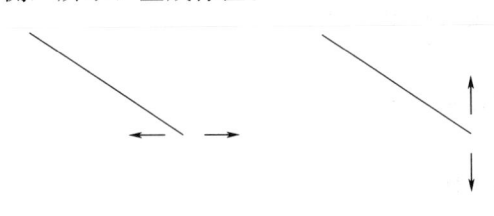

图 2.103　绘制引线效果示意图

刷油漆饰面
5mm厚穿孔胶合板面层与木龙骨钉固
玻璃丝布一层绷紧钉牢于龙骨表面
40mm厚玻璃棉毡,用建筑胶点粘结与龙骨档内
40mm×40mm木龙骨正面刨光,满涂氟化钠防腐剂,双向中距450mm~600mm与墙体预埋木砖固定
高聚物改性沥青涂膜防潮层(材料或按工程设计)
墙缝原浆抹平
墙体基面预埋40mm×60mm×60mm防腐木砖,中距450mm~600mm
(或M8×80膨胀螺栓将木龙骨固定于墙体基面)

图 2.104　文字在线端标注效果示意图

刷油漆饰面
5mm厚穿孔胶合板面层与木龙骨钉固
玻璃丝布一层绷紧钉牢于龙骨表面
40mm厚玻璃棉毡,用建筑胶点粘结与龙骨档内
40mm×40mm木龙骨正面刨光,满涂氟化钠防腐剂,双向中距450mm~600mm与墙体预埋木砖固定
高聚物改性沥青涂膜防潮层(材料或按工程设计)
墙缝原浆抹平
墙体基面预埋40mm×60mm×60mm防腐木砖,中距450mm~600mm
(或M8×80膨胀螺栓将木龙骨固定于墙体基面)

图 2.105　文字在线上标注效果示意图

(2) 操作步骤:执行命令后弹出界面如图 2.106 所示。

1)【垂直】。按垂直方向绘制折断线。

2)【水平】。按水平方向绘制折断线。

3)【任意】。可按任意方向绘制折断线。

绘制时,点取起点和终点,再点取绘制的方向即可,如图 2.107 所示。

图 2.106　选择绘制界面示意图

7. 图名标注

在视图中插入图名标注。

(1) 选择:【标注/出图】→【图名标注】。

(2) 操作步骤:在菜单面板上选择【图名标注】,点击命令后软件弹出界面如图 2.108 所示。

1)【传统标注】。按传统的图名比例标注方式进行图名标注。

2)【国标】。按国标的图名比例标注方式进行图名标注。

3)【图名】。输入要标注的图纸名称。

4)【显示比例】。设置标注时是否同时显示比例。

5)【比例】。设置标注的比例。

6)【图名字体】。图纸名称标注所用的字体。

7)【比例字体】。比例标注所用的字体。

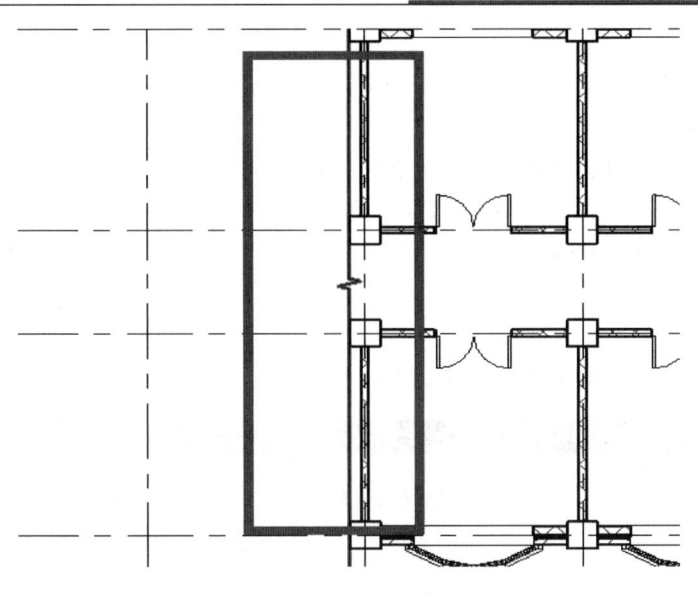

图 2.107　加折断线绘制效果示意图

2.11.5　文字表格

1. 多行文字

提供文字工具，进行多行文字字体、大小、行距等文件。

（1）选择：【标注/出图】→【多行文字】。

（2）操作步骤：点击命令后软件弹出界面如图 2.109 所示。

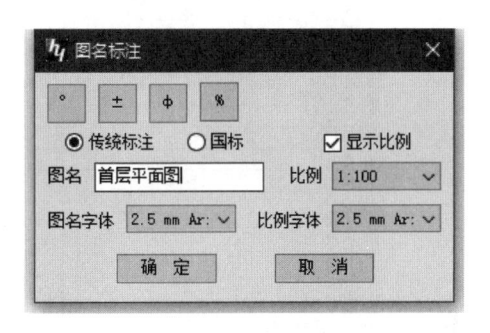

图 2.108　图名标注界面示意图

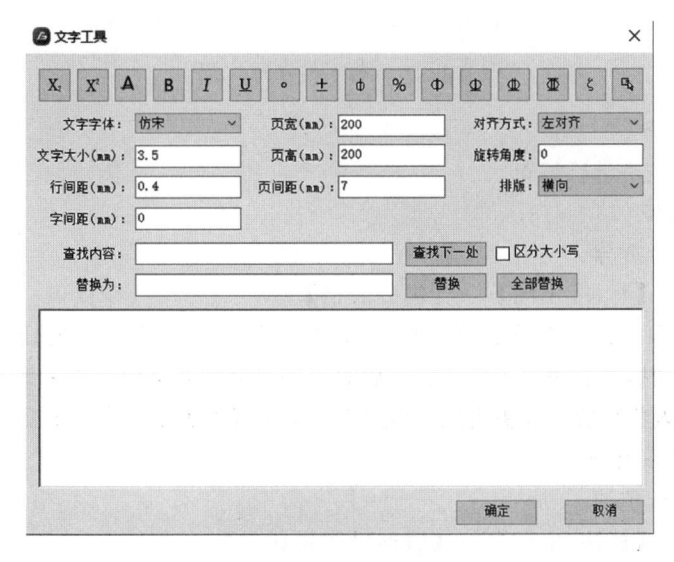

图 2.109　文字工具界面示意图

2. 编辑文字

对文字工具生成的文字进行二次编辑。

3. 文字递增

对文字注释中可递增的文字进行选择性递增并复制创建。

(1) 选择：【出图\打印】→【文字递增】。

(2) 操作步骤：点击【文字递增】按钮，选择需要递增的文字，再次单击视图进行递增并创建。

4. 表格工具

提供了生成表格的工具，如图 2.110 所示。

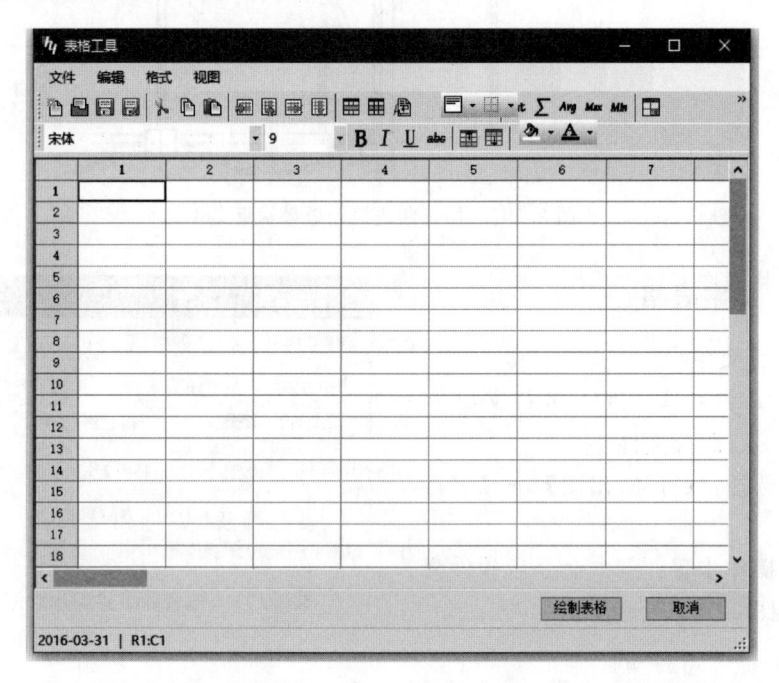

图 2.110 表格工具界面示意图

5. 编辑表格

对生成的表格进行编辑。

6. 拆分表格

对表格进行拆分。

(1) 选择：【标注/出图】→【拆分表格】。

(2) 操作步骤：点击【拆分表格】，选择项目中已有表格内的任意一行。点击所选行后，自动拆分成两个表格，拆分后的表格自动加载该原表格的表头，鼠标单击确定新生成的表格位置。表头为原表格表头。新生成的表格内序号不变。

7. 暖通设备材料表

对表格进行统计。

(1) 选择：【标注/出图】→【暖通设备材料表】。

(2) 操作步骤：点击【暖通设备材料表】，如图 2.111 所示。

1)【表格名称】。需要统计的表格名称。
2)【表格类型】。选择需要统计的表格类型,如图2.112所示。

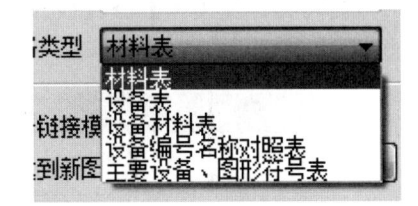

图2.111 快速统计表界面示意图　　图2.112 表格类型示意图

3)【统计范围】。提供按项目统计、按楼层统计、按区域统计三种统计方式。
4)【设置】。对列表进行编辑,选择是否创建到新的绘图视图,勾选是否统计链接模型。

2.11.6 布图打印

1. 批量复制视图

批量将视图复制到出图视图下。

(1) 选择:【标注出图】→【批量复制视图】。
(2) 操作步骤:点击该命令,出现界面如图2.113所示。

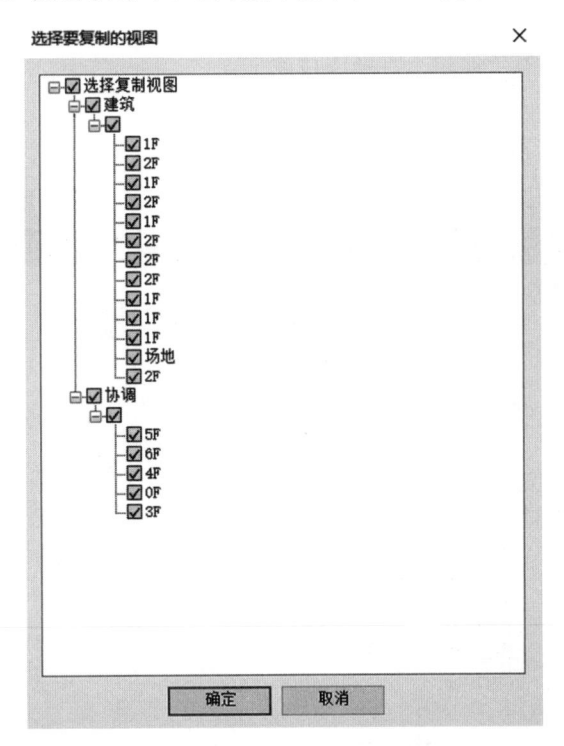

图2.113 批量复制视图界面示意图

选择需要复制的视图,点击【确定】,视图将快速复制到出图视图下。

第2章 BIM软件

2. 插入图框

在图纸视图下插入图框。

(1) 选择:【标注出图】→【插入图框】。

(2) 操作步骤:在图纸视图下,点击该命令,出现界面如图2.114所示。

图2.114 插入图框界面示意图

选择图框标准语图框宽度增量,点击【确定】,软件会自动生成图框布置在图面上。

3. 布图

按照Revit项目中的视图,自动生成图纸视图。

(1) 选择:【标注/出图】→【布图】。

(2) 操作步骤:点击该命令,软件将按照现有工程的视图,自动在图纸视图菜单中生成图纸。如下图所示,点击【布图】弹出对话框如图2.115所示。

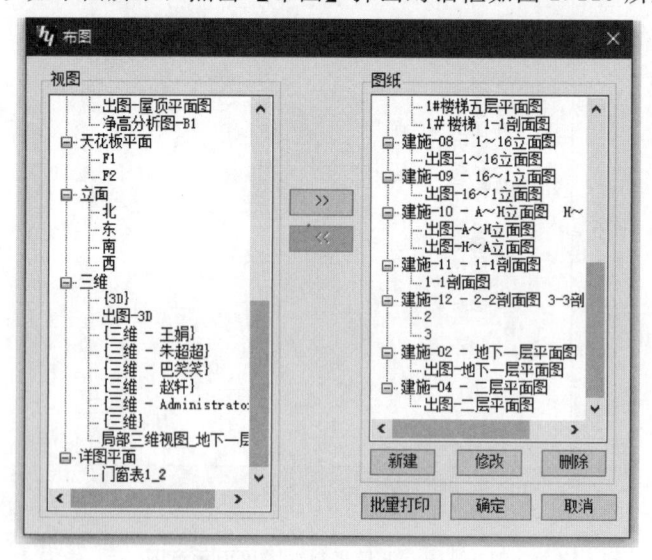

图2.115 布图界面示意图

注:用户可以在右侧新建图纸目录,从左侧添加绘制好的图纸。

4. 批量打印

提供打印功能，如图 2.116 所示。

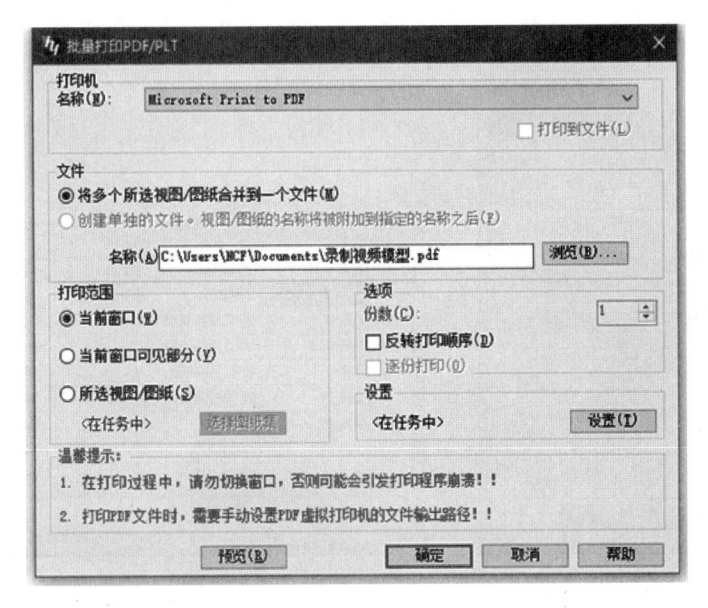

图 2.116　批量打印 PDF/PLT 界面示意图

5. 设计说明

在图纸视图下，自动生成设计说明文档。

(1) 选择：【标注/出图】→【设计说明】。

执行命令后弹出界面如图 2.117 所示。

(2) 操作步骤：在图纸视图下，点击该命令，即可自动生成相关专业设计说明，也可以自定义打开说明文档。

6. 批量生成图纸

利用软件的功能读取 Excel 表格中的数据，快速生成图纸视图及图框。

(1) 选择：【标注/出图】→【批量生成图纸】。

(2) 操作步骤：点取批量生成图纸按钮，弹出对话框选择要导入的 Excel 文件，如图 2.118 所示。

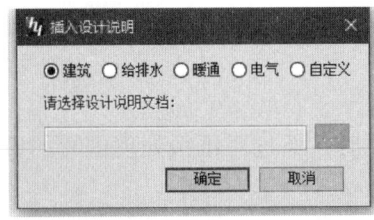

图 2.117　插入设计说明界面示意图　　图 2.118　批量生成图纸界面示意图

设置操作如图 2.119 所示。

起始行需手动输入正整数（带记忆功能）；图纸编号、图纸名称、图纸规格、图纸方向需在下拉框中选取英文字母（A~Z），不允许手动输入。

设置好以后点击导入按钮，弹出图纸列表界面如图2.120所示，Excel中读取到的内容将加载到图纸列表中。如不能识别Excel中内容，则提示"无法识别Excel表中内容"。

图2.119 批量生成图纸设置界面示意图

图2.120 导出数据预览界面示意图

识别成功后，点击【确定】按钮，在项目浏览器的图纸项目中生成相应视图；并根据图纸规格、图纸方向的内容在视图中插入相对应图框。图框中图号修改为图纸编号内容，其他内容为默认设置的内容。

生成后，提示"图纸视图生成成功"。

2.12 快模认知实训

实训目的：
（1）熟悉BIM软件快模工具的作用。
（2）掌握BIM软件快模工具的操作步骤。

实训内容：

2.12.1 通用

1. 图纸预处理

当工程图纸设计表现在同一个.dwg文件中时，通过图纸预处理进行图纸按楼层拆分。

（1）选择：【建模】→【图纸预处理】。

（2）操作步骤：点击【图纸预处理】功能，弹出导入图纸界面，导入一张_t3格式的dwg图纸；导入图纸后，在图纸映射界面中拖动图纸列表中的图纸到对应楼层中；选择后，点击【确定】，如图2.121所示。

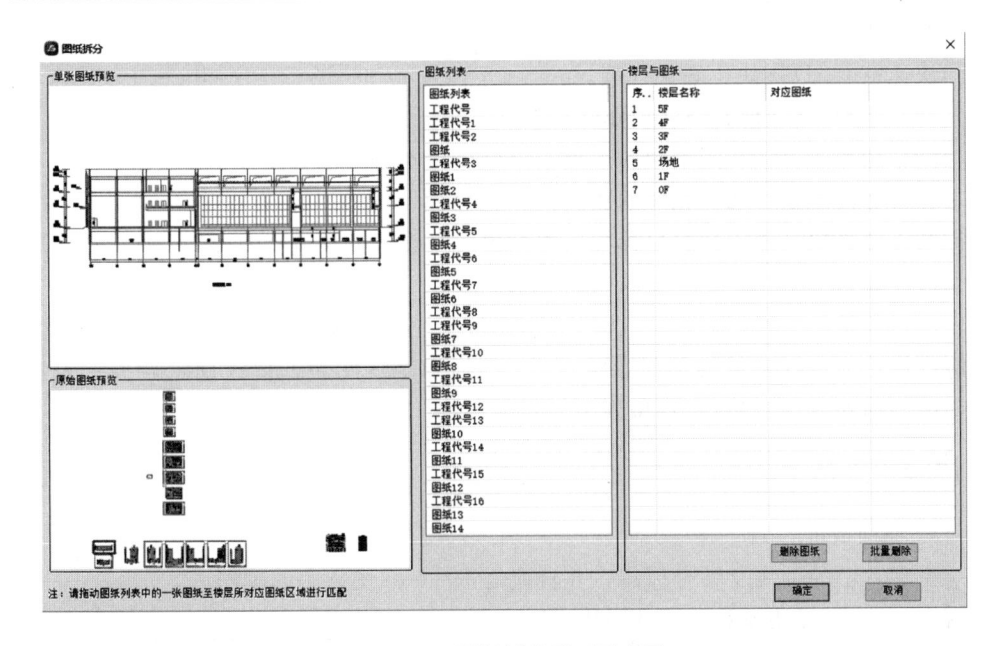

图 2.121 图纸拆分界面示意图

2. 链接 CAD

将 CAD 链接至当前 Revit 项目。

(1) 选择：【快模】→【链接 CAD】。

(2) 操作步骤：点击命令后软件弹出界面如图 2.122 所示。设置后点击，即可将 CAD 链接至当前 Revit 项目。

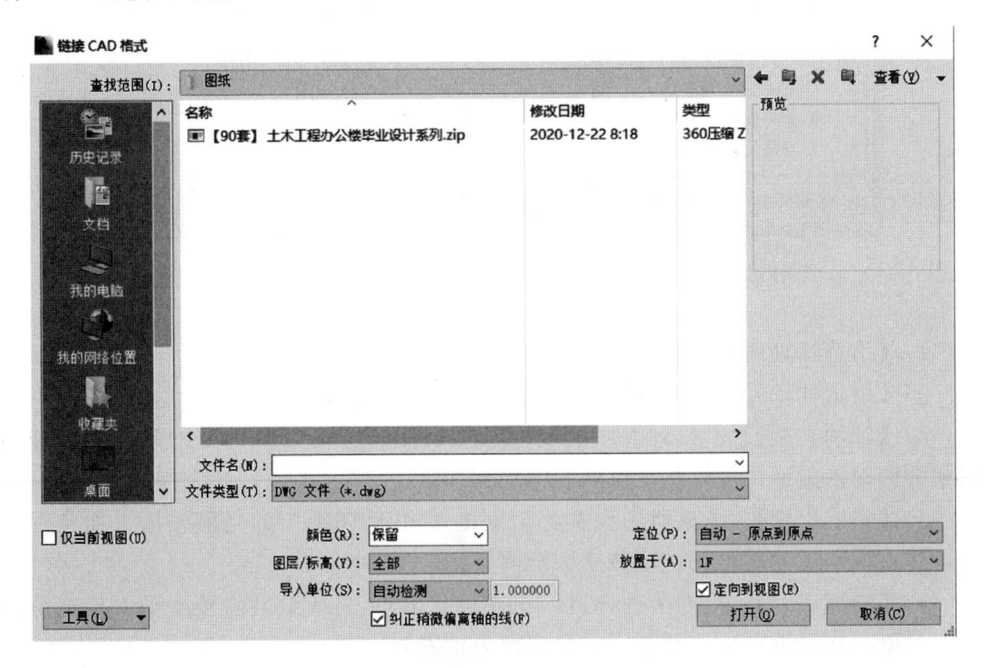

图 2.122 链接 CAD 格式界面示意图

167

3. 块模转化

快速在 CAD 图块位置插入族。

(1) 选择：【快模】→【块模转化】。

(2) 操作步骤：在图纸视图下点击该命令，出现界面如图 2.123 所示。

在参数设置处，选择相应的族类别、族名称、族类型，确定所需要的族；在相对标高设置处输入该族的相对标高；在位置关系设置处，选择 CAD 图块与 Revit 族的对应关系。

当选择整层转换时，拾取已链接的 CAD 图块，直接在相应 CAD 图块位置生成相应的族；当选择区域转换时，拾取已链接的 CAD 图块，框选确定翻模的范围，在该范围内相应的 CAD 图块位置生成相应的族。

2.12.2　土建

1. 轴网快模

识别其中的轴线及轴号标注，并转换为 Revit 系统族中的轴网族。

(1) 选择：【快模】→【轴网快模】。

(2) 操作步骤：点击该功能弹出界面如图 2.124 所示。

图 2.123　块模转化界面示意图　　图 2.124　轴网快模界面示意图

1)【请选择轴线】。用于拾取轴线对象。

2)【请选择轴号和轴号圈】。用于拾取轴号及轴号圈对象。

3)【轴网类型】。下拉列表中列出当前项目中所有已加载的轴网族类型（即新加载的轴网族类型，可以从下拉列表中找到）。

4)【整层识别】。根据所选设置，识别链接 dwg 图纸中的当前楼层平面全部对象，并将识别到的对象，直接转换为轴网族。

5)【局部识别】。根据所选设置，识别链接 dwg 图纸中当前楼层平面指定范围内的对象，并将识别到的对象，直接转换为轴网族。

2. 主体快模

本命令用于识别其中的主体围合构件，包括柱、墙、门、窗，并转换为 Revit 中相对应的族构件。

(1) 选择：【快模】→【主体快模】。

(2) 操作步骤：点击该功能弹出界面如图 2.125 所示。

1) 【请选择墙边线】。用于拾取墙边线对象，提取所选图层中的墙边线。

2) 【请选择柱边线】。用于拾取柱边线，提取所选图层中的柱边线。

3) 【请选择门窗】。用于拾取门窗边线，提取所选图层中的门窗块参照。

4) 【请选择门窗编号】。用于拾取门窗编号文字，提取所选图层中的单行文字、多行文字。

5) 【整层识别】。记录拾取到的图层，并根据所选设置，识别当前楼层平面中链接 dwg 图纸的全部对象。

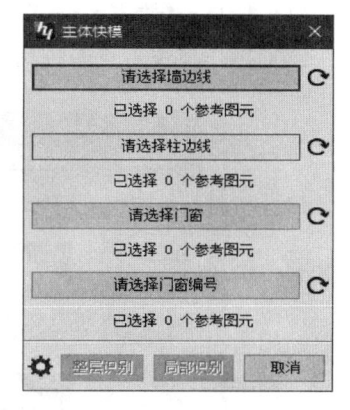

图 2.125 主体快模界面示意图

6) 【局部识别】。记录拾取到的图层，并根据所选设置，识别当前楼层平面中链接 dwg 图纸中指定范围内的对象。

7) 【取消】。关闭对话框退出命令。

3. 房间快模

本命令用于搜索图面墙、柱、门、窗构件围合成的闭合区域，转换为房间族。

(1) 选择：【快模】→【房间快模】。

(2) 操作步骤：点击该功能弹出界面如图 2.126 所示。

1) 【请选择房间名称】。用于拾取 dwg 图中标注房间名称文字的图层。

2) 【整层识别】。记录拾取到的图层，并根据所选设置，识别当前楼层平面中链接 dwg 图纸的全部对象。

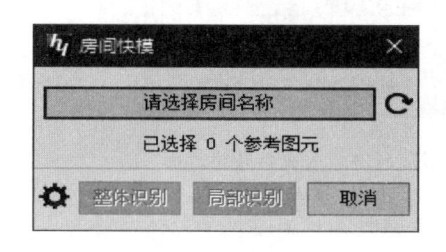

图 2.126 房间快模界面示意图

3) 【局部识别】。记录拾取到的图层，并根据所选设置，识别当前楼层平面中链接 dwg 图纸中指定范围内的对象。

4) 【取消】。关闭对话框退出命令。

2.12.3 给排水

1. 消火栓快模

拾取 CAD 图纸中的消火栓，可快速将消火栓转化为消火栓族。

(1) 选择：【快模】→【消火栓快模】。

(2) 操作步骤：点击该命令，弹出界面如图 2.127 所示。

当选择整层转换时，拾取已链接的 CAD 图块，直接在相应 CAD 图块位置生成相应的族；当选择区域转换时，拾取已链接的 CAD 图块，框选确定翻模的范围，在该范围内相应的 CAD 图块位置生成相应的族。

2. 灭火器快模

拾取 CAD 图纸中的灭火器，可快速将灭火器转化为灭火器族。

(1) 选择：【快模】→【灭火器快模】。

(2) 操作步骤：点击该命令，弹出界面如图 2.128 所示。

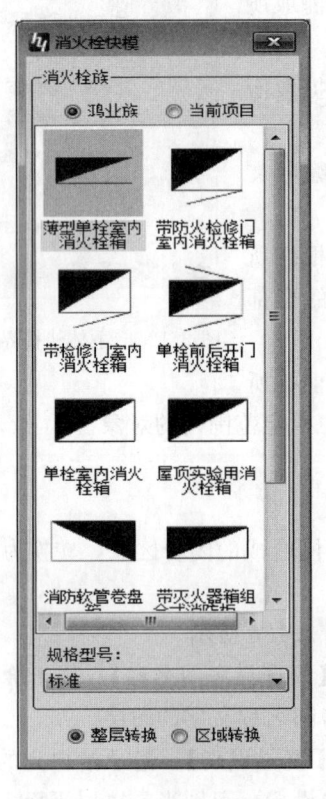

图 2.127　消火栓快模界面
　　　　　示意图

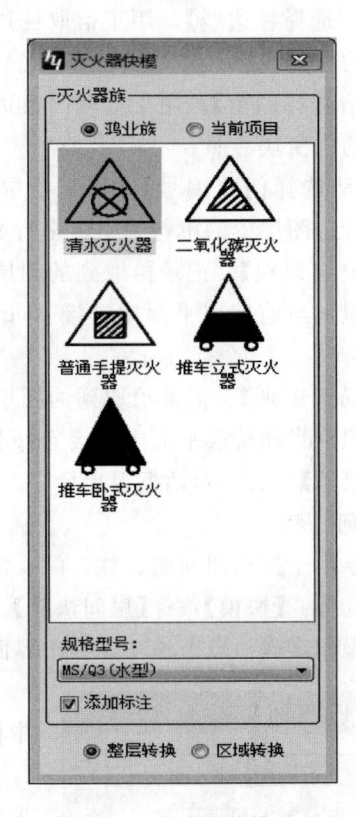

图 2.128　灭火器快模界面
　　　　　示意图

3. 喷淋快模

可将 CAD 图纸中的喷淋快速转换为管道族，并可自动进行连接。

(1) 选择：【快模】→【喷淋快模】。

(2) 操作步骤：点击该命令，出现喷淋快模界面，选择需要翻模的喷淋图纸，点击【打开】，如图 2.129 所示。

按左侧要求选择相应的基点、图层、管径，点击【确定】。

按照提示设置喷头样式及高度和管道类型及其系统类型和管道高度，还可设置可生成的最小管径，如图 2.130 所示。点击【确定】，系统自动进行模型转换，完成喷淋翻模操作。

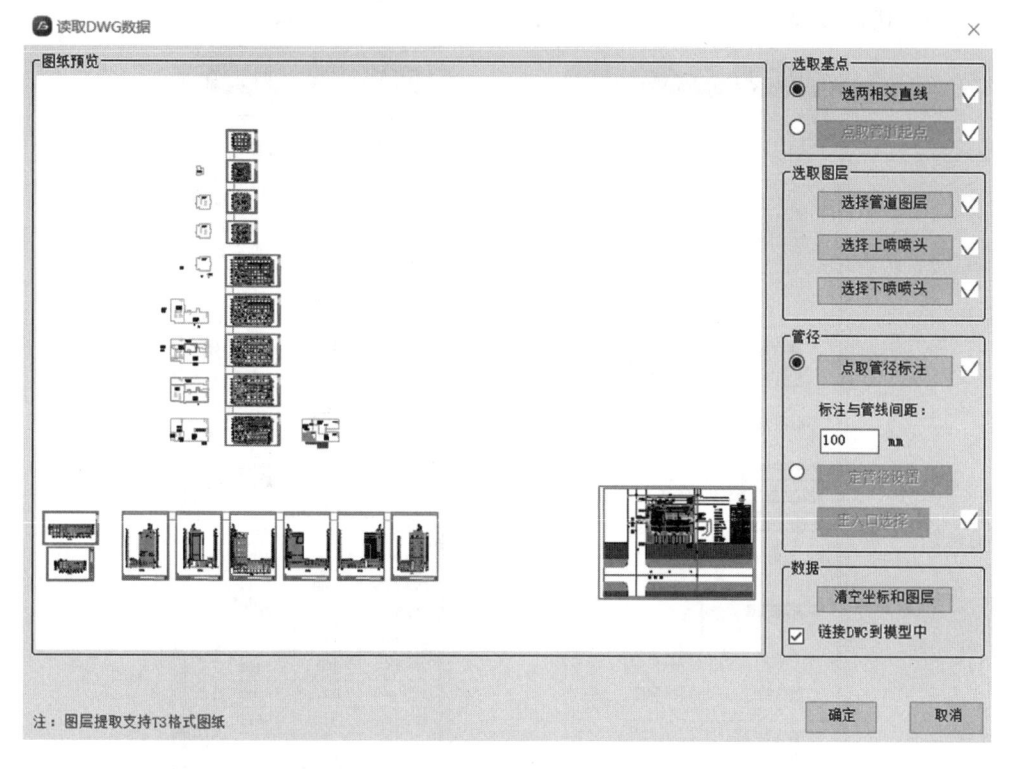

图 2.129 喷淋图纸预览示意图

2.12.4 暖通

1. 风口快模

拾取 CAD 图纸中的风口块,可快速将风口转化为风口族,并可设置相应箭头样式及标高。

(1) 选择:【快模】→【风口快模】。

(2) 操作步骤:点击命令后软件弹出界面如图 2.131 所示。

选择所需要的族;在相对标高设置处输入该族的相对标高;当选择整层转换时,拾取已链接的 CAD 图块,直接在相应 CAD 图块位置生成相应的族;当选择区域转换时,拾取已链接的 CAD 图块,框选确定翻模的范围,在该范围内相应的 CAD 图块位置生成相应的族。

2. 风盘快模

拾取 CAD 图纸中的风盘,可快速将风盘转化为风盘族,并可设置标高。

(1) 选择:【快模】→【风盘快模】。

图 2.130 喷头及管道设置界面示意图

(2) 操作步骤：点击命令后软件弹出界面如图 2.132 所示。

图 2.131　风口快模界面示意图

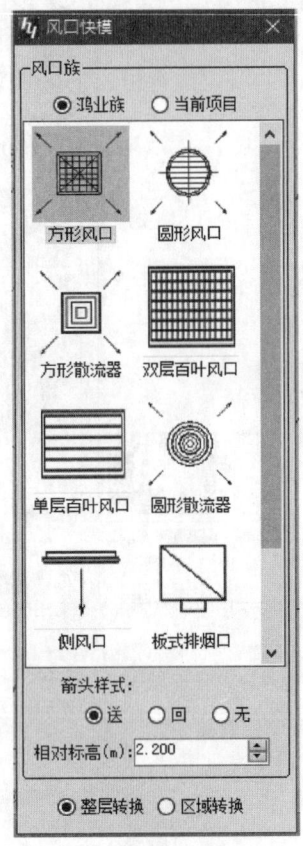

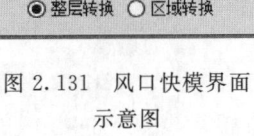

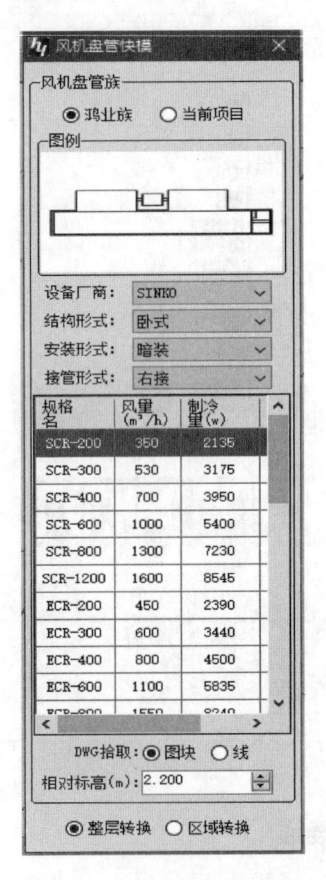

图 2.132　风机盘管快模界面示意图

选择所需要的族；在 DWG 拾取设置处选择 DWG 中拾取的是图块还是线；在相对标高设置处输入该族的相对标高；当选择整层转换时，拾取已链接的 CAD 图块或线，直接在相应 CAD 图块位置生成相应的族；当选择区域转换时，拾取已链接的 CAD 图块或线，框选确定翻模的范围，在该范围内相应的 CAD 图块位置生成相应的族。

3. 散热器快模

拾取 CAD 图纸中的散热器，可快速将散热器转化为散热器族，并可设置标高。

(1) 选择：【快模】→【散热器快模】。

(2) 操作步骤：点击命令后软件弹出界面如图 2.133 所示。

选择所需要的族；在 DWG 拾取设置处选择 DWG 中拾取的是图块还是线；在片数设置处输入散热器族的片数；在标注片数设置处选择是否标注及标注位置；在相对标高设置处输入该族的相对标高；当选择整层转换时，拾取已链接的 CAD 图块或线，直接在相应 CAD 图块位置生成相应的族；当选择区域转换时，拾取已链接的 CAD 图块或线，框选确定翻模的范围，在该范围内相应的 CAD 图块位置生成相应的族。

2.12 快模认知实训

4. 室内机快模

拾取 CAD 图纸中的室内机，可快速将室内机转化为室内机族，并可设置标高。

(1) 选择：【快模】→【室内机快模】。

(2) 操作步骤：点击命令后软件弹出界面如图 2.134 所示。

图 2.133 散热器快模界面示意图

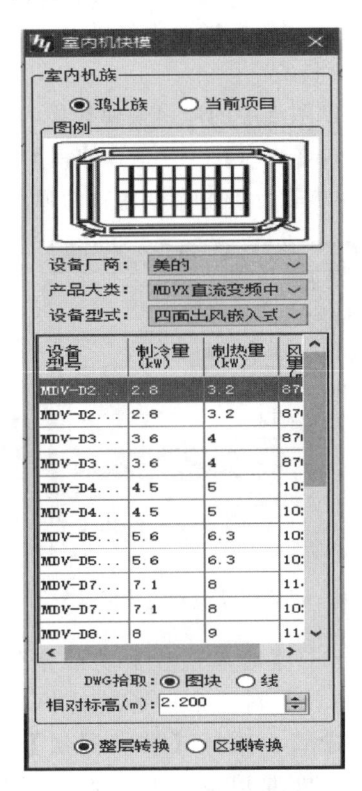

图 2.134 室内机快模界面示意图

选择所需要的族；在 DWG 拾取设置处选择 DWG 中拾取的是图块还是线；在相对标高设置处输入该族的相对标高；当选择整层转换时，拾取已链接的 CAD 图块或线，直接在相应 CAD 图块位置生成相应的族；当选择区域转换时，拾取已链接的 CAD 图块或线，框选确定翻模的范围，在该范围内相应 CAD 图块位置生成相应的族。

5. 风管快模

可将 CAD 图纸中的风管快速转换为风管族，并可自动进行连接。

(1) 选择：【快模】→【风管快模】。

(2) 操作步骤：点击命令后软件弹出界面如图 2.135 所示。

图 2.135 风管快模界面示意图

173

选择风管边线图层（必选）；选择风管法兰图层或管件图层（二选一）；设置风管尺寸指定风管高度或通过识别尺寸图层，自动获取风管高度；点击【确定】，对风管进行识别。识别完成后弹出界面如图 2.136 所示。

设置风管在模型当中生成系统类型、风管类型、对齐方式、相对标高等内容；确定转换范围；根据转换范围生成 Revit 风管模型，对生成风管进行连接。

6. 地盘快模

可将 CAD 图纸中的风盘快速转换为 Revit 中的地盘线。

(1) 选择：【快模】→【地盘快模】。

(2) 操作步骤：点击命令后软件弹出界面如图 2.137 所示。

图 2.136 风管快模识别完成后示意图

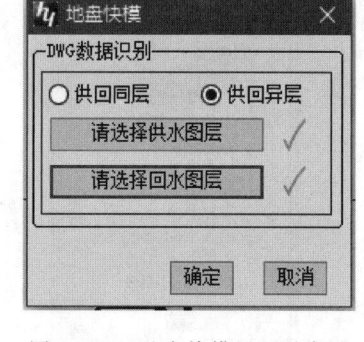

图 2.137 地盘快模界面示意图

菜单上点击【地盘快模】功能按钮，弹出【地盘快模】对话框；选择 DWG 文件上的地热盘管，选择【供回同层】或【供回异层】；拾取地盘图层；点击【确定】，弹出界面如图 2.138 所示。

对盘管线进行设置；确定转换范围；选择【区域转换】或【整层转换】；完成转化。

2.12.5 电气

1. 灯具快模

快速地在 CAD 图块位置插入灯具族。

(1) 选择：【快模】→【灯具快模】。

(2) 操作步骤：在图纸视图下点击该命令，出现界面如图 2.139 所示。

选择所需要的族；在相对标高设置处

图 2.138 地热快模界面示意图

输入该族的相对标高；当选择整层转换时，拾取已链接的 CAD 图块，直接在相应 CAD 图块位置生成相应的族；当选择区域转换时，拾取已链接的 CAD 图块，框选确定翻模的范围，在该范围内相应的 CAD 图块位置生成相应的族。

2. 开关快模

快速地在 CAD 图块位置插入开关族。

(1) 选择：【快模】→【开关快模】。

(2) 操作步骤：请参考 2.12.5 电气 1. 灯具快模。

3. 插座快模

快速地在 CAD 图块位置插入插座族。

(1) 选择：【快模】→【插座快模】。

(2) 操作步骤：请参考 2.12.5 电气 1. 灯具快模。

4. 配电箱快模

快速地在 CAD 图块位置插入配电箱族。

(1) 选择：【快模】→【配电箱快模】。

(2) 操作步骤：请参考 2.12.5 电气 1. 灯具快模。

5. 动力快模

快速地在 CAD 图块位置插入动力族。

(1) 选择：【快模】→【动力快模】。

(2) 操作步骤：请参考 2.12.5 电气 1. 灯具快模。

6. 消防报警快模

快速地在 CAD 图块位置插入消防报警族。

(1) 选择：【快模】→【消防报警快模】。

(2) 操作步骤：请参考 2.12.5 电气 1. 灯具快模。

7. 综合布线快模

快速地在 CAD 图块位置插入综合布线族。

(1) 选择：【快模】→【综合布线快模】。

(2) 操作步骤：请参考 2.12.5 电气 1. 灯具快模。

8. 安防快模

快速地在 CAD 图块位置插入安防族。

(1) 选择：【快模】→【安防快模】。

(2) 操作步骤：请参考 2.12.5 电气 1. 灯具快模。

图 2.139 灯具快模界面示意图

实训内容：

(1) 启动 Revit 软件、鸿业 BIM 软件，熟悉软件界面。

(2) 练习通用工具的设置操作。

(3) 练习视图类设置操作。

(4) 练习选择设置操作。

(5) 练习构件设置操作。

(6) 练习竖向菜单设置操作。

(7) 练习设置操作。

(8) 练习规范/模型检查设置操作。

(9) 练习净高分析设置操作。
(10) 练习专业标注/协同设置操作。
(11) 练习标注/出图设置操作。
(12) 练习快模设置操作。
(13) 总结操作规律，填写实训报告。

第3章 负荷计算

3.1 负荷计算实训

实训目的：
(1) 熟悉负荷的概念。
(2) 掌握负荷的计算方法及注意事项。
实训内容：

3.1.1 负荷的概念

冷负荷是指为了维持建筑物室内空气的热湿参数在某一范围内，在单位时间内需要从室内排出去的热量（包括显热和潜热）；相反，在单位时间需要向室内供应的热量称为热负荷。从室内除去潜热，相当于从室内除去水分，把单位时间内从室内除去的水分称为湿负荷。

空调房间冷（热）负荷、湿负荷是暖通空调工程设计的基本依据，暖通空调设备容量的大小主要取决于冷（热）负荷、湿负荷的大小。室内冷（热）负荷、湿负荷的计算以室外气象参数和室内要求保持的空气参数为依据。

3.1.2 室内外空气计算参数

3.1.2.1 室外空气计算参数

室外空气计算参数指在负荷计算中所采用的室外空气参数。按现行的《暖通空调规范》中规定的计算参数。我国确定室外空气计算参数的基本原则是按不保证天数（小时数）法，即全年允许有少数时间不保证室内温湿度标准。若必须全年保证时，参数需另行确定。

确定室外空气计算参数如下：

(1) 夏季空调室外计算干、湿球温度。《暖通空调规范》规定夏季空调室外计算干球取夏季室外空气历年平均不保证 50h 的干球温度；湿球温度计算与此相同。

(2) 夏季空调室外计算日平均温度和逐时温度。《暖通空调规范》规定夏季空调室外计算日平均温度取历年平均不保证 5 天的日平均温度。

(3）冬季空调室外空气计算温度、相对湿度。《暖通空调规范》规定冬季历年平均不保证1天的日平均温度作为冬季空调室外空气计算温度；《暖通空调规范》规定采用累年最冷月平均相对湿度作为冬季空调室外空气计算相对湿度。

（4）采暖室外计算温度和冬季通风室外计算温度。《暖通空调规范》规定采暖室外计算温度取冬季历年平均不保证5天的日平均温度；《暖通空调规范》规定通风室外计算温度取累年最冷月平均温度。

（5）夏季通风室外计算温度和夏季通风室外计算相对湿度。《暖通空调规范》规定夏季通风室外计算温度取历年最热月14：00的月平均温度的平均值；《暖通空调规范》规定通风室外计算相对湿度取历年最热月14：00的月平均相对湿度的平均值。

3.1.2.2 室内空气计算参数

1. 室内空气计算参数选择考虑因素

室内空气计算参数选择主要考虑房间使用功能对舒适性的要求、地区、冷热源情况、经济条件和节能要求等因素。民用建筑按现行的《暖通空调规范》中规定的计算参数。工艺性空调根据工艺需要及健康要求来确定，具体要求参见《工业企业设计卫生标准》（GBZ 1—2010）。

室内空气计算参数主要包括温度、相对湿度、气流速度等（表3.1）。

表3.1　人员长期逗留区域空调室内设计参数

类　别	热舒适度等级	温度/℃	相对湿度/%	气流速度/(m/s)
供热工况	Ⅰ级	22～24	≥30	≤0.20
	Ⅱ级	18～22	—	≤0.20
供冷工况	Ⅰ级	24～26	40～60	≤0.25
	Ⅱ级	26～28	≤70	≤0.30

注　1. Ⅰ级热舒适度较高；Ⅱ级热舒适度一般。
　　2. 热舒适度等级划分按《暖通空调规范》第3.0.4条确定。

2. 合理设计室内参数

（1）树立节能意识。空调温度每提高一度，耗电量将节省7%～10%；人人树立节能意识，就能有效节约能源，缓解夏季用电紧张。

（2）增加环保责任。我国80%以上的电力主要来源于火力发电，燃煤会造成大气污染，会对我们赖以生存的环境造成危害。每节约一度电，即可减少相应的碳粉尘、二氧化碳、二氧化硫等污染物的排放，为环保事业贡献一份力量。

（3）保障健康生活。大多数家庭和公共场所夏季空调温度都设置较低，不但浪费能源，舒适性也较差，是导致"空调病"多发的主要原因。实践证明，夏季室内外温差大，人体需要一个相对稳定的气温环境，感觉最舒适的温度在26～28℃之间。

3.1.3　冷负荷的计算

冷负荷的计算方法有谐波反应法、冷负荷系数法和冷负荷指标估算法。目前我国常采用冷负荷系数法计算冷负荷。

(1) 谐波反应法。在负荷计算中，得热量形成冷负荷的关键是得热中辐射部分变成冷负荷的比例，因为对流部分直接变成了冷负荷。辐射热量投到板壁上，相当于引起板壁表面空气边界层温度升高，板壁吸热后温度升高会以对流的形式向房间放热，所放出的热量即为冷负荷。

(2) 冷负荷系数法。冷负荷系数法是建立在传递函数基础上的一种简化计算方法。该方法把得热计算和负荷计算两步合并成一步，通过冷负荷系数直接从各种扰量源求得分项逐时冷负荷。

(3) 冷负荷指标估算法。该方法为估算法，采用空调面积乘以每平方米单位冷负荷指标，即可求得冷负荷。

3.1.3.1 冷负荷系数法

冷负荷主要由以下几部分组成：

(1) 由于室内外温差和太阳辐射作用，通过建筑物围护结构传入室内的热量形成的冷负荷；外墙和屋顶非稳态传热引起的冷负荷；内围护结构冷负荷；外玻璃窗非稳态传热引起的冷负荷；地面传热形成的冷负荷。

(2) 通过玻璃窗的日射得热引起冷负荷。

(3) 人体散热、散湿形成的冷负荷。

(4) 灯光照明散热形成的冷负荷。

(5) 电动、电热、电子等设备散热形成的冷负荷。

根据性质的不同，房间的热量可以分为潜热和显热两类，而显热又包括对流热和辐射热两种成分。在计算负荷时，必须考虑围护结构的吸热、蓄热和放热过程，不同性质的得热量所形成的室内逐时负荷并不同步。因此，在确定房间逐时负荷时，必须按不同性质的得热分别计算，然后取逐时冷负荷分量之和。

3.1.3.2 冷负荷指标估算法

在方案设计和初步设计阶段，可以采用冷负荷指标估算法进行负荷估算（表 3.2）。

表 3.2　　　　　　　　民用建筑空调冷负荷估算指标　　　　　　单位：W/m²

场　　　所	空调冷负荷	采暖热负荷
1. 综合指标：按整幢建筑面积平均折算负荷量		
高级旅游宾馆	140～175	64～87
百货大楼	140～175	64～87
办公楼、学校、医院	110～140	64～81
综合影剧院	290～385	93～116
大会堂	190～290	116～163
体育馆（比赛厅）	280～470	116～163
2. 分类指标：按室内面积平均折算负荷量		
客房（标准型）	105～145	58～70

续表

场　　所	空调冷负荷	采暖热负荷
一般办公室	140～175	58～81
家用客厅、饭厅	140～175	64～87
图书馆、博物馆	145～175	47～76
服装店、珠宝店	160～200	64～81
幽雅餐厅、包房	190～220	116～140
一般会议室	175～290	116～140
中餐厅	350～465	116～140
西餐厅、酒吧	230～350	116～140
音乐厅、舞厅	290～410	116～140
商场	230～340	64～87
发廊、美容厅	230～350	64～87
大型营业厅	200～290	64～87
门厅	175～290	47～70
走廊	70	47～70
住宅、公寓	75～95	47～70
计算机房	190～380	47～70
地下室	130～190	47～70
银行大厅	130～175	64～87
特护病房、手术室	160～320	64～87

注 1. 用各分类指标负荷 M 分别乘以建筑中相应类型房间的空调面积 N（顶层房间 M 值宜加大 20%～25%），然后相加所得总和就是建筑物的空调系统负荷。
2. 考虑各类房间的同期使用率等情况，将系统负荷乘以修正系数，计算得制冷机组总安装容量即可计算出空调系统总负荷的概算值。
3. 用分类指标乘相应类型房间每间的面积，得各房间的空调负荷，这就是选择房间末端空气处理设备的参考数值。

3.1.3.3 空调系统的冷负荷

空调系统的冷负荷等于室内冷负荷、新风冷负荷和其他热量形成的冷负荷之和。需要指出的是空调系统的总装机冷量并不是所有空调房间最大冷负荷的叠加。因为各空调房间的朝向、工作时间并不一致，其出现最大冷负荷的时刻也不会一致，若将各房间的最大冷负荷叠加，势必造成空调系统装机冷量过大。因此，对应空调系统所服务的空调房间冷负荷逐时进行叠加，以其中出现的最大冷负荷作为空调设备容量的依据，空调房间冷负荷、空调系统冷负荷组成框图如图 3.1 所示。

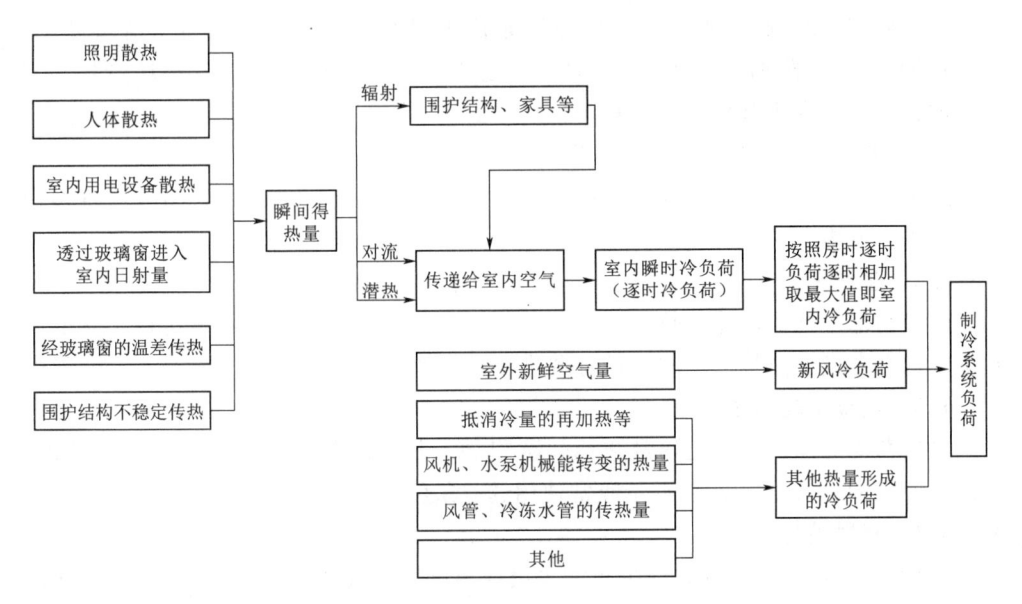

图 3.1 空调房间冷负荷、空调系统冷负荷组成框图

3.1.4 热负荷的计算

热负荷指冬季在一定的室外温度条件下，为了维持室内的设计温度，需向房间提供的热量。采暖通风设计热负荷的确定依据是热量平衡原理，即热负荷等于失热量减去得热量。

3.1.4.1 民用建筑

热负荷由围护结构的耗热量和门窗缝隙渗入冷空气的耗热量组成，围护结构耗热量包括基本耗热量和附加耗热量（符合选用）。

1. 围护结构的耗热量

（1）基本耗热量。基本耗热量产生的原因是围护结构温差传热量、冷风渗透（缝隙渗入冷空气）、冷风侵入（外门开启侵入）及太阳辐射。

（2）围护结构附加耗热量。

1）朝向修正耗热量。朝向修正耗热量产生的原因是太阳辐射对建筑物得失热量的影响，《暖通空调规范》规定对不同朝向的垂直围护结构进行修正。

修正方法是采用修正率，修正时需注意各地规定。选用修正率时应考虑当地冬季日照率及辐射强度的大小。冬季日照率小于 35% 的地区，东南、西南和南向的修正率宜采用 −10%~0%，其他朝向可不修正。

2）风力附加耗热量。风力附加耗热量产生的原因是风力增强。《暖通空调规范》规定在不避风的高地、河边、海岸、旷野上的建筑物以及城镇、厂区内特别高的建筑物，垂直的外围护结构热负荷附加 5%~10%。一般城市中建筑物可不附加。

3）外门开启附加。外门开启附加产生的原因是加热开启外门侵入的冷空气。附加方法是对短时间开启且无热风幕的外门，可用外门的基本耗热量乘以外门附加率。阳台门不应该考虑外门附加率。

4) 高度附加。高度附加产生的原因是高度过高。附加方法是当净高超过 4m 时，每增加 1m，附加率为 2%，最大不超过 15%，高度附加是以基本耗热量和其他附加耗热量总和为基数进行计算。

2. 门窗缝隙渗入冷空气的耗热量

门窗缝隙渗入冷空气的耗热量产生的原因是因风压与热质作用，室外空气经门窗缝隙进入室内。

3.1.4.2 生产车间

热负荷除包括民用建筑热负荷外，还包括由外面运入的冷物料及运输工具的耗热量、水分蒸发耗热量、车间内设备散热、热物料散热等热量。

3.1.4.3 间歇采暖系统

热负荷应对围护结构耗热量进行间歇附加，其间歇附加率可按下列数值选取：仅白天使用的建筑物选 20%，不经常使用的建筑物选 30%。

3.1.4.4 辐射采暖系统

《暖通空调规范》规定辐射采暖室内设计温度宜降低 2℃。全面辐射采暖系统的热负荷可按室内计算温度计算。局部辐射采暖系统的热负荷等于全面辐射采暖系统的热负荷乘以相应的系数计算。

3.1.4.5 空调采暖系统

对于民用建筑来说，空调冬季的经济性对空调系统的影响要比夏季小。因此，空调热负荷一般是按照稳定传热理论来计算的，其计算方法与采暖系统的热量损失计算方法基本一致。

3.1.4.6 湿负荷的计算

湿负荷是指空调房间内湿源向室内的散湿量，如人体散湿、敞开水池（槽）表面散湿、地面积水散湿等。一般情况下，舒适性空调系统通常不考虑湿负荷，如果要考虑，也只计算人体的散湿量作为空调系统的湿负荷。

3.1.4.7 新风负荷的计算

空调系统中引入室外新鲜空气是保障良好室内空气品质的关键。在夏季室外空气焓值和气温高于室内空气焓值和气温时，空调系统为处理新风势必要消耗冷量。而冬季室外气温比室内气温低且含湿量也低时，空调系统要为加热、加湿新风势必要消耗能量。

在满足空气质量的前提下，尽量选用较小的新风量。对于新风量的确定按现行标准、设计手册中的规定原则选用。

实训步骤：

1. 查找设计资料

(1) 设计图纸。

(2) 工程所在地。每人一个地点，查出该地点的室外计算气象参数。

(3) 墙、屋面可以自取一种类型。参考有关手册。围护结构的热工性能指标需满足《公共建筑节能设计标准》（GB 50189—2005）中的有关规定。

(4) 各房间室内空调参数。根据房间的用途，参考有关资料（手册等）。分别确定房间的夏季和冬季的室内设计参数。

(5) 房间人数。根据实际情况或根据面积确定。

(6) 照明。房间内照明灯功率为 $11W/m^2$；走廊照明灯功率为 $5W/m^2$。

(7) 其他说明。窗户挂浅色窗帘。

2. 计算冷、热、湿负荷和新风负荷

(1) 冷负荷。冷负荷按动态计算。在焓湿图上作出夏季空气处理过程，计算空调系统冷负荷，采用冷负荷系数法计算逐时负荷。

1) 围护结构逐时传热形成的冷负荷（外墙、屋顶逐时传热引起的冷负荷＋内围护结构的冷负荷＋外玻璃窗逐时传热引起的冷负荷＋地面传热形成的冷负荷）。

2) 通过玻璃窗的日射得热引起的冷负荷（日射得热）。

3) 设备散热形成的冷负荷（电动设备＋电热设备＋办公及电子设备）。

4) 照明散热形成的冷负荷（白炽灯或荧光灯）。

5) 人体散热形成的冷负荷（人体显热＋人体潜热）。

(2) 热负荷。热负荷按稳定传热计算。包括围护结构的耗热量（围护结构的基本耗热量＋围护结构附加耗热量）、门窗缝隙渗入冷空气的耗热量及间歇采暖系统和辐射采暖系统的采暖负荷。

(3) 湿负荷。湿负荷包括人体散湿量和敞开水表面散湿量。

(4) 新风负荷。新风负荷包括夏季新风负荷和冬季新风负荷。夏季考虑室内外焓差，冬季考虑室内外温差，在满足空气质量的前提下，尽量选用较小的新风量。

上述负荷计算结果整理成表格形式。

3. 汇总计算结果

(1) 热负荷统计表（表 2.3）。

表 2.3　　　　　　　　热 负 荷 统 计 表

房间	面积 /m^2	冬季总热负荷（含新风/全热）/W	冬季室内热负荷（全热）/W	冬季总湿负荷（含新风）/(kg/h)	冬季室内湿负荷 /(kg/h)	冬季新风量 /(kg/s)	冬季新风热负荷 /W

(2) 冷负荷统计表（表 2.4）。

表 2.4　　　　　　　　冷 负 荷 统 计 表

房间	面积 /m^2	设计温度 /℃	总冷负荷 /W	新风冷负荷 /W	总湿负荷 /(kg/h)	新风湿负荷 /(kg/h)	总冷指标 /(W/m^2)	新风量 /(kg/s)	房间最大负荷 /W

实训题目：

1. 某航站楼负荷计算

某工程位于西安，占地面积 7021m²。建筑面积 10886m²，均为地上建筑，其中中转库面积 6454m²，办公楼 4432m²。航站楼底层层高 5.1m，二到四层 3.9m。底层包括国际营业厅、监控室、配载室、办公门厅等。不保温地面。计算该航站楼负荷。

2. 某办公楼负荷计算

某办公楼为四层砖混结构建筑物，总建筑面积 5600m²，层高 3.2m。窗户为双层钢窗，窗高 1800mm，窗台高为 900mm，玻璃为 5mm 厚普通玻璃。墙体为 240mm 厚的砖墙，墙内、外表面为 20mm 厚的水泥砂浆。不保温地面。计算该办公楼负荷。

3. 某办公楼热负荷计算

某三层的办公楼，其中有办公室、会客室、会议室等功能用途的房间。层高为 3.6m，建筑占地面积约 250m²，建筑面积约 749m²。本工程以 95℃/70℃ 低温热水作为采暖热媒，各结构材料及尺寸如下地面传热系数 K 值按地带划分计算：

外墙：365mm 厚内面抹灰砖墙，$K=1.56$W/(m²·℃)；

外窗：单层铝合金玻璃窗，宽×高=1800mm×2000mm，$K=6.4$W/(m²·℃)；

外门：单层木门，宽×高=1800mm×2700mm，$K=4.65$W/(m²·℃)；

屋面：厚 200mm 沥青膨胀珍珠岩，$K=0.35$W/(m²·℃)；

地面：不保温地面。

计算该办公楼的热负荷。

4. 某综合楼冷负荷计算

某综合楼共五层，总建筑面积 5500m²，首层层高 4m，其余各层层高 3m，各结构材料及尺寸如下（地面传热系数 K 值按地带划分计算）：

墙体：均选用加气混凝土砌块，厚度为 350mm；

外墙：外保温采用 50mm 厚的挤塑聚苯乙烯板，对应材料和厚度可知，$K=0.71$W/(m²·℃)；

内墙：厚度为 200mm，对应材料和厚度可知，$K=0.998$W/(m²·℃)；

屋面：由概况中对应的材料布置，对应材料和厚度可知，$K=0.414$W/(m²·℃)；

外窗：双层塑钢窗，窗高 2000mm，$K=2.78$W/(m²·℃)；

一层东侧：玻璃幕墙，$K=0.8$W/(m²·℃)；

内门：单层木门，可查得，$K=3.35$W/(m²·℃)；

计算该综合楼的冷负荷。

3.2　BIM 软件负荷计算实训

实训目的：

（1）了解 BIM 软件负荷计算模块功能。

（2）熟悉负荷设计规范。

（3）掌握 BIM 软件负荷计算方法。

实训内容：

3.2.1 空间类型管理

打开图纸，选择空间类型管理，对建筑的房间类型进行预分类，管理各个房间的附带参数。

（1）选择：【负荷】→【空间类型管理】。

（2）操作步骤：单击该命令，弹出对话框如图 3.2 所示。

图 3.2 空间类型管理界面示意图

单击 按钮，弹出对话框如图 3.3 所示。在下拉列表中选择空间用途类型，文本框内输入要添加的空间用途名称，点击【确定】添加到空间用途分类中显示，具体参数信息在空间详细信息显示（初始有默认值），可以直接在文本框内修改。操作完成后，点击窗口右下方的【确定】按钮，把信息添加到数据库中。

单击 按钮，弹出如下对话框如图 3.4 所示。修改选中的空间用途名称，具体信息可以在右方详细信息处修改，即时修改并保存修改值，编辑完成后，点击窗口右下方的【确定】按钮把信息添加到数据库中。

点击 按钮，弹出对话框如图 3.5 所示。如果点击【是】按钮则直接从数据库中删除数据，点击【否】则不做任何操作。

第 3 章 负荷计算

图 3.3 添加空间用途名称示意图

图 3.4 修改空间用途名称示意图

3.2.2 创建空间

根据定义的空间类型创建空间。

(1) 选择：【负荷】→【创建空间】。在创建空间时，也会创建对应的分区（HVAC 分区），如果该分区中没有对应的房间，那么该分区就不会被创建。

(2) 操作步骤：点击【创建空间】按钮，弹出对话框如图 3.6 所示。

图 3.5 提示删除示意图

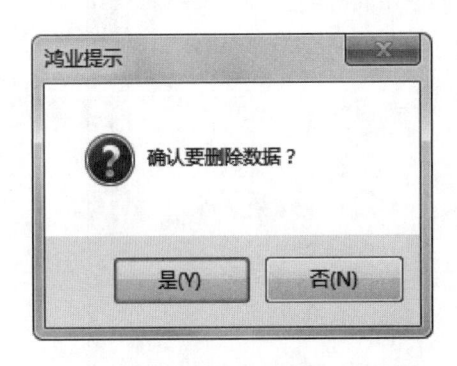

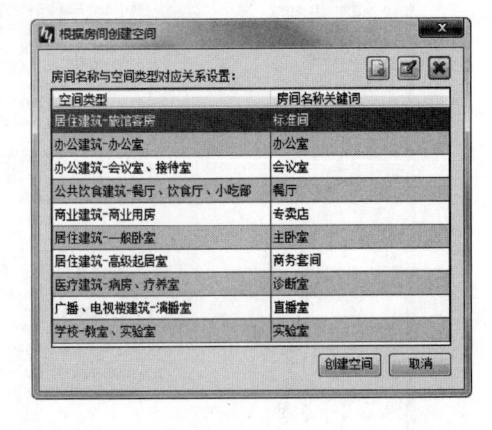

图 3.6 根据房间创建空间界面示意图

注：其主界面上的【保存】按钮仅保存当前选中树节点的内容，而【确定】按钮保存所有修改过的或添加的信息。

单击 按钮，直接在界面表格的下方添加一条新的对应关系，并且房间名称关键词处于编辑状态，可以输入与已有关键字不重复的名称。

点击【房间名称关键词】的单元格可以直接进入编辑状态或者单击 按钮，修改房间名称关键词。

双击【空间类型】对应的单元格，弹出空间类型管理界面，具体操作如空间类型管理操作，可以直接修改、添加、删除操作，也可以直接选择合适空间类型用途空间，点击【确定】按钮直接更改创建空间界面内的空间类型。

修改或者添加完成后，点击【确定】按钮，把前面操作都更新到数据库内记录。

设定房间名称对应空间类型名称，然后点击【创建空间】按钮，就可以创建当前文档全部空间，并且附加空间类型上的所有信息，以方便计算使用；其中房间与空间类型匹配主要是通过关键词，创建空间结果如图 3.7 所示。

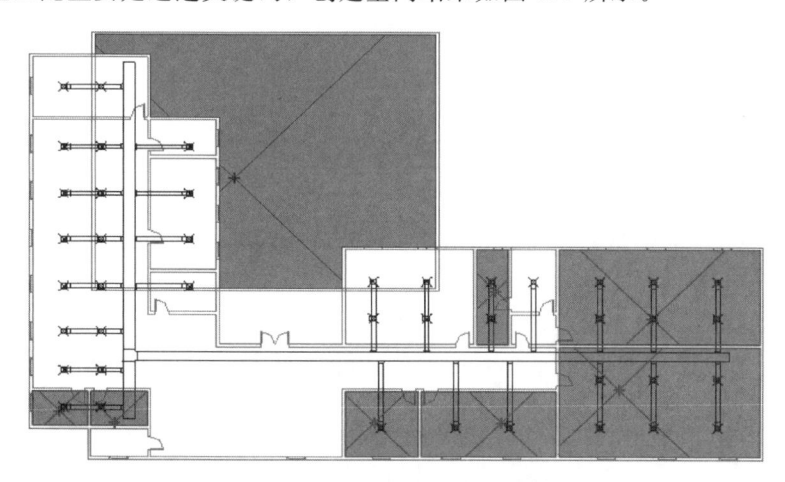

图 3.7 根据房间创建空间效果

选中某个房间的结果如图 3.8 所示。

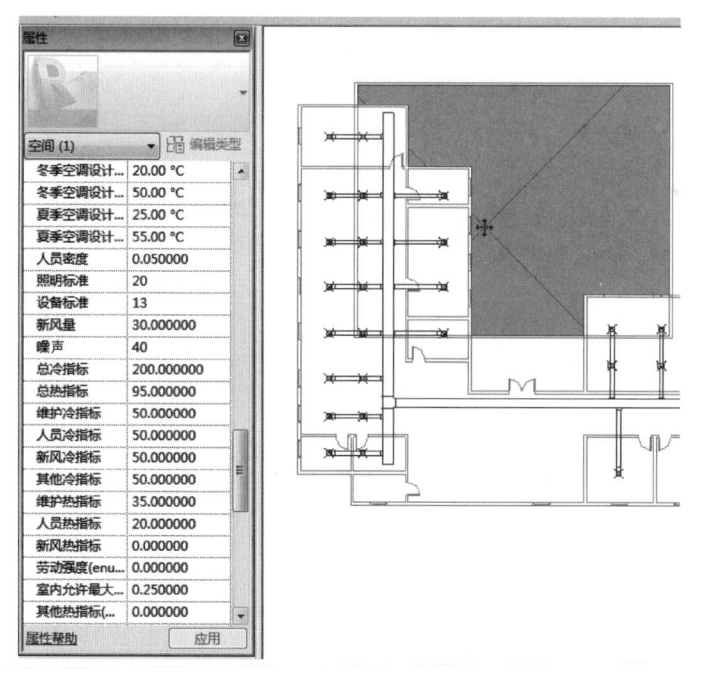

图 3.8 选中某个房间结果

对应规则如下：

1)"办公室"对应"普通办公室""办公室一""科长办公室一"等。

2)"会议室"对应"会议室 1""会议室 20""会议室 300"等。

3)"30×"对应"301""3011"等。

4)"第×间"对应"第100间""第200间"等。

一个空间类型可以对应多个房间关键字,关键字间要用",隔开,否则按一个关键字处理。

3.2.3 空间编辑

修改创建空间的参数。

(1)选择:【负荷】→【空间编辑】。

(2)操作步骤:有三种操作方式。

1)点击【空间编辑】按钮,当前文档所有空间被自动列出,可对其进行编辑。

2)在图面上选择需要编辑的空间按回车键("Enter"键)。

3)在图面上选择要编辑的空间,点击【空间编辑】按钮。

操作完成以后,会弹出如下对话框,即可进行编辑,如图3.9所示。

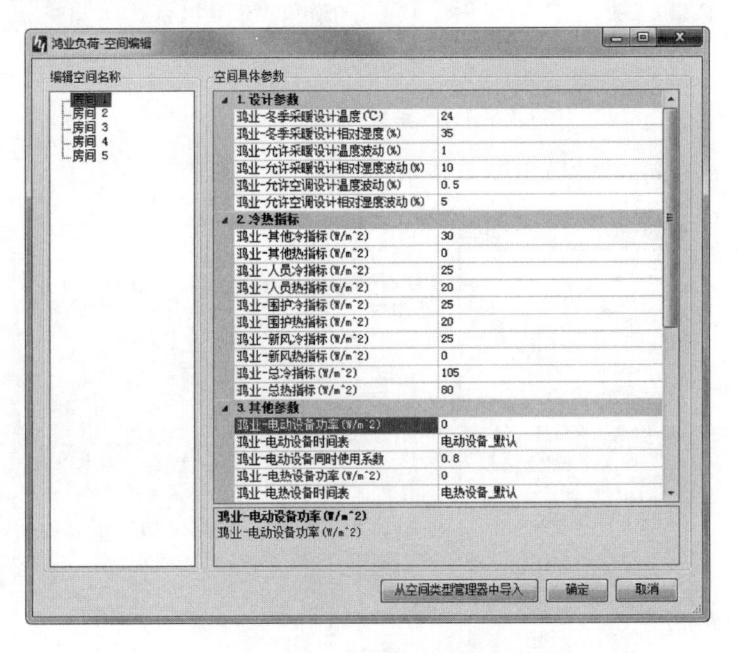

图3.9 空间编辑界面

3.2.4 空间亮显

高亮显示当前打开视图中的空间。

(1)选择:【负荷】→【空间亮显】。

(2)操作步骤:点击该功能,则视图中所有空间会亮显表示。

3.2.5 分区管理

进行分区与空间的管理,可以新建分区、调整空间所属的分区、删除分区以及修改分区参数。

(1) 选择：【负荷】→【分区管理】。

(2) 操作步骤：点击【分区管理】按钮，弹出对话框如图 3.10 所示。

点击 按钮，可以添加新的分区，弹出界面如图 3.11 所示。

图 3.10　分区管理界面示意图　　　　图 3.11　新建分区界面示意图

通过界面定义分区的名称，查看某个楼层平面的空间，选择属于该分区的空间，把该空间从原来的分区中剪切到当前分区中。

点击 按钮，可以修改当前分区的名称和所属该分区的空间数量。点击 按钮，可以删除该分区，如果该分区中包含空间，删除后属于该分区的空间将自动移动到【默认】分区中。选中【图面定位】，在界面上选择空间时，会自动将该空间定位到当前视图的中心，方便查看，如图 3.12 所示。

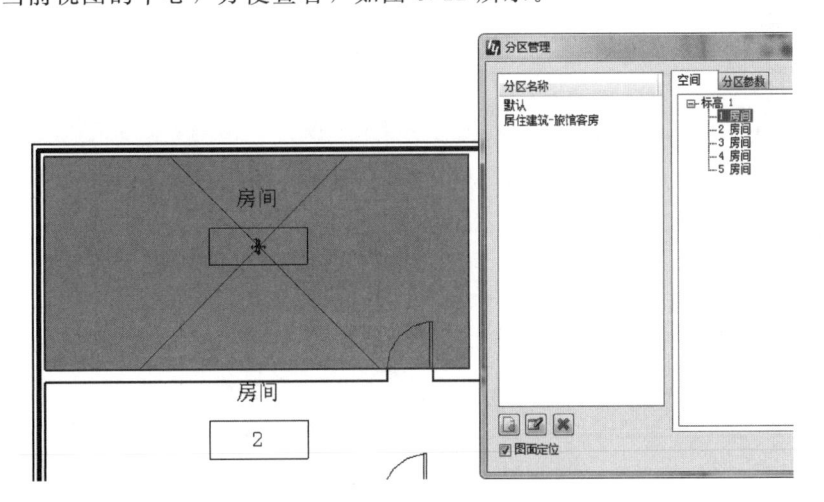

图 3.12　图面定位效果示意图

通过【空间】标签页，可以查看当前分区所拥有的空间，如图 3.13 所示。

点击【分区参数】标签，可查看当前选择分区的参数，同时也可以进行修改，如图 3.14 所示。

图 3.13　分区管理空间界面示意图　　　　图 3.14　分区管理分区参数界面示意图

3.2.6　负荷计算

1. 负荷计算及构造设置

将建筑信息导入到负荷计算界面中进行计算。

（1）选择：【负荷】→【负荷计算】。

（2）操作步骤：点击【负荷计算】，选择【计算结果】，如图 3.15 所示。

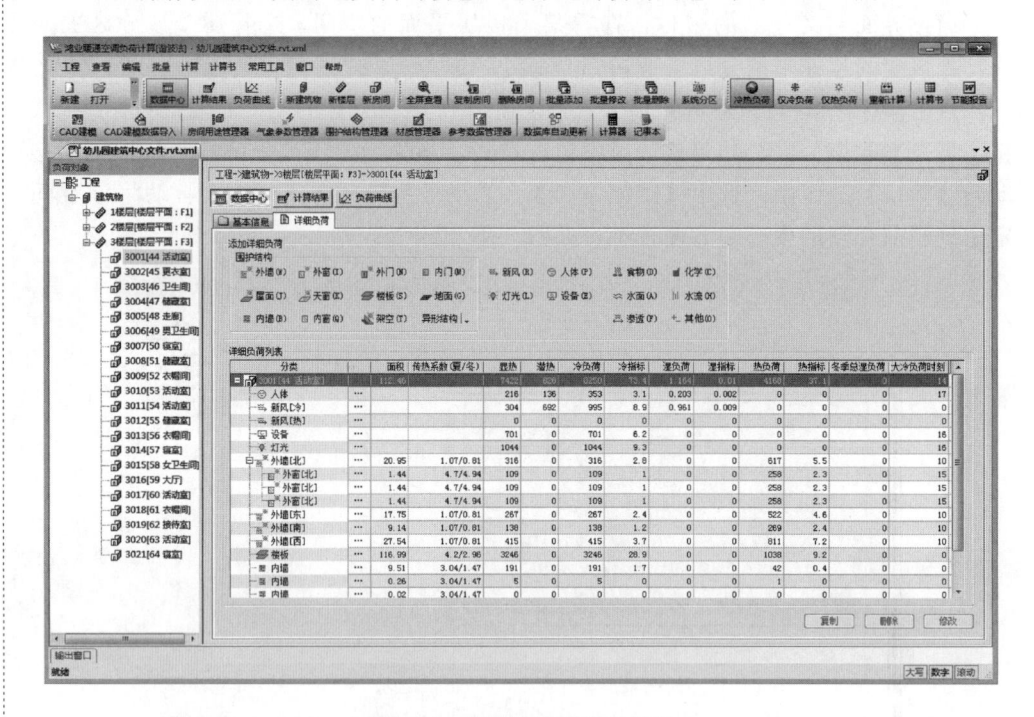

图 3.15　负荷计算结果示意图

1）位置。在 Revit 里设置工程地点，导入负荷计算时该位置信息将自动提取。当建筑信息模型导入到鸿业负荷计算软件中以后，显示工程地点和此处一致，如图 3.16 所示。

3.2 BIM软件负荷计算实训

需要注意的是，如果 Revit 设定工程地点城市数据在鸿业负荷计算软件中不存在，要首先对工程地点的气象参数进行扩充添加。只有城市数据对应，才能保证计算的准确性。

一般情况下，中国的城市气象参数在鸿业负荷计算软件中均已提供。

2) 建筑构造。在 RevitMEP 的空间属性，在【构造类型】中点击＜建筑＞，弹出构造设定界面如图 3.17 所示。

图 3.16　数据中心示意图

图 3.17　构造类型示意图

此设置为建筑物的构造类型，在此可以设定建筑类型所用的详细构造。如果 Space 的构造类型没有进行特殊的单独设置，Space 的构造类型默认为＜建筑＞。各种详细构造设置如上图所示；如果 Space 的构造比较特殊，需要单独设置。可在 Space 的【属性】对话框中，选中【构造类型】，点击修改 Space 的构造，如图 3.18 所示。

当模型数据导入到负荷计算软件中以后，在负荷计算的【建筑物】项，可以查看当前使用的构造。这里列出了当前使用的围护结构的构造以及详细参数，如图 3.19 所示。

由于负荷计算软件和 Revit 软件的差异，个别构造以及参数可能略有不同。详细说明如下：

a. 所有构造用到的材料及其属性值都全部导入到负荷计算软件中。

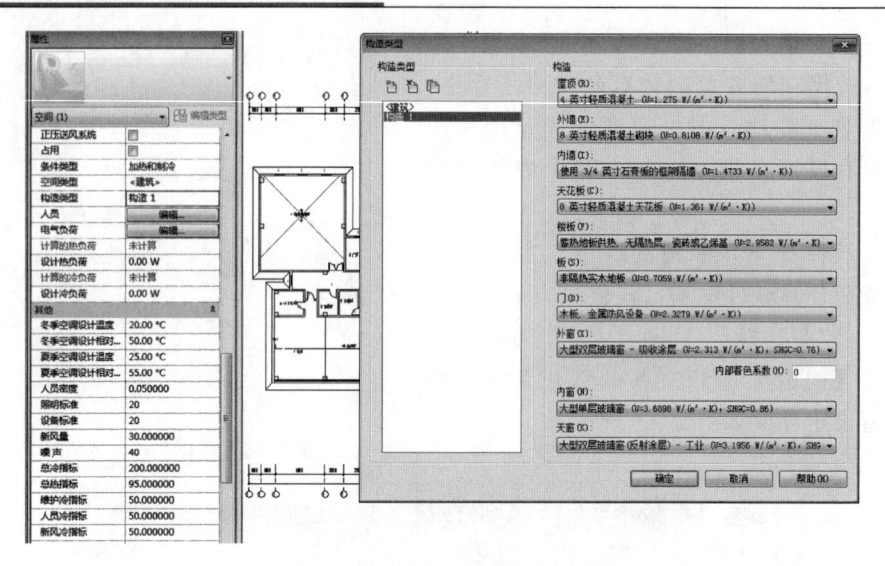

图 3.18　Space 属性构造类型示意图

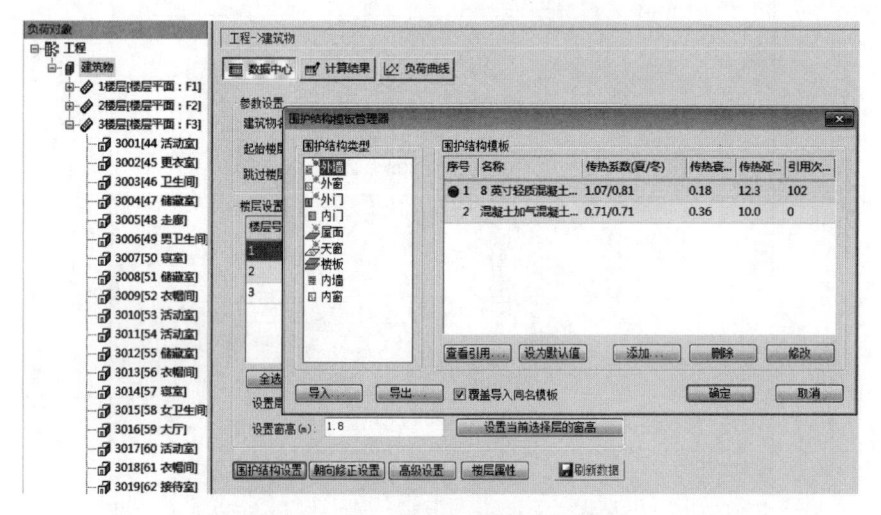

图 3.19　围护结构模板管理器示意图

b. 所有的屋面、外墙、内墙、楼板的构造及其做法都可以完全导入。

c. 由于鸿业负荷计算软件和 Revit 软件的差异，Revit 软件的门窗类型无法获取。当负荷计算软件读取 gbXML 文件时，门窗类型都用负荷计算软件的默认值进行设定。如果需要和 Revit 对应，需要手动设置门窗的结构类型。

d. Revit 软件对构造只提供了单一的传热系数。对于负荷计算软件，冬夏季计算参数存在差异，传热系数需要按照冬夏季区分。因此，在负荷计算读取 gbXML 文件时，会把 Revit 软件设定的传热系数值设定为围护结构的冬季传热系数，夏季的传热系数根据维护结构的做法计算得出。

e. 当负荷计算软件打开 gbXML 文件时，建议不要修改数据，特别是空间面积和墙体构造数据。如果修改这些数据，会导致负荷计算结果和空间实际结果不一致的情况。

3）Space 其他参数。RevitMEP 中对 Space 做的一些设定参数，在鸿业负荷计算软件读取 gbXML 文件时，这些参数也被同时读入。详细说明如下：

a. 通过读取 gbXML 文件，可以获取空间的名称、面积、房间所属分区等空间基本参数。

b. 另外根据 Space 的分区信息，还可以得到空间冬夏季的设计温度和相对湿度、空间的灯光负荷设置、空间的设备负荷设置、空间的人员负荷设置。

在负荷计算软件里查看这些属性，如图 3.20 所示。

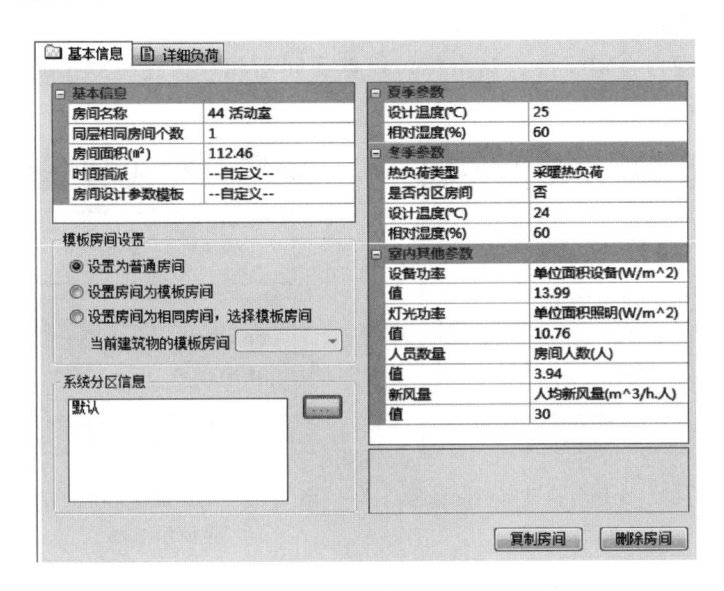

图 3.20　基本信息示意图

4）时间指派。在读取 gbXML 文件时，可以获取详细负荷项的计算时间指派。人体、灯光、设备等都有时间指派设置。以人体负荷为例，如图 3.21 所示。

图 3.21　详细负荷示意图

第3章 负荷计算

需要注意的是，目前 HCLoad 鸿业负荷计算软件所计算的是"全年典型日"的负荷计算。

2. 冷热负荷估算

运用冷、热指标对建筑的房间、空间进行冷、热负荷估算。

(1) 选择：【负荷】→【冷热负荷估算】。

(2) 操作步骤：单击该命令，弹出对话框如图 3.22 所示。

当项目中已经应用【创建空间】功能创建了空间，可以直接读取空间当中的冷热指标，对其进行冷、热负荷的估算。

也可支持用户自定义冷、热指标，根据房间面积，快速得到房间冷、热负荷，如图 3.23 所示。

图 3.22 冷热负荷估算空间读取界面示意图

图 3.23 冷热负荷估算自定义界面示意图

点击【确定】得到计算结果，并可以将计算结果标注在模型中，或生成 Excel 表，方便对照查看，如图 3.24 所示。

房间名称	房间面积(m^2)	热指标(W/m^2)	热负荷(W)	冷指标(W/m^2)	冷负荷(W)
办公室 1	43.02	65	2796.04	90	3871.44
教室 2	88.02	65	5721.51	90	7922.09
教室 3	88.14	65	5729.18	90	7932.71
教室 4	88.14	65	5729.18	90	7932.71
教室 5	88.14	65	5729.18	90	7932.71
办公室 6	29.38	65	1909.93	90	2644.51
办公室 7	33.13	65	2153.2	90	2981.36
教室 8	98.73	65	6417.14	90	8885.27
教室 9	98.73	65	6417.14	90	8885.27
教室 10	98.73	65	6417.14	90	8885.27
教室 11	98.73	65	6417.14	90	8885.27
女厕所 12	36.77	65	2389.82	90	3308.98
男厕所 13	26.65	65	1732.56	90	2398.93

图 3.24 冷热负荷估算结果

3.2.7 导入结果

将负荷计算的结果更新到 Revit 模型的空间实体上，可以设置空间中需要标注的统计结果。

(1) 选择：【负荷】→【导入结果】。

(2) 操作步骤：点击命令后界面如图 3.25 所示。

1) 选择 hclx 计算结果文件。选择 hclx 计算结果文件。编辑框中显示当前选择的数据文件。点击文件路径后的 [...]，显示文件选择对话框，用于选择一个数据文件。

2) 设定标注内容。用于设定标注内容，在需要标注的项目前打钩，如图 3.26 所示。

图 3.25　导入界面示意图　　　　图 3.26　标注内容示意图

3) 更新空间数据。点击【空间更新】按钮，将会更新对应空间的所有负荷计算结果数据。负荷计算结果数据保存在空间的共享参数值中。如果在负荷计算软件中，对墙体、窗、楼板的构造进行了修改，那么在数据导入 Revit 时，会提示数据不一致，如图 3.27 所示。

如果选择【是】，会继续导入数据。如果选择【否】，那么数据将不会被导入。如果导入了修改后的数据，则修改的数据会保存在一个文件中，并提示保存文件，如图 3.28 所示。

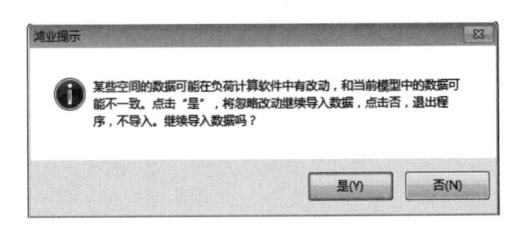

图 3.27　数据不一致提醒　　　　图 3.28　修改数据保存

当选中某个空间后，在空间的属性对话框中，可以看到空间的负荷计算结果数据，如图 3.29 所示。

需要注意的是，导入负荷计算结果并不修改空间的数据。其包括空间的名称、面积、设计温度、设计湿度、灯光、人员、设备、时间指派、维护面、维护面构造等数据。

4) 更新标注。更新空间以后，同时会标注或者更新空间的负荷计算结果。更新标注内容如图 3.30 所示。

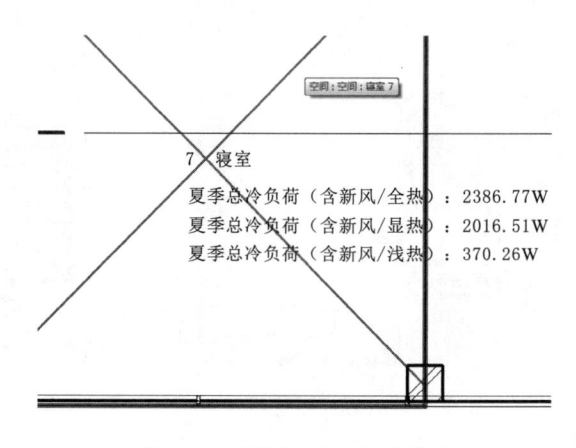

图 3.29　负荷计算结果数据示意图　　　图 3.30　更新标注内容示意图

具体的标注内容由标注选项中选择设定。需要注意的是，标注文本的类别为文字注释，显示视图为 HVAC－楼层平面。如果当前视图不是楼层平面，则看不到注释内容。如果文字注释不可见，也看不到注释内容。可选定当前视图为楼层平面，在可见性设置中设置文字注释可见，如图 3.31 所示。

图 3.31　设置文字注释可见示意图

3.2.8 标注结果

当负荷计算结果导入 Revit 后,所有计算过的 Space 的负荷计算结果都会更新。
(1) 选择:【负荷】→【标注结果】。
(2) 操作步骤:点击命令后,用户界面如图 3.32 所示。

将需要标注的内容打钩,然后点击【标注】,将更新所有空间的标注文本。标注结果如图 3.33 所示。

图 3.32 标注结果界面

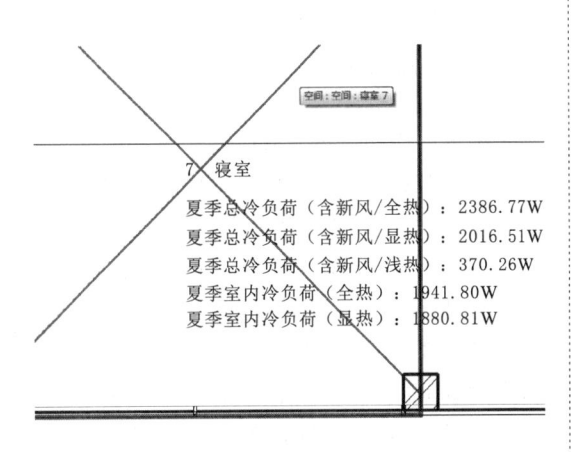

图 3.33 更新标注文本示意图

需要注意的是,标注文本的类别为文字注释,显示视图为 HVAC-楼层平面。

3.2.9 查询结果

查询功能用于查询单个空间的负荷计算的结果。
(1) 选择:【负荷】→【查询结果】。
(2) 操作步骤:首先要选择查询的空间,如果选择成功,则弹出如图 3.34 所示对话框,显示空间结果信息。否则,程序退出。

计算结果属性表中,列出当前选中空间的负荷计算结果。点击【选择空间】,返回模型空间,选择成功后,在结果属性表中,显示选中空间的计算结果。如果取消选择,则程序退出。

3.2.10 传热检查

该功能是检查墙体的传热系数是否符合规范。
(1) 选择:【负荷】→【传热检查】。
(2) 操作步骤:单击该功能按钮,弹

图 3.34 结果查询界面示意图

出对话框如图 3.35 所示。

输入传热系数的检查值范围，如图 3.35 所示，点击【检查】按钮，就会对墙体进行检查，不符合规范的范围要求的墙体，则高亮显示。

其中，体形系数为建筑物的体积与建筑物的外表面积之比值，建筑物分布地区按照节能规范标准划分；建筑物所在地区会根据项目地址自动锁定其所在的地区。

图 3.35 外墙传热系数检查界面示意图

3.2.11 厚度计算

根据墙体的传热系数等计算墙体需要的保温层厚度。

（1）选择：【负荷】→【厚度计算】。

（2）操作步骤：点击该功能，弹出对话框如图 3.36 所示。

图中所显示的墙体为当前文档内的所有墙体（不包括层叠墙），其中墙体传热系数是从外部配置，如果没有则为默认值，起初标准传热系数与墙体自身传热系数相同；如果需要修改标准传热系数（即要达到的传热系数）要求，可以单击标准传热系数单元格，弹出传热系数检查界面，可以输入传热系数的上限值，点击【检查】赋回到计算界面的标准传热系数内；同时

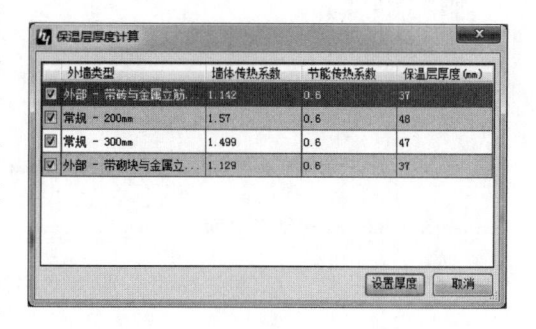

图 3.36 保温层厚度计算界面示意图

要达到标准传热系数，需要的保温层厚度也会自动计算（其中保温层的导热系数可以从外部配置），并显示在界面中。

修改完成后，可以选择复选框，单击【设置厚度】按钮，自动修改选中的墙体的保温层厚度。

3.2.12 修改厚度

修改墙体的保温层厚度。

（1）选择：【负荷】→【修改厚度】。

（2）操作步骤：点击该功能按钮，弹出对话框如图 3.37 所示。

在文本框内输入相应的值，点击【设置】按钮，则会将原来的厚度设置为相应的厚度值，点击【取消】按钮退出。

实训内容：

（1）启动 Revit 软件、鸿业 BIM 软件，熟悉

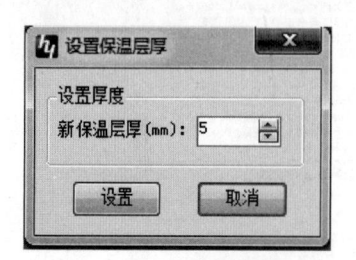

图 3.37 设置保温层厚界面示意图

软件界面。

(2) 练习空间类型管理设置操作。

(3) 练习创建空间设置操作。

(4) 练习空间编辑设置操作。

(5) 练习空间显亮设置操作。

(6) 练习分区管理设置操作。

(7) 练习负荷计算设置操作。

(8) 练习导入结果设置操作。

(9) 练习标注结果设置操作。

(10) 练习查询结果设置操作。

(11) 练习传热检查设置操作。

(12) 练习厚度计算设置操作。

(13) 练习修改厚度设置操作。

(14) 总结操作规律,填写实训报告。

第4章 采暖系统设计

4.1 采暖系统设计实训

实训目的：

（1）掌握采暖系统设计步骤。

（2）掌握采暖系统图绘制要求。

实训内容：

4.1.1 采暖系统设计步骤

为了响应国家节约能源的政策号召，改善我国酷寒地区居住建筑采暖能耗大、热环境质量差的情况，希望通过在建筑设计和采暖设计中采用有效的技术措施，设计一套高效、可靠且节能的建筑采暖系统，以满足建筑内部舒适温度需求。而确保采暖设计方案的合理性、实用性、节能性是设计单位、施工单位必须深入思考的问题。采暖系统设计流程如图4.1所示。

4.1.2 采暖系统图绘制要求

4.1.2.1 一般规定

室内采暖施工图与室外供热施工图一般规定应符合《暖通空调制图标准》（GB/T 50114—2022）和《供热工程制图标准》（CJJ/T 78—2010）。

1. 基准线宽

线宽 b 可在 1.0mm、0.7mm、0.5mm、0.35mm、0.18mm 中选取。

2. 比例

采暖系统的比例宜与工程设计项目的主导专业（一般为建筑专业）一致。

3. 线型

采暖系统中一般用粗实线表示供水管、粗虚

图4.1 采暖系统设计流程图

线表示回水管。散热设备等用中粗线表示。建筑轮廓及门窗用细线表示,尺寸、标高、角度等标注线及引出线均用细线表示。

4. 采暖系统管道

采暖系统管道一般采用单线绘制,同时标注管段规格（管径尺寸）。

5. 采暖系统设备

通用设备、阀门仪表（泵、除污器、闸阀、截止阀、排气阀、集气罐）以及采暖设备（散热器）、调控装置及仪表等用图例表示。

6. 采暖系统立管

对于垂直式系统,要对立管进行编号,如图4.2所示。用一个直径为6~8mm的中粗实线圆表示,圆内书写编号,编号为字母N后跟阿拉伯数字。

7. 采暖工程包括的图纸

（1）图纸目录。

（2）设计施工说明。

（3）采暖平面图、剖面图。

（4）采暖系统轴测图。

图4.2 立管号表示法

（5）热力入口、立管竖井详图,非标准设备的加工和安装详图。

4.1.2.2 管道表达

《暖通空调制图标准》（GB/T 50114—2022）中规定了管道遮挡、重叠、分支的画法以及管道的标注方法。这些表达方法基本上遵循投影原则,但也有很多示意表达方式,不完全遵守投影原则。

1. 管道画法

（1）管道用单线（粗线）或双线（中粗线）绘制,当省去一段管道时,可用折断线,折断线应成双对应。采暖系统中管道一般采用单线绘制。

（2）管道空间交叉时,上面或前面的管道应连通；在下面或后面的管道应断开,如图4.3所示。

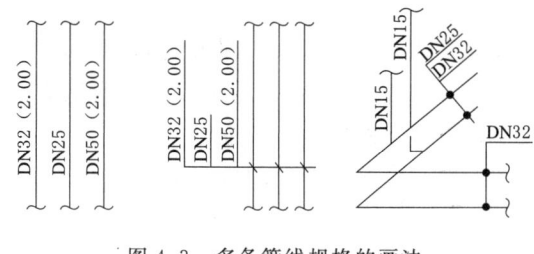

图4.3 多条管线规格的画法

（3）管道分支时,应表示出支管的方向。

（4）管道重叠时,若需要表示下面或后面的管道,可将上面或前面的管道断开。管道断开时,若管道的上下前后关系明确,可不标注断开点符号。

（5）同一管道的两个折断号在一张图中,折断符号的编号用小写英文字母表示。当管道在本图中断,转至其他图面表示（或由其他图中引来时）,应注明转至（或来自）的图样编号。

（6）弯头转向、管道跨越、管道交叉（四通）的画法见《暖通空调制图标准》（GB/T 50114—2022）。

2. 管道标注

(1) 管道规格。管道规格的单位为 mm，可省略不写。低压流体采用焊接钢管时，管段规格应标注公称通径。

输送流体用无缝钢管、螺旋缝或直缝钢管、铜管、不锈钢管，当需要标注管径和壁厚时，用 D（或 ϕ）外径×壁厚来表示，如 $D108×4$ 或 $\phi108×4$；在不致引起误解时，也可采用公称通径表示。同一管道外径可有多个管壁厚度与之对应，壁厚主要根据管道承压能力确定。塑料管管段规格用 d 表示，如 $d10$。

(2) 管径尺寸标注的位置。水平管道的管径尺寸应注在管道的上方；竖直管道的尺寸应注在管道的左侧；斜管道（如采暖系统轴测图中与 Y 轴平行的管道，与水平线的夹角为 45°）管径尺寸应平行标注在管道的斜上方。双线表示的管道，其规格也可标注在管道的轮廓线内。当管径尺寸无法按上述位置标注时，可另找适当位置标注，但应用引出线示意该尺寸与管段的关系，如图 4.4 所示。多条管线的规格标注见《暖通空调制图标准》。

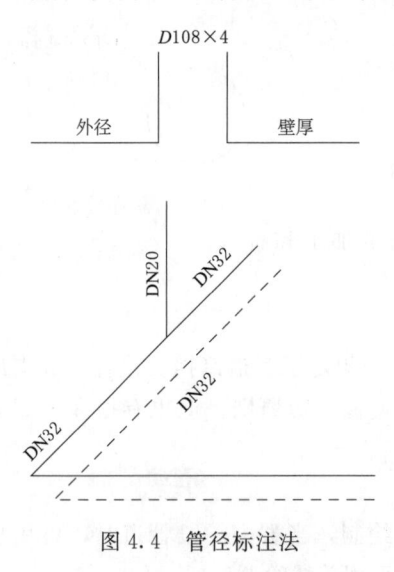

图 4.4 管径标注法

(3) 标高的标注。水、汽管道所注的标高未予说明时，表示管中心标高；水、汽管道标注管外底或顶标高时，应加注"底"或"顶"字样；标高符号的绘制应以直角等腰三角形表示，其尖端应指至被注高度的位置，尖端一般应向下，也可向上。标高数字应以米为单位，注意写到小数点以后第三位。零点标高应注写成 ±0.000，正数标高不注"+"，负数标高应注"−"，例如 3.000，−0.600。

(4) 坡度的标注。坡度标注符号为单面箭头，箭头应指向下坡方向。

4.1.2.3 采暖工程制图

1. 设计施工说明

设计施工说明通常包括以下内容：采暖室内外计算温度；采暖建筑面积；采暖热负荷；热媒来源、种类和参数；散热器形式；管道材质、连接形式和安装方式；防腐和保温做法；散热器试压和系统试压；应遵守的标准和规范等。

设计施工说明的书写内容应根据设计需要，参照例图中的格式书写。

2. 平面图

室内采暖平面图主要表达采暖管道及设备布置。

(1) 标准层平面图。标准层平面图应标明立管位置及立管编号，散热器的安装位置、类型、片数及安装方式。

(2) 顶层平面图。顶层平面图除了有与标准层平面图相同的内容外，还应标明总立管、水平干管的位置、走向，立管编号及干管上阀门，固定支架的安装位置及型号，膨胀水箱、集气罐等设备的安装位置、型号及其与管道的连接情况。

（3）底层平面图。底层平面图除了有标准层平面图相同的内容外，还应标明与引入口的位置，供、回管的走向、位置及采用的标准图号（或详图号），回水干管的位置，室内管沟（包括过门地沟）的位置及主要尺寸，活动盖板和管道支架的设置位置。

平面图常用的比例有 1∶50、1∶100、1∶200 等。

（4）画法。平面图中管道采用单线绘制，供水管用粗实线，回水管用粗虚线，散热设备等用中实线。平面图上本专业所需的建筑物轮廓应与建筑图一致，建筑轮廓、门窗以及尺寸用细线，民用建筑中常用的散热器只标注数量，如图 4.5 所示。

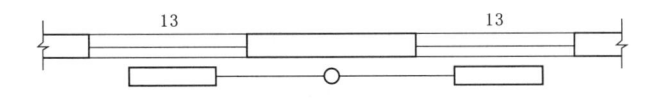

图 4.5　平面图上散热器画法

对于上供下回式单管或双管系统，通常绘制首层平面图（其中有回水干管的布置）、顶层平面图（其中有供水干管的布置）、标准层平面图（无供回水干管，中间各层散热器的片数按从上到下的顺序标注在标准层上）。

3. 轴测图

轴测图是表示采暖系统的空间布置情况、散热器与管道空间连接形式及设备、管道附件等空间关系的立体图，比例与平面图相同。

（1）轴测图内容。轴测图主要表达采暖系统中的管道、设备的连接关系、规格与数量，不表达建筑内容。采暖系统中的所有管道、管道附件、设备都要绘制出来；标明管径、水平管道标高、坡向与坡度；散热器的规格、数量、标高及与管道的连接方式。通过轴测图可了解采暖系统的全貌。

（2）画法。轴测图采用轴测投影法绘制，一般采用正等轴测或正面斜轴测投影法。目前多采用正面斜等测绘制，Y 轴与水平线的夹角为 45°。管道用单线绘制，供水干管、立管用粗实线，回水干管用粗虚线，散热器支管、散热器及其他设备用中粗实线，标注用细线。管道应标注管中心标高，并应标在管段的始端或末端。

对散热器标注底标高，同一层、同标高的散热器只标注右端的一组。轴测图中散热器的数量，应标注在散热器内。轴测图中的重叠、密集处可断开引出绘制。相应的断开处宜用相同的小写拉丁字母注明，也可用细虚线连接。

一般而言，立管与供回水干管都通过乙字弯相连，散热器的供回水支管上也有乙字弯，但需要注意的是，目前的习惯画法是不绘制乙字弯。

4. 详图

在平面图和透视图中，某些构件与建筑物的关系（如采暖系统入口管道连接、膨胀水箱的构造和安装等），不能清楚表达设计意图的部分，或需要施工单位另行加工的构件以及需要现场进行组装的构件应有详图。

当采用统一图册或标准图时，则不必另画详图。可只在适当的图上注明该详图的图册编号，并于编号前加注"详××"的字样。

实训步骤：

1. 熟悉和收集资料

设计的原始资料是考虑方案、选择设备、进行计算的依据，应准确无误。实际工程中，一些资料是设计者通过调研和查阅资料得到的。

设计中需要的主要原始资料如下：

（1）建筑物修筑地址。建筑物修筑地址是决定采暖室内外气象条件的重要资料，一般应由工程所属单位提供。

（2）气象资料。气象资料是决定耗热量及热媒种类的重要依据，一般可按设计规范和设计手册选用。

（3）土建资料。土建资料一般由土建设计人员提供，其是计算耗热量、选择系统方案、布置管网及设备等的依据，通常有建筑总平面图、剖面图等，从土建资料中可知建筑物形状、尺寸及结构。如各围护物（门、窗、外墙、屋顶、地板）的具体尺寸及材料组成。同时还应了解房间性质及对采暖的要求，以便决定热媒及室内计算温度等。

（4）动力资料。动力资料主要影响热媒、系统及设备的选择。动力资料主要包括：

1）热媒的性质及位置。

2）热源内锅炉型号或热媒的种类和参数。

若采暖系统与外网连接时，应了解外网的位置、热媒种类及参数。

2. 外围护结构耗热量的计算

（1）根据各层建筑平面图，进行房间编号，并应尽量使各层编号号码对齐。

（2）确定室内外计算温度。

（3）确定外围护结构的最小热阻。

（4）计算外墙、屋顶、地板等围护结构的传热系数，并校核是否符合要求。

（5）丈量围护结构传热面积。

（6）计算围护物基本耗热量。

（7）计算附加耗热量。

（8）计算总耗热量。

同时，计算出建筑物的热特性指标，以便进行经济性比较的参考（以体积或面积为单位均可）。

3. 选择热媒及确定采暖形式

（1）热媒及参数的选择。采暖系统热媒的选择，应根据热媒特性、卫生条件、经济状况、使用性质、地区采暖规划等具体条件加以考虑，也可根据本建筑物采暖要求进行考虑，见表4.1。

表 4.1　　　　　　　　　　　　　热　媒　选　择

建筑物的种类	采暖系统的热媒	
	适宜采用	允许采用
居住建筑、医院等	不超过 95℃ 的热水	不超过 110℃ 的热水、低压蒸汽
办公楼、学校、展览馆等	不超过 95℃ 的热水、低压蒸汽	不超过 110℃ 的热水
车站、食堂、商业建筑等	不超过 130℃ 的热水、低压蒸汽	高压蒸汽
一般俱乐部、影剧院等	不超过 110℃ 的热水、低压蒸汽	不超过 130℃ 的热水

（2）确定采暖形式。采暖形式主要分采暖系统的末端形式和管路布置形式。

1）采暖系统末端形式。根据业主和建筑物的需求，选择采暖系统末端形式，如散热器对流采暖或地板辐射采暖，两者各有优势，可由业主自主选择，见表 4.2。

表 4.2　　　　　　　　　　　家庭采暖主要末端形式

	优　点	缺　点
散热器对流采暖	1. 钢制散热器美观洁净、散热性能好、金属热强度高。 2. 辐射加对流，升温快，温度高。 3. 一次成型，机械焊接，不易漏水，腐蚀不易结垢。 4. 安装简单，造价相对较低	1. 保温效果较差，占地较大。 2. 取暖位置不佳，容易头热脚冷，不符合人体舒适性原理。 3. 节能效果差
地板辐射采暖	1. 头凉脚热，符合人体生理学特点。 2. 扩大了房间有效使用面积。 3. 使用寿命长，无人工破坏的情况下，使用寿命可在 50 年以上	1. 二次装修时易被破坏。 2. 升温时间比散热器长。 3. 出现问题不好维修

2）管路布置形式。在系统管路设计中，目前应用较多的为双管并联系统或分集水器系统，两者各有优势，可由业主自主选择，见表 4.3。

表 4.3　　　　　　　　　　　管路系统对比分析

	优　点	缺　点
双管并联系统 （同程立管＋双管水平管）	1. 各组散热器为并联连接，可在各组散热器上设置温控阀，实现各组散热器温控的独立设定，室温调节控制灵活，热舒适性好。 2. 对住户室内的散热器数量没有限制。 3. 热水流速大，沿途热损失少，房间起热快，成本较低（管道短）。 4. 造价相对较低	1. 分户室内的水平管路数量较多。 2. 系统设计及水平散热器的流量分配计算相对复杂
分集水器系统	1. 管路中间无接头，系统更安全。 2. 施工更安全节能。 3. 出水更稳定，实现了配水点和用水点之间通过独立的管道——对应连接，在使用和维护上真正实现各用水点之间的零干扰	1. 增加管路的长度，还要增加一个分集水器，成本增加。 2. 热水流速小，沿途热损失相对较大，房间起热慢

第4章 采暖系统设计

在选择某种热媒和系统形式时,最好能找出两种或两种以上可行的方案加以分析比较,最后阐明所选某种方案的理由。

4. 散热设备的选择计算

按照计算好的各房间热负荷选择相应的散热器型号,确保所选设备在热负荷上下10%浮动,避免选择过大或过小。将各房间散热器选好之后,汇总所有散热器的散热量之后,根据散热器散热总量选择相应的热源型号。

散热器的位置最好分布在房间窗台下,室外渗入的冷空气能迅速地被加热,工作区温度适宜。

(1) 选择散热设备型号,确定与支管的连接方式。

(2) 确定各房间散热设备数量。

(3) 计算中应注意各种修正值。

(4) 对单管系统应在水力计算后确定散热器片数。

以上采暖系统的型式、热媒的种类及散热器的选择计算在设计中应综合反复考虑。例如某系统采用低温热水,室内布置散热器过多时,将会影响热媒选择或系统管路布置等。同时,在管网及散热器布置方面,还应兼顾有利于水力阻力的平衡。

5. 管道的水力计算

管路布置好后,便可进行水力计算,首先应绘制计算草图。在该图上注明立管编号、各管段编号、各管段长度及局部阻力、热负荷的大小等(注意检查总供、回两管的负荷值是否与建筑耗热量相符)。

(1) 室内热水采暖管路水力计算的主要任务。

1) 按已知系统各管段的流量和系统的循环作用压力,确定各管段的管径。为了各循环环路易于平衡,最不利循环环路的平均比摩阻 R_{pj} 不宜选得过大,目前一般取值60~120Pa/m。

2) 按已知系统各管段的流量和各管段的管径,确定系统所必需的循环作用压力。

3) 采暖系统各并联环路之间计算压力损失不应超过表4.4中的允许差值。

表 4.4　　　　　管路系统对比分析

系统形式	允许差值/%	系统形式	允许差值/%
双管同程式	15	单管同程式	10
双管异程式	25	单管异程式	15

4) 热媒在管道中的流速应满足:管径15mm,$v<0.8$m/s;管径20mm,$v<1.0$m/s;管径25mm,$v<1.2$m/s。

5) 热水采暖系统的循环压力,一般宜保持在10~40kPa。

(2) 计算注意事项

1) 机械循环热水采暖系统循环压力值(包括摩擦阻力及局部阻力)按下列原则确定:

a. 集中锅炉房或间接连接于城市（或区域）热网的室内采暖系统，其循环压力应根据管道内水流速度（在允许范围内）并考虑各环路压力损失的平衡来计算决定（一般在 2.5m 水柱的范围内）。

b. 对直接连接于已建成的热网（城市或区域），其循环压力应根据连接点处供、回水压力差确定，当供给压力过大时，可用缩小管径、装调压板、调节阀门等加以解决。

2）对于机械循环热水采暖系统，计算压力时，由于管道内冷却而产生的自然循环压力（或附加压头）不予考虑，由于散热器冷却而产生的自然循环压力应予考虑。对于机械循环双管系统，由于立管本身的各层散热器均为并联循环环路，应考虑各层不同的自然循环压力，以避免竖向失调（自然循环压力一般可按设计水温条件下最大循环压力的 1/5～2/3 计算）。

3）在计算系统时，一般选择最远环路为最不利环路，但当其热负荷很小，即便选 DN15 的管径，比摩阻 R 仍小于允许 R_{pj} 的平均值时，可考虑以邻近一根立管为最不利环路，以避免其他管径过粗。

计算中所用图表一定要注意与所设计的热媒参数等使用条件一致。

6. 管道附属设备的选择计算

（1）三层或高于三层以上的立管上应装阀门，并应考虑排水设施。双管热水采暖系统中的散热器，除有冻结危险的地方（如门厅、楼梯间和次要房间）外，一般均应安装调节阀门。

（2）减压阀后的管道上应设安全阀，减压阀前后均应安装压力表。

（3）管道内的热膨胀量利用自然转弯补偿，当不足以补偿时，应选补偿器，一般室内选用 π 型伸缩器，根据系统管路的布置先把固定支座布置好，然后确定伸缩器的具体尺寸，其选择依据见教材或设计手册。计算管道的伸长量时，管道的安装温度可按 0℃ 计。

（4）对于膨胀水箱的选择计算，要求确定膨胀水箱的尺寸，同时把膨胀水箱上的各根管道连接好，并绘出安装草图。

（5）调压板、除污器及集气罐的选择计算。

（6）当管道沿程温降超过要求数值，不能满足所要求的热媒参数时，管道应进行保温。

（7）管道敷设于易冻的地方或设于地沟时，管道应进行保温。

（8）当管道表面温度较高时，易于使人烫伤的地方应进行保温。

实训题目：

1. 某医院综合大楼采暖工程设计

本工程建筑面积 24727.9m^2（其中地下 2545.2m^2，地上 22182.7m^2），地上 12 层，建筑高度 48.5m。负一楼配电房设备发热量约 100kW。不保温地面。试对该综合大楼的采暖工程进行设计。

2. 某文体中心采暖工程设计

本工程总用地面积为 3875m^2，总建筑面积为 11660m^2，其中地上建筑面积为

10698m²,地下建筑面积为962m²;建筑密度34.64%;容积率1.07。本工程地下一层,地上四层,局部五层。地下一层层高为5.8m,首层层高为5.4m,二至四层层高均为4.2m;建筑檐口高度18.396m。不保温地面。试对该文件中心的采暖工程进行设计。

3. 某办公楼采暖工程设计

某四层办公楼,总建筑面积4276m²,各层层高为3m。一至三层为办公室,第四层为居住宿舍和部分办公室。不保温地面。试对该办公楼的采暖工程进行设计。

4. 某办公楼采暖工程设计

某办公楼为三层砖混结构建筑物,总建筑面积6600m²,层高3.6m。窗户为单层钢窗,窗高1800mm,窗台高为900mm,玻璃为5mm厚普通玻璃。墙体为240mm厚砖墙,墙内、外表面为20mm厚水泥砂浆。不保温地面。

室内空气设计温度:办公室、会议室、接待室为18℃;内走道、厕所为15℃。采暖管道由办公楼北面引入。试对该办公楼的采暖工程进行设计。

附:参考围护结构参数

附1. 平屋面

材料名称 (由外到内)	材料编号	序号	厚度δ /mm	导热系数λ /[W/(m·K)]	蓄热系数S /[W/(m²·K)]	修正系数α	热阻R /(m²·K/W)	热惰性指标 $D=RS$
卵石保护层	446	1	20	1.510	15.360	1.00	0.013	0.203
挤塑聚苯板(17)	441	2	30	0.030	0.381	1.10	0.909	0.381
SBS改性沥青防水卷材	34	3	4	0.230	9.370	1.00	0.017	0.163
1:3水泥砂浆找平层	184	4	20	0.930	11.370	1.00	0.022	0.245
1:8水泥憎水膨胀珍珠岩找2%坡	447	5	20	0.058	0.628	1.50	0.230	0.217
钢筋混凝土屋面板	191	6	120	1.740	17.060	1.00	0.069	1.177
石灰水泥砂浆	192	7	20	0.870	10.627	1.00	0.023	0.244
各层之和Σ	—		234	—	—	—	1.283	2.63
外表面太阳辐射吸收系数	0.75(默认)							
传热系数$K=1/(0.15+\Sigma R)$	0.70							

附2. 外墙

材料名称 (由外到内)	材料编号	序号	厚度δ /mm	导热系数λ /[W/(m·K)]	蓄热系数S /[W/(m²·K)]	修正系数 α	热阻R /(m²·K/W)	热惰性指标 D=RS
水泥砂浆	1	1	20	0.930	11.370	1.00	0.022	0.245
加气混凝土砌块(B07级)	59	2	200	0.220	3.429	1.25	0.727	3.117
无机轻集料保温砂浆	392	3	25	0.070	1.500	1.25	0.286	0.536
抗裂砂浆	385	4	5	0.930	11.306	1.00	0.005	0.061
各层之和∑		—	250	—	—	—	1.040	3.959
外表面太阳辐射吸收系数				0.75（默认）				
传热系数 $K=1/(0.15+\sum R)$				0.84				

附3. 内墙

材料名称 (由外到内)	材料编号	序号	厚度δ /mm	导热系数λ /[W/(m·K)]	蓄热系数S /[W/(m²·K)]	修正系数 α	热阻R /(m²·K/W)	热惰性指标 D=RS
聚合物混合砂浆	162	1	20	0.870	10.627	1.00	0.023	0.244
加气混凝土砌块(B07级)	59	2	200	0.220	3.429	1.25	0.727	3.117
聚合物混合砂浆	162	3	20	0.870	10.627	1.00	0.023	0.244
各层之和∑		—	240	—	—	—	0.773	3.605
传热系数 $K=1/(0.22+\sum R)$				1.01				

附4. 楼板

材料名称 (由外到内)	材料编号	序号	厚度δ /mm	导热系数λ /[W/(m·K)]	蓄热系数S /[W/(m²·K)]	修正系数 α	热阻R /(m²·K/W)	热惰性指标 D=RS
水泥砂浆	1	1	20	0.930	11.370	1.00	0.022	0.245
无机轻集料保温砂浆	392	2	20	0.070	1.500	1.60	0.179	0.429
钢筋混凝土	4	3	100	1.740	17.200	1.00	0.057	0.989
石灰水泥砂浆	192	4	20	0.870	10.627	1.00	0.023	0.244

续表

材料名称（由外到内）	材料编号	序号	厚度 δ /mm	导热系数 λ /[W/(m·K)]	蓄热系数 S /[W/(m²·K)]	修正系数 α	热阻 R /(m²·K/W)	热惰性指标 $D=RS$
各层之和 Σ		—	160	—	—	—	0.281	1.907
传热系数 $K=1/(0.22+\Sigma R)$				2.00				

附5. 窗

序号	构造名称	传热系数/[W/(m²·K)]	自遮阳系数	可见光透射比	备注
1	单框中空玻璃（钢、铝合金窗框）	3.60	0.75	0.710	

附6. 门户构造

序号	构造名称	构造编号	传热系数/[W/(m²·K)]	面积/m²	备注	是否符合标准
1	多功能户门	17	2.00	1005.10		是

4.2 散热器采暖系统 BIM 设计实训

实训目的：

(1) 熟悉散热器采暖系统设计内容。
(2) 了解 BIM 软件散热器模块功能。
(3) 熟悉散热器采暖系统设计及制图规范。
(4) 掌握散热器采暖系统绘制方法。

实训内容：

4.2.1 散热器采暖系统设计

我国设计供水温度高于100℃的采暖系统称为高温水采暖系统，用于工业建筑；设计供水温度低于100℃的采暖系统称为低温水采暖系统，用于民用建筑。我国《民用建筑供暖通风与空气调节设计规范》(GB 50736—2012)规定民用建筑散热器热水采暖系统供回水温度宜按照75℃/50℃进行设计，且供水温度不大于85℃，供回水温差不宜小于20℃。

散热器采暖系统是以散热器作为末端设备的热水采暖系统，是常见的采暖形式，该系统由热源、采暖管道系统、散热器组成，该系统具有房间升温快、使用方便灵活、节能、采暖效果直接等特点。

4.2.1.1 供暖热媒选择

可选用城市热网、燃气锅炉、生物质锅炉、空气源热泵等。

对于采用市政热源的散热器采暖系统，宜按75℃/50℃连续采暖进行设计，供水温度不宜大于85℃，供回水温差不宜小于20℃。

在采用地源热泵、空气源热泵作为采暖热源时,应通过技术经济比较,确定合理的采暖热媒参数。热泵机组的额定供回水温度一般为 45℃/40℃,此工况下,散热器散热能力较低,需要的散热器数量较多,提高热泵机组的出水温度,可以改善散热器散热量,但机组的效率降低。

对于采用壁挂炉的分户散热器采暖系统,宜采用低温(供水温度不大于 60℃)采暖。

4.2.1.2 采暖系统形式确定

《暖通空调规范》不再规定采暖系统的垂直高度,仅对散热器与管材的工作压力给出相应规定。也就是说,高层建筑可突破 50m 分区限制,只要散热器、管材、管件的耐压足够即可。

计算采暖系统的工作压力、确定高层建筑合理分区、设定稳压设备的定压值、选择设备、管材、管件的允许压力时,需注意系统的垂直高度应计入建筑物地面的相对高程。选择设备、管材、管件的允许压力还应注意,不同高度处的工作压力不同,尽可能区别对待,在系统安全运行的前提下,选择合适的耐压值,以降低工程造价。

户内暗敷塑料管道应沿墙平、直敷设,遇有剪力墙,应预留套管穿墙安装,不宜绕行过多。管道应标注定位尺寸(可通过安装大样表示清楚),便于施工填充层时预留管槽。管道安装完毕,地面上应根据管道定位绘出指示,方便住户的保护及后期维修。

4.2.1.3 散热器选用原则

散热器总的要求可归结为 8 个字"安全可靠、轻、薄、美、新"。其中安全可靠包括热工性能的先进及使用安全可靠、不漏水、寿命长。具体来说有以下几个方面:

1. 安全原则

散热器热工性能先进,并长期稳定;耐压应能满足采暖系统工作压力的要求,保证在长期运行过程中安全可靠;散热器接口严密,漏水可能性小;外观无划伤或碰伤人体的尖锐棱角等。

2. 经久耐用原则

散热器一旦破损、爆裂,对住户影响很大,而且检修不方便,因此应将有效使用寿命作为衡量散热器优劣的一个主要指标。

3. 装饰协调原则

用户在进行室内装修时,因散热器影响美观,常常设置暖气罩而影响了散热效果。在散热器形式趋于多样化后,应优先选用造型紧凑、美观、便于清扫的形式。

4. 经济原则

应尽可能减少投资才能为广大用户接受。

5. 水质适应性原则

pH 值大于 8.5 的强碱性热媒水,不宜选用无可靠内防腐处理的铝制散热器;热媒水含氧量无法保证及失水量过大时,不宜选用无可靠内防腐处理的钢制柱形、板型、扁管型散热器，有可靠的内防腐处理的各型铝制、钢制散热器，可以用于符合锅炉水质要求的系统；铸铁散热器内腔黏砂不能清除干净时不宜选用。

4.2.1.4 散热器安装位置确定

（1）散热器布置应避免与家具、电器插座、配电箱重叠。

（2）散热器高度应与窗台高度相匹配。目前住宅中采用足片安装的铸铁散热器已不多见，各种轻型散热器均为挂式安装，一般距地 100~150mm（当散热器采用下侧接管，并需要安装阀门时，散热器底边距完成地面不得小于 200mm），散热器高度一般比中心距多出 50~70mm，因此选择散热器中心距至少要比窗台低 200mm。

需要注意的是，住宅南北向房间的窗台高度可能是不同的，北向房间通常采用 900mm 的高窗台，而南向房间基于采光需要通常采用较低窗台。

（3）散热器布置空间应满足散热器长度方向安装要求。散热器所需的安装空间包括散热器本身长度（片数乘以片长，如普通柱翼型单片长度 70mm，20 片即为 1400mm）和散热器接管空间（与散热器接管方式关系极大，侧向接管应预留不小于 500mm 的空间，下侧接管需预留出散热器的安装空间与泄水、放气的操作空间，与墙体的阴角距离不宜小于 200mm、与阳角距离不宜小于 100mm）。

（4）散热器接管方式考虑因素。散热器接管有同侧上进下出、异侧上进下出、下进下出平接管、下进下出下接管等。对于住宅建筑来说，当窗台高度满足，宜采用下接管方式，增加美观、减少支管长度。

4.2.1.5 恒温阀选择

1. 双管系统

高阻两通恒温阀，按不同预置设定功能分成若干型号，一般情况下应采用 DN15，采用较大口径不利于水力平衡。

2. 单管系统

三通恒温阀和低阻两通恒温阀，有 DN15、DN20、DN25 甚至更大口径，根据串接散热器的负荷适当选配。

4.2.1.6 考虑供热系统水力失调问题

目前在运行的供热系统会出现"大流量、低水温、小温差、高电耗"的状况。其原因是试图减少供热管网环路之间水力不平衡而造成的供水流量不到位等一系列问题。但这种运行状况并不能使严重的水力失调得到缓解，反而加大了水泵耗电量。为了提高末端用户的室温，一是采取加大循环流量，二是提高供水温度或供热量。总之，不是靠增加电耗，就是靠增加热耗来消除热力工况失调，掩盖水力失调的存在。这样，"冷"用户满意了，少数不热的用户也有所好转，但"热"用户就更热了。

造成供热管网中水力失调的主要原因是系统内的阻力分配不当，不能按设计要求参数运行，致使系统内流量分配不均，出现"近热远冷"的不平衡现象。这种情况不是单靠改变管径、流速和使用普通阀门调节所能解决的。手动调节阀是一种静态调节的水力平衡元件，在实现供热管网的平衡调节时，需要重复多次调节，才能接近平衡，且供热范围越大，重复调节的次数越多，当负荷增减变化时，需对设备进行重复调试，此外，为保证系统正常运行，要求设备每年都必须重新调试。由于这种静态的平衡元件没有自动消除供热系统中剩余压头的能力，因此一般只适合在规模较小，负荷及工况不变的前提下采用。故在设计过程中需要注意水力失调问题，应合理设置管径、流速和普通阀门数量。

4.2.2 绘制散热器采暖系统图

1. 绘制暖管

在平面视图下确定起终点，建立横管。

（1）选择：【水系统】→【绘制暖管】。

（2）操作步骤：在水系统菜单下单击【绘制暖管】功能，弹出界面如图4.6所示。

选择好要绘制的暖管的参数后，然后会提示在当前楼层平面点击两个点，随后就会在相应位置创建出对应的横管。

其中相对标高为当前楼层平面的相对标高，如当前楼层平面标高为4m，那么此时横管的起点标高就为 $4+0.5=4.5$m。水平偏移为选中两点的参照线的平面偏移尺寸。默认选中两点形成的向量的左边为正。可以设置坡度。系统会根据坡度自动计算终点标高。该功能可以连续使用绘制，自动加载弯头连接，点击 N 个点，会绘制 $N-1$ 个管道。

2. 多管绘制

主要用于多根管道同时绘制。

（1）选择：【水系统】→【多管绘制】。

（2）操作步骤：点击该命令，布置界面如图4.7所示。

图4.6 绘制暖管界面示意图

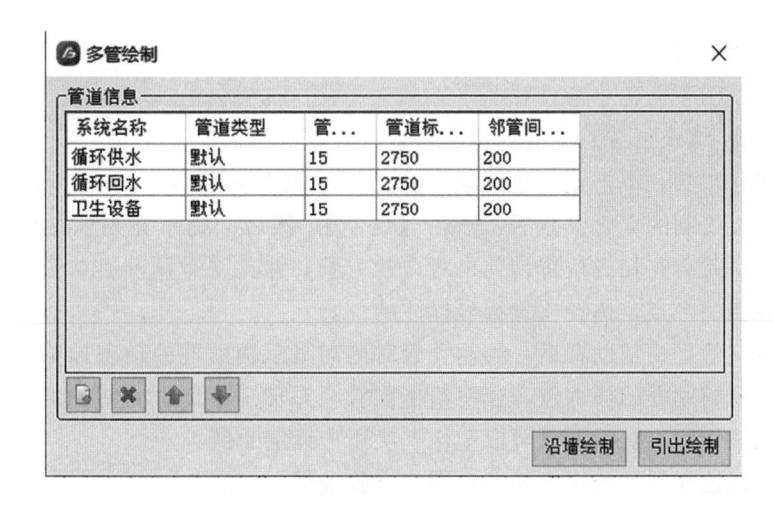

图4.7 多管绘制界面示意图

多管绘制提供自由绘制、沿墙绘制、引出绘制方式。

1)【自由绘制】。设置好管道信息，在模型中任意位置进行绘制。

2)【沿墙绘制】。设置好管道信息，点击【沿墙绘制】，设定距墙距离，拾取墙面进行绘制。

3)【引出绘制】。设置好管道信息，点击【引出绘制】，设定管道间距，框选需要引出的管线，选择位置进行引出绘制，如图 4.8 所示。

双击下图中位置，可以添加新的管道，并对管道信息进行设置。

选中管道，可对管道进行删除，如图 4.9 所示。

图 4.8 多管绘制中添加新管界面示意图

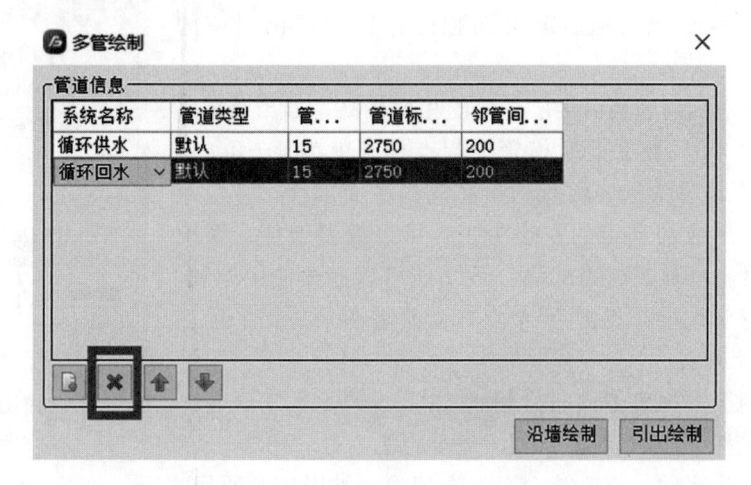

图 4.9 多管绘制中删除管道界面示意图

3．创建暖立管

在平面视图下创建立管。

(1) 选择:【水系统】→【创建暖立管】。

(2) 操作步骤：单击【创建暖立管】功能，弹出界面如图 4.10 所示。

选择好要绘制的立管参数后，点击【绘制】，然后会提示在当前楼层平面点击一个点，随后就会在相应位置创建出对应的立管，并且同时显示出立管编号的预览效果，再点击一个点，选择立管编号标注的位置。

当勾选立管定位辅助框后，绘制立管时同时显示辅助框的动态预览，点击空格键，可以改变辅助框的插入点，程序给不同管径添加了辅助框的初始值，同样支持用户自定义辅助框边长，并且可以记忆上次用户设定的值。

用户可以选择同系统递增或者自定义立管编号。

当用户勾选楼号或者区号时，显示效果分别如图 4.11 所示。

图 4.10 创建暖立管
界面示意图

图 4.11 不同立管编号
显示效果示意图

楼号和区号支持用户自定义。

其中,当勾选参照标高时,对应的是相对选中标高的偏移量。例如,当选择 2 层时,此时 2 层的高度为 4m,如果相对标高输入为 3,那么最终的端点标高就是 4+3=7m。以此类推。

4. 布置散热器

布置各种散热器,并提供选择族类型和关键参数的选项。

(1) 选择:【采暖系统】→【布置散热器】。

(2) 操作步骤:点击该命令,弹出界面如图 4.12 所示。

1) 布置散热器操作步骤。首先可以设置散热器的进、出口相对位置和散热器类型,单击标签【选择散热器】后的按钮,弹出界面如图 4.13 所示。

选好布置散热器类型,单击【确定】按钮,返回布置界面,并记录选择散热器类型。单击

图 4.12 散热器布置鸿业族
界面示意图

215

【取消】按钮，直接返回布置界面，不改变原来散热器类型。

2）自动布置。单击【选择空间】标签后的按钮，进入交互状态，选择需要布置散热器的房间，返回布置界面。单击【确定】按钮，进行自动分析，完成散热器布置。

3）自由布置。单击【自由布置】按钮，弹出界面如图 4.14 所示。

图 4.13　选择散热器界面示意图 　　图 4.14　布置方式界面示意图

选择好布置方式，单击【确定】按钮，根据 Revit 左下方状态栏提示信息，完成散热器布置操作。

自由布置支持对用户项目中载入的族进行布置，界面如图 4.15 所示。可运用鸿业提供布置方式，布置当前项目中的族。

5. 连接散热器

连接散热器和水管。

(1) 选择：【采暖系统】→【连接散热器】。

(2) 操作步骤：点击命令菜单，弹出界面如图 4.16 所示。

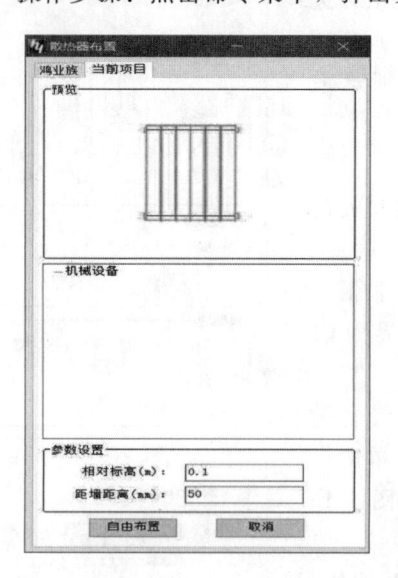

图 4.15　散热器布置当前项目界面示意图 　　图 4.16　散热器连接界面示意图

首先，选择散热器连接形式，再进行接管长度及附件选择（同水系统—风盘操作），单击【连接】按钮，根据 Revit 左下方状态栏提示信息进行交互选择，完成散热器连接操作。

6. 热负荷校核

对空间热负荷进行校核，校核完成后对不合适的热负荷空间进行亮显。

（1）功能：【采暖系统】→【热负荷校核】。

（2）操作步骤：点击【热负荷校核】功能按钮，弹出界面如图 4.17 所示。

选择空间选择方式，如果是手动选择空间，则需要用户进行框选。点击【确定】，在所选择的空间中，不合适的热负荷空间高亮显示，如图 4.18 所示。

7. 散热器水力计算

对空间里的散热器进行计算。

（1）选择：【采暖系统】→【散热器水力计算】。

（2）操作步骤：点击该命令，进行水力计算。

图 4.17 热负荷校核空间选择界面示意图

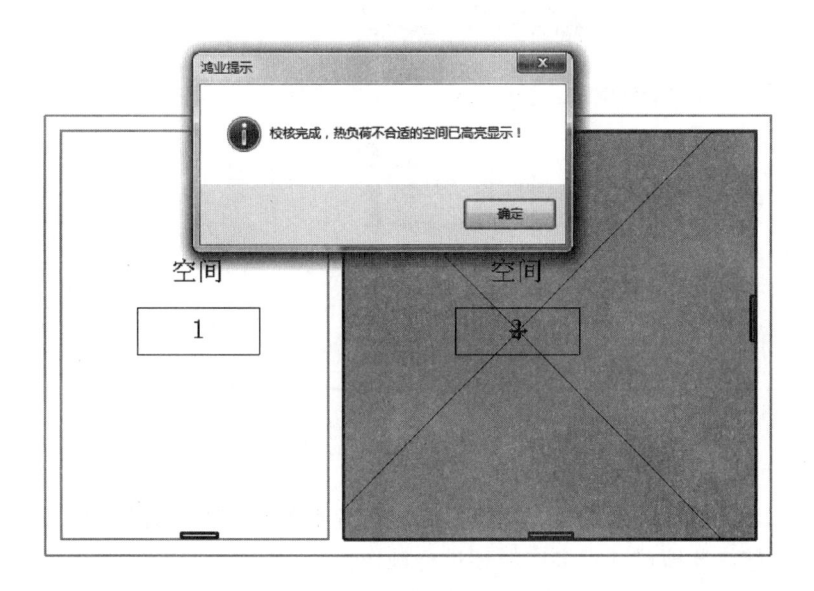

图 4.18 校核完成界面示意图

8. 计算结果赋回

对管道计算后的结果进行赋回。

（1）选择：【采暖系统】→【计算结果赋回】。

（2）操作步骤：点击该命令进行结果赋回操作。

9. 片数调整

自动调整空间内散热器片，从而达到合适的热负荷。

(1) 选择：【采暖系统】→【片数调整】。

(2) 操作步骤：点击片数调整功能按钮，弹出界面如图 4.19 所示。

选择空间选择方式，如果是手动选择空间，则需要用户进行框选。

点击【确定】，自动调整空间内选中的散热器片数，以达到合适的热负荷，如图 4.20 所示。

10. 片数赋值

该功能主要用于对散热器片数进行调整赋值、标注。

(1) 功能：【采暖系统】→【片数赋值】。

(2) 操作步骤：点击该命令，布置界面如图 4.21 所示。

图 4.19 散热器片数调整空间界面示意图

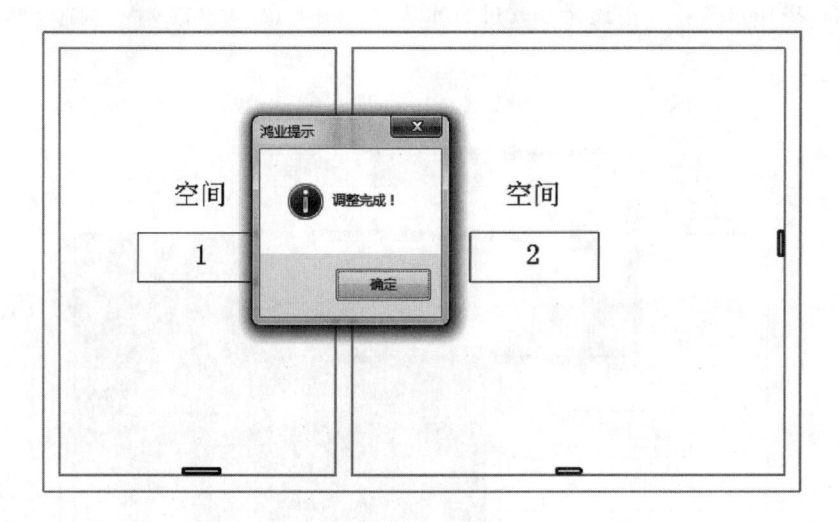

图 4.20 散热器自动调整完成示意图

通过选择或设定确定片数，选择是否进行片数的标注及标注位置，框选需要调整、标注的散热器即可。可多次循环进行操作。

11. 散热片数标注

对散热器进行标注，标注的内容为散热器的片数。

(1) 功能：【采暖系统】→【散热器片数标注】。

(2) 操作步骤：单击【散热器片数标注】按钮，弹出界面如图 4.22 所示。

勾选【读取片数】【片数标注】，选择标注位置，框选需要标注的散热器，即可快速完成对散热器的标注，可重复进行操作，完成标注。

图 4.21　片数赋值界面示意图　　图 4.22　片数标注界面示意图

实训内容：

(1) 启动 Revit 软件、鸿业 BIM 软件，熟悉软件界面。
(2) 练习绘制暖管。
(3) 练习多管绘制。
(4) 练习创建暖立管。
(5) 练习布置散热器。
(6) 练习连接散热器。
(7) 练习热负荷校核。
(8) 练习散热器水力计算。
(9) 练习计算结果赋回。
(10) 练习片数调整。
(11) 练习片数赋值。
(12) 练习散热片数标注。
(13) 总结操作规律，填写实训报告。

4.3　辐射采暖系统 BIM 设计实训

实训目的：

(1) 熟悉辐射采暖系统设计内容。
(2) 了解 BIM 软件地热盘管模块功能。
(3) 熟悉地热盘管采暖系统制图规范。
(4) 掌握地热盘管采暖系统绘制方法。

实训内容:

4.3.1 辐射采暖系统设计

辐射采暖是依靠温度较高的辐射采暖末端设备与围护结构内表面间的辐射换热和与室内空气的对流换热,向房间供热(冷)的方式。

辐射采暖系统是以辐射板作为末端设备的热水采暖系统,该系统由热源、采暖管道系统、分集水器、辐射板组成。

辐射板按辐射板位置可分为顶棚式、墙壁式、地板式、踢脚板式;按辐射板构造可分为埋管式、风道式、组合式;按与建筑物的结合关系可分为整体式、贴附式、悬挂式。

换热管是辐射板中流通热(冷)媒,向空间散发热量的管道。以水为热媒的辐射板,可采用热塑性塑料管、铝塑复合管、钢管、铜管等作为换热管。

低温热水地板辐射采暖系统属于埋管式系统,该系统是指不高于60℃的热水通过埋设在建筑物地板中管线循环流动以传导方式均匀地加热地面后,再由地面向室内以热辐射和对流的传热形式加热室内空气,以达到取暖目的的一种采暖方式,是民用建筑常用的采暖系统。

低温热水地板辐射采暖系统主要包括加热管、分水器、集水器及连接件和绝热材料。地板一般由楼板或与土壤相邻的地面、绝热层、加热管、填充层、地面层以及防水层(或防潮层)构成。

1. 低温热水地板辐射采暖系统特点

(1) 高效节能。低温热水地板辐射采暖系统主要靠辐射采暖,辐射热损失小,舒适度高。16℃的地暖室温相当于18~20℃的散热器采暖所能达到的舒适度,地暖负荷的计算室内温度可比散热器的计算温度降低2~4℃,可节约20%~30%的能源。

(2) 环保卫生。低温热水地板辐射采暖系统无须通风装置、无噪声、无排气口、无灰尘吸入、无污染、清洁卫生。

(3) 节约空间。低温热水地板辐射采暖系统不占使用面积。室内取消了暖气片及其连接管路,增加室内使用面积2%~3%,且便于装修和家具布置。

(4) 系统使用寿命长。塑料管埋入地面的混凝土内,如无人为破坏,使用寿命在50年以上。

(5) 人体保健。辐射散热可使室内地表温度均匀,室温由下而上逐渐递减,给人以脚暖头凉的舒适感,从而形成真正符合人体散热要求的热环境,改善人体血液循环,促进人体新陈代谢。

2. 设计系统参数及注意事项

设计是保证建筑工程品质良好的基础,设计合理与否直接影响建筑工程的使用效果。因此,地暖系统的设计应经过严密的计算与细致的研究,合理确定各种相关因素。具体应注意以下几个方面:

(1) 地板表面的平均温度。

1) 人员经常停留的地面,宜采用24~26℃,温度上限值28℃。

2）人员短期停留的地面，宜采用28～30℃，温度上限值32℃。

3）无人员停留的地面，宜采用35～40℃，温度上限值42℃。

（2）从安全和使用寿命考虑，民用建筑的供水温度不应超过60℃，宜采用35～50℃，供回水温差宜小于或等于10℃，工作压力不宜大于0.8MPa。当建筑物高度高于50m时，宜竖向分区设置。

（3）无论采用何种热源，低温热水地板辐射采暖系统热媒的温度、流量和资用压差等参数，都应同热源系统相匹配；热源系统应设置相应的控制装置。

（4）地暖采暖热负荷的确定，应按有关规范规定进行计算，对计算出的热负荷乘以修正系数（0.9～0.95）或将室内计算温度取值降低2℃作为采暖系统热负荷。

（5）对于在住宅中的应用，计算有效散热量时，必须重视室内家具及地面覆盖物对有效散热面积的影响。

（6）地面构造中，与土壤相邻的地面必须设绝热层，且绝热层下部必须设置防潮层。直接与室外空气相邻的楼板，必须设绝热层。

（7）应用于垂直相邻房间时，除顶层外，各层均应按房间采暖热负荷扣除来自上层的热量，确定房间所需散热量。

（8）合理划分环路区域，尽量做到分室控制，避免与其他管线交叉。不同地面标高应分别设置分集水器。设计中应特别注意同一分集水器上的管长应尽量保持一致，避免造成阻力失衡和管材浪费。

（9）为保证地面不开裂，管间距不得小于100mm，局部管间距过小处需在管上皮10mm处加钢丝网以保障地面温度均匀性，管间距不宜大于350mm。

（10）为满足一户中各朝向房间室温的均衡，耗热量计算中应考虑方向附加及附减，外墙多的房间热损失多，加热管敷设需紧密。南向中间房间热损失少，加热管敷设需疏松。

（11）在设计参数选择时，交联聚乙烯（PEX）管内流速不得小于0.25m/s，否则会产生堵塞现象。

（12）新建住宅低温热水地板辐射采暖系统应设置分户热计量和温度控制装置。

（13）加热管的敷设间距应按计算确定，一般不宜大于300mm，最大不应超过400mm。为了确保地面温度均匀，应采用不等距布置，在距外围结构（外墙、外门和外窗）1000～1500mm范围内，应采用较小管间距如100～200mm。

（14）地面辐射采暖工程施工图设计文件的内容和深度等详细设计内容和施工注意事项可参考《辐射供暖供冷技术规程》（JGJ 142—2012）。

4.3.2 绘制辐射采暖系统图

1. 分集水器布置

可进行分集水器的布置。

（1）选择：【采暖系统】→【分集水器】。

（2）操作步骤：点击该命令，弹出界面如图4.23所示。

2. 地热盘管散热量计算

可进行地热盘管的散热量计算。

(1) 选择：【采暖系统】→【地盘散热量计算】。

(2) 操作步骤：点击该命令，弹出界面如图4.24所示。

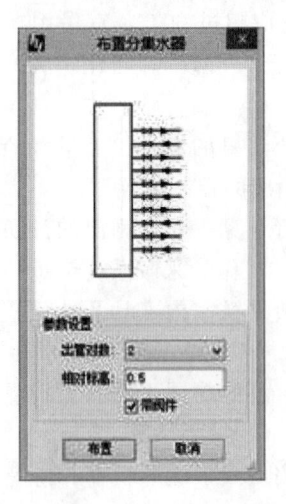

图4.23 布置分集水器界面示意图 　　图4.24 地热盘管散热量-间距计算界面示意图

3. 矩形盘管

可进行矩形盘管的布置。

(1) 选择：【采暖系统】→【矩形盘管】。

(2) 操作步骤：点击该命令，弹出界面如图4.25所示。

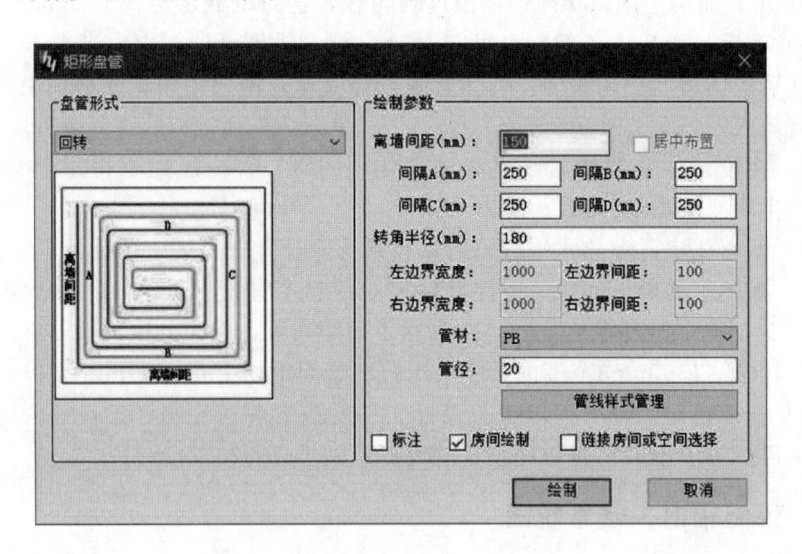

图4.25 矩形盘管界面示意图

可以对盘管形式进行选择，不同的盘管形式对应右侧不同绘制参数，可以自由绘制，也可对房间进行绘制。

4. 异形盘管

可进行异形盘管的绘制。

(1) 选择：【采暖系统】→【异形盘管】。

(2) 操作步骤：点击该命令，弹出界面如图 4.26 所示。

设置好盘管参数，可自由进行绘制，也可按房间进行绘制。

5. 定义盘管

可对盘管进行定义操作。

(1) 选择：【采暖系统】→【定义盘管】。

(2) 操作步骤：点击该命令，框选要定义的盘管将盘管定义成组。

6. 绘制连接管路由

可绘制地热盘管连接管路由。

(1) 选择：【采暖系统】→【绘制连接管路由】。

(2) 操作步骤：点击该命令，绘制路由。

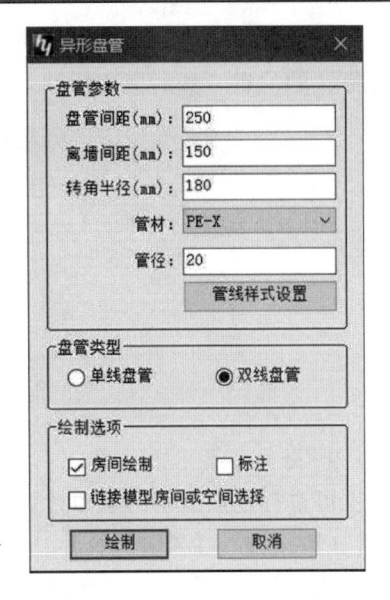

图 4.26 异形盘管界面示意图

7. 连接盘管

可进行盘管与分集水器的连接。

(1) 选择：【采暖系统】→【连接盘管】。

(2) 操作步骤：点击该命令，弹出界面如图 4.27 所示。

系统设置提供直接连接和路由连接两种方式，选择直接连接方式后，按左下角操作提示选择分集水器、地热盘管即可进行连接。选择路由连接方式，需按提示选择分集水器、地热盘管，并选择与盘管端最接近的路由点，如图 4.28 所示，即可完成连接。

连接完成后效果如图 4.29 所示。

图 4.27 连接地热盘管界面示意图

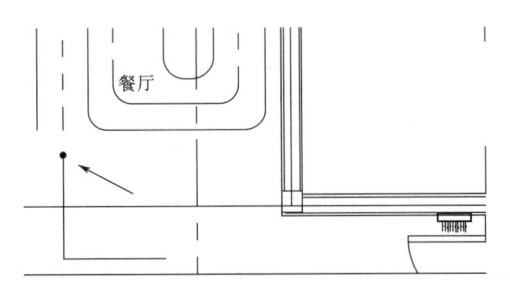

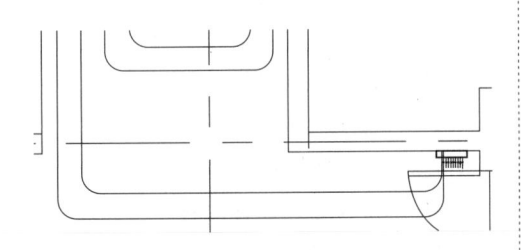

图 4.28 盘管连接点示意图   图 4.29 盘管连接效果示意图

8. 地热盘管标注

对地热盘管进行标注，标注的内容为散热器的片数。

(1) 选择：【采暖系统】→【散热器片数标注】。

(2) 操作步骤：单击【地热盘管标注】按钮，选择要标注的地热盘管，再选择要标注的位置，然后完成标注，如图 4.30 所示。

图 4.30　地热盘管标注界面及标注效果示意图

9. 分户计量水力计算

可进行地热盘管的水力计算。

(1) 选择：【采暖系统】→【分户计量水力计算】。

(2) 操作步骤：点击该命令，弹出界面如图 4.31 所示。

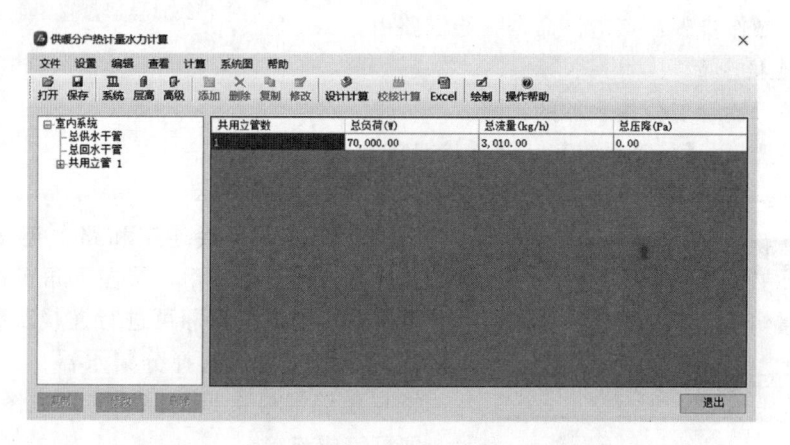

图 4.31　采暖分户热计量水力计算界面示意图

实训内容：

(1) 启动 Revit 软件、鸿业 BIM 软件。

(2) 练习分集水器布置设置。

(3) 练习地热盘管散热量计算。

(4) 练习矩形盘管设置。

(5) 练习异形盘管设置。

(6) 练习定义盘管设置。

(7) 练习绘制连接管路由。

(8) 练习连接盘管。

(9) 练习地热盘管标注。

(10) 练习分户计量水力计算。

(11) 总结操作规律，填写实训报告。

第5章 空气调节系统设计

5.1 空气调节系统设计实训

实训目的：
(1) 熟悉空气调节系统的任务及组成。
(2) 掌握空气调节系统的选择。

实训内容：

5.1.1 空气调节系统的任务

空气调节系统的任务是在建筑物中创造一个适宜的空气环境，将空气的温度、相对湿度、气流速度、洁净程度和气体压力等参数调节到人们需要的范围内，以保证人们的舒适和健康，提高工作效率，确保满足各种生产工艺及人们对舒适生活环境的要求。

(1) 要求：温度、湿度、洁净度、气流速度、压力、成分、气味、噪声等。

(2) 技术手段：加热、冷却、加湿、减湿、过滤、通风换气等。

5.1.2 空气调节系统的组成

(1) 广义：空气调节系统广义上由冷热源、空气处理设备、输配系统（管道和末端）、被控对象（建筑空间）组成。

(2) 狭义：空气调节系统狭义上由空气处理设备、输配系统（管道和末端）组成。

(3) 组成部件。空气调节系统一般应包括冷（热）源设备、冷（热）媒输送设备、空气处理设备、空气分配装置、冷（热）媒输送管道、空气输配管道、自动控制装置等。

5.1.3 空调系统的选择

在设计选用不同的空调系统时，应对各种空调系统进行认真的分析比较（如能耗、初投资、设备性能、运行费用、噪声等）。在工程中，应根据建筑物的用途和性质、热湿负荷特点、温湿度调节与控制的要求、空调机房的面积和位置、初投资

225

和运行费用等许多方面的因素选定适合的空调系统。

(1)《暖通空调规范》第7.3.1条规定，选择空调系统时，应符合下列原则：

1) 根据建筑物的用途、规模、使用特点、负荷变化情况、参数要求、所在地区气象条件和能源状况，以及设备价格、能源预期价格等，经技术经济比较确定。

2) 功能复杂、规模较大的公共建筑，宜进行方案对比并优化确定。

3) 干热气候区应考虑其气候特征的影响。

在满足使用要求的前提下，尽量做到一次投资省、系统运行经济和减少能耗。

(2)《暖通空调规范》第7.3.4条规定，宜采用全空气定风量空调系统的区域如下：

1) 空间较大、人员较多的区域。

2) 温湿度允许波动范围小的区域。

3) 噪声或洁净度标准高的区域。

(3)《暖通空调规范》第7.3.5条规定，全空气空调系统设计应符合下列规定：

1) 宜采用单风管系统。

2) 允许采用较大送风温差时，应采用一次回风式系统。

3) 送风温差较小、相对湿度要求不严格时，可采用二次回风式系统。

4) 除温湿度波动范围要求严格的空调区外，同一个空气处理系统中，不应有同时加热和冷却过程。

(4)《暖通空调规范》第7.3.6条规定，符合下列情况之一时，全空气空调系统可设回风机。设置回风机时，新回风混合室的空气压力应为负压。

1) 不同季节的新风量变化较大，其他排风措施不能适应风量的变化要求。

2) 回风系统阻力较大，设置回风机经济合理。

(5)《暖通空调规范》第7.3.7条规定，空调区对温湿度波动范围或噪声标准要求严格时，不宜采用全空气变风量空调系统。技术经济条件允许时，下列情况可采用全空气变风量空调系统：

1) 服务于单个空调区，且部分负荷运行时间较长时，可采用区域变风量空调系统。

2) 服务于多个空调区，且各区负荷变化相差大、部分负荷运行时间较长并要求温度独立控制时，可采用带末端装置的变风量空调系统。

(6)《暖通空调规范》第7.3.8条规定，全空气变风量空调系统设计应符合下列规定：

1) 应根据建筑模数、负荷变化情况等对空调区进行划分。

2) 系统形式应根据所服务空调区的划分、使用时间、负荷变化情况等，经技术经济比较确定。

3) 变风量末端装置宜选用压力无关型。

4) 空调区和系统的最大送风量应根据空调区和系统的夏季冷负荷确定；空调

区的最小送风量应根据负荷变化情况、气流组织等确定。

5）应采取保证最小新风量要求的措施。

6）风机应采用变速调节。

7）送风口应符合本规范第7.4.2条的规定要求。

（7）《暖通空调规范》第7.3.9条规定，空调区较多、建筑层高较低且各区温度要求独立控制时，宜采用风机盘管加新风空调系统；空调区的空气质量、温湿度波动范围要求严格或空气中含有较多油烟时，不宜采用风机盘管加新风空调系统。

（8）《暖通空调规范》第7.3.10条规定，风机盘管加新风空调系统设计应符合下列规定：

1）新风宜直接送入人员活动区。

2）空气质量标准要求较高时，新风宜负担空调区的全部散湿量。低温新风系统设计应符合本规范第7.3.13条的规定要求。

3）宜选用出口余压低的风机盘管机组。

（9）《暖通空调规范》第7.3.11条规定，空调区内振动较大、油污蒸汽较多以及产生电磁波或高频波等场所，不宜采用多联机空调系统。多联机空调系统设计应符合下列要求：

1）空调区负荷特性相差较大时，宜分别设置多联机空调系统；需要同时供冷和供热时，宜设置热回收型多联机空调系统。

2）室内外机之间以及室内机之间的最大管长和最大高差应符合产品技术要求。

3）系统冷媒管等效长度对应制冷工况下满负荷的性能系数应不低于2.8；当产品技术资料无法满足核算要求时，系统冷媒管等效长度不宜超过70m。

4）室外机变频设备应与其他变频设备保持合理距离。

实训步骤：

1. 前期准备工作

（1）查阅土建图。

1）房间功能。确定是否进行采暖、空调及通风设计以及室内设计参数。

2）热工性能参数。确定围护结构热工性能参数。

3）门窗尺寸。

（2）与甲方进行沟通。与甲方沟通确定冷（热）源形式及机组品牌等内容。

（3）准备相关资料手册。

1）设计规范标准。

2）设计手册及其他资料。

3）施工规范。

4）图集。

5）制图标准。

6）产品样本。

2. 负荷计算

《暖通空调规范》第7.2.1条规定，除在方案设计或初步设计阶段可使用热、冷负荷指标进行必要的估算外，施工图设计阶段应对空调区的冬季热负荷和夏季逐时冷负荷进行计算。

(1) 冷负荷（包含新风负荷和不包含新风负荷）计算。冷负荷主要包括如下：

1) 围护结构传热引起的冷负荷。
2) 外窗太阳辐射引起的冷负荷。
3) 人体、照明、设备（含食物等内热源）散热（显热）引起的冷负荷。
4) 散湿（潜热）引起的冷负荷。
5) 温差大于3℃的内围护结构传热引起的冷负荷。
6) 新风引起的冷负荷。

《暖通空调规范》第7.2.6条规定，空调区的夏季冷负荷计算应符合下列规定：

1) 舒适性空调可不计算地面传热形成的冷负荷；工艺性空调有外墙时，宜计算距外墙2m范围内的地面传热形成的冷负荷。
2) 计算人体、照明和设备等散热形成的冷负荷时，应考虑人员群集系数、同时使用系数、设备功率系数和通风保温系数等。
3) 屋顶处于空调区之外时，只计算屋顶进入空调区的辐射部分形成的冷负荷；高大空间采用分层空调时，空调区的逐时冷负荷可按全室性空调计算的逐时冷负荷乘以小于1的系数确定。

《暖通空调规范》第7.2.7条规定，空调区的夏季冷负荷宜采用计算软件进行计算；采用简化计算方法时，按非稳态方法计算各项逐时冷负荷。

《暖通空调规范》第7.2.10条规定，空调区的夏季冷负荷应按空调区各项逐时冷负荷的综合最大值确定。

《暖通空调规范》第7.2.11条规定，空调系统的夏季冷负荷应按下列规定确定：

1) 末端设备设有温度自动控制装置时，空调系统的夏季冷负荷按所服务各空调区逐时冷负荷的综合最大值确定。
2) 末端设备无温度自动控制装置时，空调系统的夏季冷负荷按所服务各空调区冷负荷的累计值确定。
3) 空调系统的夏季冷负荷应计入新风冷负荷、再热负荷以及各项有关的附加冷负荷。
4) 空调系统的夏季冷负荷应考虑所服务各空调区的同时使用系数。

《暖通空调规范》第7.2.12条规定，空调系统的夏季附加冷负荷应按下列各项确定：

1) 空调系统的夏季附加冷负荷应考虑空气通过风机、风管温升引起的附加冷负荷。
2) 空调系统的夏季附加冷负荷应考虑冷水通过水泵、管道、水箱温升引起的附加冷负荷。

(2) 热负荷计算。《暖通空调规范》第7.2.13条规定，空调区的冬季热负荷宜按规范第5.2节的规定计算；计算时，室外计算温度应采用冬季空调室外计算温度，并扣除室内设备等形成的稳定散热量。

《暖通空调规范》第7.2.14条规定，空调系统的冬季热负荷应按所服务各空调区热负荷的累计值确定，除空调风管局部布置在室外环境的情况外，可不计入各项附加热负荷。

(3) 湿负荷计算。《暖通空调规范》第7.2.9条规定，空调区的夏季计算散湿量应考虑散湿源的种类、人员群集系数、同时使用系数以及通风系数等，并根据下列各项确定：

1) 人体散湿量。
2) 渗透空气带入的湿量。
3) 化学反应过程的散湿量。
4) 非围护结构各种潮湿表面、液面或液流的散湿量。
5) 食品或气体物料的散湿量。
6) 设备散湿量。
7) 围护结构散湿量。

(4) 新风量计算。新风量的确定原则如下：

1) 满足室内卫生要求所需要的新风量。我国规范中每人新风量标准均以室内二氧化碳浓度含量作为标准，对于人员长期停留的地方，室内二氧化碳浓度不超过1000ppm为宜。

2) 补偿局部排风和正压排风量。室内正压风量一般采用换气次数法，有窗1~2次/h，无窗0.5~0.75次/h，局部排风量由工艺要求确定。

3) 新风量为系统总风量的10%。人员密度低、要求高的场合，新风量取值大；人员密度高、人员短期停留的场合，新风量取值小。

4) 风机盘管空调系统新风量的确定。对客房、会议室空调系统新风量的确定应以人体卫生要求所需的新风量与卫生间排风及正压排风量中的大值作为房间新风量；对全空气系统新风量的确定应该先求出每个房间的最小新风比，然后以各个房间的最小新风比中的最大值作为系统的最小新风比。

《暖通空调规范》第7.3.19条规定，空调区、空调系统的新风量计算应符合下列规定：

1) 人员所需新风量，应根据人员的活动和工作性质，以及在室内的停留时间等确定，并符合本规范第3.0.6条的规定要求。

2) 空调区的新风量应按不小于人员所需新风量、补偿排风和保持空调区空气压力所需新风量以及新风除湿所需新风量中的最大值确定。

3) 对于全空气空调系统的新风量的确定，当系统服务于多个不同新风比的空调区时，系统新风比应小于空调区新风比中的最大值。

4) 新风系统的新风量宜按所服务空调区或系统的新风量累计值确定。

3. 确定方案，绘制草图

根据用户需求、建筑特点等内容进行对比分析，确定空调系统形式。

(1) 全空气定风量空调系统。

(2) 有变风量末端装置的全空气系统。

(3) 变风量空调系统。

(4) 风机盘管和新风系统。

(5) 低温送风空调系统。

(6) 水环式水源热泵空调系统。

(7) 变制冷剂流量多联分体式空调系统（多联机）。

(8) 直流式（全新风）空调系统。

(9) 单元式空调机组。

4. 设备选型

(1) 空气处理设备。在焓湿图上分析空气处理过程，由冷负荷、湿负荷、新风量、送风状态、室内外空气参数等在焓湿图上画出该空气处理过程的过程线，从而计算得出送风量和回风量。

1) 组合式空调机组或吊顶式变风量空调器根据冷负荷（含新风冷负荷）和送风量来选取。

2) 新风机组一般根据新风冷负荷和新风量来选取。

3) 风机盘管一般根据房间冷负荷和回风量来选取。

(2) 冷（热）源。《暖通空调规范》第 8.1.1 条规定，采暖空调冷源与热源应根据建筑物规模、用途、建设地点的能源条件、结构、价格以及国家节能减排和环保政策的相关规定等，通过综合论证确定冷（热）源方案和冷水（热泵）机组类型及台数等。

《暖通空调规范》第 8.1.5 条规定，集中空调系统的冷水（热泵）机组台数及单机制冷量（制热量）选择，应能适应空调负荷全年变化规律，满足季节及部分负荷要求。机组不宜少于两台；当小型工程仅设一台机组时，应选调节性能优良的机型，并能满足建筑最低负荷的要求。

《暖通空调规范》第 8.1.6 条规定，选择电动压缩式制冷机组时，其制冷剂应符合国家现行有关环保的规定。

《暖通空调规范》第 8.1.7 条规定，选择冷水机组时，应考虑机组水侧污垢等因素对机组性能的影响，采用合理的污垢系数对供冷（热）量进行修正。

根据系统冷负荷来确定装机容量，台数宜为 2~4 台，一般不必考虑备用。确定系统冷负荷时，应考虑不同朝向和不同用途房间空调峰值负荷同时出现的概率，以及各建筑空调工况的差异，对空调负荷乘以小于 1 的修正系数。该系数一般可取 0.7~0.9，建筑规模大时宜取下限，规模小时宜取上限。

5. 气流组织计算

《暖通空调规范》第 7.4.1 条规定，空调区的气流组织设计应根据空调区的温湿度参数、允许风速、噪声标准、空气质量、温度梯度以及空气分布特性指标

（ADPI）等要求，结合内部装修、工艺或家具布置情况等确定；复杂空间空调区的气流组织设计宜采用计算流体动力学（CFD）数值模拟进行计算。

（1）气流组织形式。《暖通空调规范》第7.4.2条规定，空调区的送风方式及送风口选型应符合下列规定：

1）宜采用百叶、条缝型等风口贴附侧送；当侧送气流有阻碍或单位面积送风量较大且人员活动区的风速要求严格时，不应采用侧送。

2）设有吊顶时，应根据空调区的高度及对气流的要求，采用散流器或孔板送风。当单位面积送风量较大且人员活动区内的风速或区域温差要求较小时，应采用孔板送风。

3）高大空间宜采用喷口送风、旋流风口送风或下部送风。

4）变风量末端装置应保证在风量改变时，气流组织满足空调区环境的基本要求。

5）送风口表面温度应高于室内露点温度；低于室内露点温度时，应采用低温风口。

（2）送风口布置。《暖通空调规范》第7.4.3条规定，采用贴附侧送风时应符合下列规定：

1）送风口上缘与顶棚的距离较大时，送风口应设置向上倾斜10°～20°的导流片。

2）送风口内宜设置防止射流偏斜的导流片。

3）射流流程中应无阻挡物。

《暖通空调规范》第7.4.5条规定，采用喷口送风时应符合下列规定：

1）人员活动区宜位于回流区。

2）喷口安装高度应根据空调区的高度和回流区分布等确定。

3）兼作热风采暖时，喷口应具有改变射流出口角度的功能。

《暖通空调规范》第7.4.6条规定，采用散流器送风时应满足下列要求：

1）风口布置应有利于送风气流对周围空气的诱导，风口中心与侧墙的距离不宜小于1.0m。

2）采用平送方式时，贴附射流区应无阻挡物。

3）兼作热风采暖且安装高度较高时，风口应具有改变射流出口角度的功能。

《暖通空调规范》第7.4.11条规定，送风口的出口风速应根据送风方式、送风口类型、安装高度、空调区允许风速和噪声标准等确定。

（3）回风口布置。《暖通空调规范》第7.4.12条规定，回风口的布置应符合下列规定：

1）回风口不应设在送风射流区内和人员长期停留的地点；采用侧送时，宜设在送风口的同侧下方。

2）兼做热风采暖且房间净高较高时，宜设在房间的下部。

3）条件允许时，宜采用集中回风或走廊回风，但走廊的断面风速不宜过大。

4）采用置换通风、地板送风时，应设在人员活动区的上方。

《暖通空调规范》第 7.4.13 条规定，回风口的吸风速度宜按表 5.1 选用。

表 5.1　　　　　　　　　　回风口的吸风速度

回风口的位置		最大吸风速度/(m/s)
房间上部		≤4.0
房间下部	不靠近人经常停留的地点时	≤3.0
	靠近人经常停留的地点时	≤1.5

6. 水力计算

（1）风管水力计算目的。

1）确定风管各管段的断面尺寸和阻力。

2）对各并联风管支路进行阻力设计平衡。

3）计算出所选风机需要的风压。

（2）风管水力计算方法。风管水力计算方法有压损平均法、静压复得法、假定流速法。工程上应用最多的是假定流速法，也称为流速控制法，特点是先按技术经济要求选定管段的流速，再根据管段的风量确定其断面尺寸和阻力。

1）在系统轴测图上以风量不变为准则划分管段，标注各管段风量和长度。管段长度一般按两管件间中心线长度计算，不扣除管件（如三通）本身的长度。

2）选定最不利环路。一般选长度最长或管件最多的组合管路，先对其组成管段从离风机最远的一端开始，由远而近顺序编号，再对与最不利环路并联的各分支管路或管段由远而近进行编号。编号数字标注在各管段的起始节点处。

3）选定流速，确定断面尺寸。

a. 根据室内噪声控制要求和管段性质（主管还是支管），查表 5.2 选择空气流速。当风量较大时，可取表中上限。

表 5.2　　　　　　　　风管内的空气流速（低速风管）　　　　　　　单位：m/s

风管分类	住宅	公共建筑
干管	3.5～4.5/6.0	5.0～6.5/8.0
支管	3.0/5.0	3.0～4.5/6.5
从支管上接出的风管	2.5/4.0	3.0～3.5/6.0
通风机入口	3.5/4.5	4.0/5.0
通风机出口	5.0～8.0/8.5	6.5～10.0/11.0

注　1. 表中所列值的下限为推荐流速，上限为最大流速。
　　2. 对消声有要求的系统，风管内的流速宜符合《暖通空调规范》第 10.1.5 条的规定。

b. 根据管段风量和选定的流速计算风管断面面积并按规定的规格确定断面尺寸长度与宽度的乘积 ab 或管径 d。

c. 用规格化的断面尺寸和管段风量，计算出风管内的实际流速 v 和流速当量直径 D_v。

4) 单位长度管道的摩擦阻力 R_m。

a. 根据实际流速和流速当量直径查图求单位长度管道的摩擦阻力 R_m，计算管段的摩擦阻力 $\Delta P_m = 1 R_m$。

b. 由查得各管件局部阻力系数 ζ，计算各管件局部阻力 $Z = \zeta \dfrac{\rho v^2}{2}$。管段总阻力 $\Delta P = \Delta P_m + \sum Z$。

阻力计算应从选定的最不利环路最远端管段开始逐个管段进行计算，然后再计算各并联管路或管段的阻力。

5) 检验各并联管路的阻力平衡情况。一般希望并联管路之间的阻力不平衡偏差值不大于15%。如果大于15%，则可采用调整其中一个管路断面尺寸，改变其断面面积的方法使阻力平衡。

6) 计算最不利环路的阻力。该环路的阻力即为系统总阻力，据此考虑一定的安全因数以作为选择风机所需要的风压。

（3）冷（热）水管网。

1) 主干线管道宜按经济比摩阻确定管径。

2) 支干线、支线管道应按允许压力降确定管径。但介质流速不应大于3.5m/s；支干线比摩阻不应大于300Pa/m，支线比摩阻不应大于400Pa/m。

3) 最不利环路用户的资用压头应考虑用户系统安装过滤装置、计量装置、调节装置的压力损失，且不应低于50kPa。

4) 管网压力降应逐项计算沿程阻力、局部阻力和静水压差。估算时，根据管径、管网补偿器类型可查取局部阻力与沿程阻力的比值。

5) 水泵应根据水流量和扬程来选取，并提供功率、转速等性能参数。

（4）风管。

1) 主风管风速为5~8m/s；支风管风速为3~5m/s。

2) 压力损失为 $\Delta P = P_m \times L \times (1+k)$，局部管件较少时，$k$ 取1.2；局部管件较多时，k 取3~5。

3) 风机应根据风量和风压来选取，并提供功率、转速等性能参数。

7. 辅助设计

《暖通空调规范》第8.1.8条规定，空调冷（热）水和冷却水系统中的冷水机组、水泵、末端装置等设备和管路及部件的工作压力不应大于其额定工作压力。

《暖通空调规范》第10.1.1条规定，采暖、通风与空调系统的消声与隔振设计计算应根据工艺和使用的要求、噪声和振动的大小、频率特性、传播方式及噪声振动允许标准等确定。

《暖通空调规范》第11.1.3条规定，设备与管道绝热材料的选择应符合下列规定：

（1）绝热材料及其制品的主要性能应符合现行国家标准《设备及管道绝热设计导则》（GB/T 8175—2008）的有关规定。

（2）设备与管道的绝热材料燃烧性能应满足现行有关防火规范的要求。

(3) 保温材料的允许使用温度应高于正常操作时的介质最高温度。

(4) 保冷材料的最低安全使用温度应低于正常操作时介质的最低温度。

(5) 保温材料应选择热导率小、密度小、造价低、易于施工的材料和制品。

(6) 保冷材料应选择热导率小、吸湿率低、吸水率小、密度小、耐低温性能好、易于施工、造价低、综合经济效益高的材料；优先选用闭孔型材料和对异形部位保冷简便的材料。

(7) 经综合经济比较合适时，可以选用复合绝热材料。

《暖通空调规范》第 11.1.4 条规定，设备和管道的保温层厚度应按现行国家标准《设备及管道绝热设计导则》(GB/T 8175—2008) 中经济厚度方法计算确定，也可按《暖通空调规范》附录 K 选用。必要时也可按允许表面热损失法或允许介质温降法计算确定。

《暖通空调规范》第 11.1.7 条规定，设备与管道的绝热设计应符合下列要求：

(1) 管道和支架之间、管道穿墙、穿楼板处应采取防止"热桥"或"冷桥"的措施。

(2) 保冷层的外表面不得产生凝结水。

(3) 采用非闭孔材料保温时，外表面应设保护层；采用非闭孔材料保温时，外表面应设隔汽层和保护层。

《暖通空调规范》第 11.2.1 条规定，设备、管道及其配套的部分配件的材料应根据接触介质的性质、浓度和使用环境等条件，结合材料的耐腐蚀特性、使用部位的重要性及经济性等因素确定。

8. 绘制施工图

实训题目：

1. 某基地产品装配大楼暖通空调工程设计

某基地产品装配大楼（项目所在地可选长沙、株洲、湘潭、武汉、南昌任意一个）。其中，装配大楼建筑面积为 24049.90m^2，建筑占地面积 2977.27m^2，建筑层数为 8 层，建筑高度 30.60m；装配大楼全年运行 8640h，设备发热量平均 20w/m^2，轻度劳动强度，照明负荷同常规轻工电子类车间，洁净度无特殊要求，全年舒适性空调设计。试对该基地产品装配大楼暖通空调工程进行设计。

2. 某地质博物馆配套用房暖通空调工程设计

某地质博物馆配套用房总用地面积 37699m^2，配套用房建筑面积 11650m^2，人防地下室建筑面积 3693m^2，占地面积 3738m^2。建筑层数为配套用房 A 栋 3 层，配套用房 B 栋 2 层，建筑高度 15.05m。试对该地质博物馆配套用房暖通空调工程进行设计。

3. 某景区酒店暖通空调工程设计

某风景区酒店建筑面积 4184.2m^2，建筑基底面积 3670.6m^2，建筑层数 2 层，建筑高度 11.171m，建筑耐火等级二级，钢框架结构。本项目主要分餐饮、客房及设备房三部分组成，呈"品"字形布置，西北侧为客房区，东侧为餐饮区，西南侧为设备房。客房区与餐饮区通过连廊及门厅连接，设备房独立设置。试对该景区酒店暖通空调工程进行设计。

4. 某中医院综合楼暖通空调工程设计

某医院综合楼工程总建筑面积43998m²,其中地上建筑面积39275m²,地下建筑面积4723m²,地上20层,地下2层,建筑高度81.30m。试对该中医院综合楼暖通空调工程进行设计。

5.2 空调风管道系统 BIM 设计实训

实训目的：
(1) 熟悉空调风系统设计内容。
(2) 熟悉空调风系统 BIM 软件绘制方法。
(3) 掌握空调风系统 BIM 软件设计要点。

实训内容：

5.2.1 空调风系统设计

空调风管道系统是全空气空调系统和风机盘管加新风空调系统的主要组成部分。把空调设备和送回风口连成一个整体,承担着空气的输送与分配任务,使经过处理的空气能够源源不断地合理分配到各个空调房间或区域,满足有关参数的控制要求。

空调风管道系统设计的任务是在保证使用效果的前提下,使工程初投资和运行费用最省,风管道占用建筑空间最小。风系统 BIM 设计示意图如图 5.1 所示。

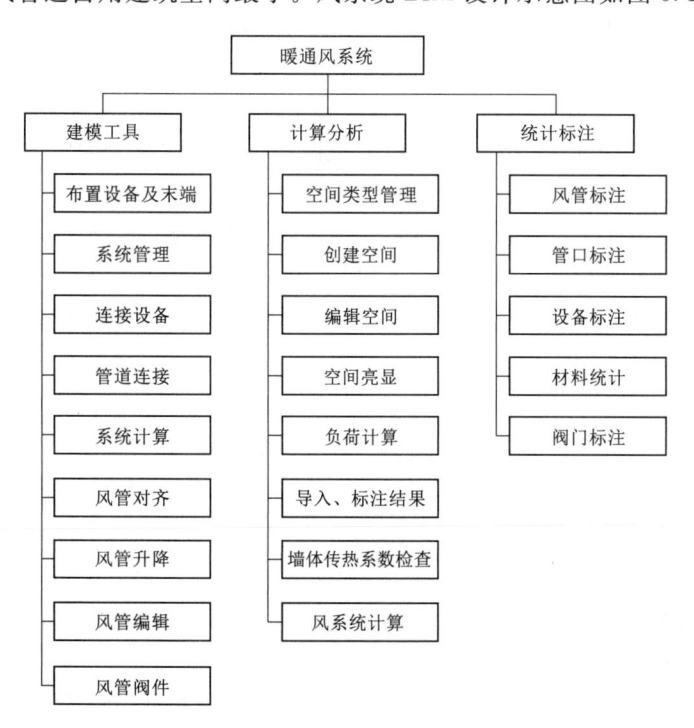

图 5.1 风系统 BIM 设计示意图

《暖通空调规范》第7.3.2条规定符合下列情况之一的空调区，宜分别设置空调风系统；需要合用时，应对标准要求高的空调区做处理。

(1) 使用时间不同。
(2) 温湿度基数和允许波动范围不同。
(3) 空气洁净度标准要求不同。
(4) 噪声标准要求不同，以及有消声要求和产生噪声的空调区。
(5) 需要同时供热和供冷的空调区。

《暖通空调规范》第7.3.3条规定空气中含有易燃易爆或有毒有害物质的空调区，应独立设置空调风系统。

5.2.1.1 空调风管道的种类

(1) 按制作材料不同分为金属风管、非金属风管道、复合材料风管。
(2) 按断面几何形状不同分为矩形、圆形、椭圆形风管道。
(3) 按连接对象不同分为主（总）风管（道）、支风管（道）。
(4) 按能否任意弯曲和伸展分为柔性风管（软管）和刚性风管。
(5) 按空气流速高低分为低速风管（道）和高速风管（道）。

空调工程中大量使用的是矩形镀锌钢板风管，各种复合材料风管和软风管由于具有不同于镀锌钢板风管的独特优点，而得到越来越多地使用。

5.2.1.2 空调风的形状与规格尺寸

选定空调风管形状时，要综合考虑建筑层高或安装空间高度、室内装饰要求以及风管制作、安装的难易和费用等因素。广泛采用的风管断面形状有矩形、圆形、椭圆形。国家标准《通风与空调工程施工质量验收规范》（GB 50243—2016）对空调风管的规格即风管断面尺寸有明确规定。

5.2.1.3 空调风管系统的设计原则

(1) 子系统的划分要科学合理。子系统的划分要考虑到室内空气控制参数、空调使用时间等因素，以及防火分区要求。

(2) 管路系统要简洁。风管长度要尽可能短，分支管和管件要尽可能少。避免使用复杂的管件，要便于安装、调试与维修。

(3) 风管的断面形状要结合建筑空间形状设计。充分利用建筑空间布置风管。风管的断面形状要与建筑结构和室内装饰相配合，使其达到完美与统一。

(4) 风管断面尺寸要国标化。为了最大限度地利用板材，使风管设计简便，制作标准化、机械化和工厂化，风管的断面尺寸应采用国家标准。

(5) 风管内风速要选用正确。选用风速时，要综合考虑建筑空间、风机能耗、噪声以及初投资和运行费用等因素。如果风速选得高，空气流动阻力大，风机能耗高，运行费用增加，而且风机噪声、气流噪声、振动噪声也会增大。如果风速选得低，风管断面大，占用空间大，初投资也大。

(6) 风机的风压和风量要有适当的余量。风机的风压值宜按风管总压力损失的10%～15%来附加；风机的风量大小则宜按系统总风量的10%来附加。

(7) 各并联支管之间的计算压力损失差值，应不大于15%；大于15%时，可以通过调整管径的方法使之达到平衡。在不能通过确定分支管路管径达到阻力平衡要求时，则可利用风阀进行调节。

5.2.1.4 空调风系统的设计步骤

（1）根据工程实际确定空调机房或空调设备的位置，选定热湿处理及净化设备的形式，划分其作用范围，明确子系统的个数。

（2）根据各个房间空调负荷计算出的送回风量，结合气流组织的需要，确定送回风口的形式、设置位置及数量。

（3）布置以每个空调机房或空调设备为核心的子系统送回风管的走向和连接方式，绘制出系统轴侧简图。

（4）确定每个子系统的管道断面形状和制作材料。

（5）对每个子系统进行阻力计算（含选择风机）。

（6）进行绝热材料的选择与绝热层厚度的计算。

（7）绘制工程图。

5.2.1.5 空调风系统设计中注意事项

在进行空调风系统设计时，应重点注意风管的布置、风机进出口接管、风管阀门选用、新风口设置要求、吊顶内的风管布置原则、送排风管布置原则、三通与风管的搭接等问题。

1. 风管的布置

风管的布置应与建筑、生产工艺密切配合；尽量缩短管线，避免复杂的局部构件，减少分支管线，以便节省材料和减小空气的流动阻力；便于安装、调节、维修和阻力平衡。要尽量减少局部阻力，即减少弯管、三通、变径的数量；弯管的中心曲率半径不要小于其风管直径或边长，一般可用直径或边长的 1.25 倍。

为便于风管系统的调节，在干管分支点前后应预留测压孔。测压孔距前面的局部管件的距离应大于 $5b$（b 为矩形风管的长边或圆形风管的直径），距后面的局部管件的距离应不小于 $2b$。通风机出口处气流较稳定的管段上应预留测压孔。

送风管的设计尽量使风在送风管内不逆向流动，确保良好的管内气流流动和出风效果。

2. 风机进出口接管

在风机的进出口处加装导流叶片，在出口处最好有长度为出口边长 1.5～2.5 倍的直管段，以减少涡流；如果受空间的限制，风机的出口处不能满足上述要求时，出口管的转弯方向应顺着风机叶轮转动的方向；当需要逆风机叶轮转向或旁接弯管时，在弯管中应加装导流叶片，风机叶轮轴线应与空气处理室断面的中心对准，以免气流偏心造成风速不均匀；风机出口调节风阀应装在软接头的后面，以免风机震动使阀门产生附加噪声。

3. 风管阀门选用

要根据需要合理地选用风管阀门。从原则上讲，系统风压平衡的误差在 15% 以内，可以不设调节阀，但实际上仅靠调风管尺寸来调风压是很困难的，因此，要设风量调节阀进行调节。

风管分支处应设风量调节阀；在三通分支处可设三通调节阀，或在分支处设调节阀。管路中明显出现水力不平衡的环路可以不设调节阀，以减少阻力损失。

一次性调节阀用于调节系统平衡，可采用插板阀、蝶阀、多叶调节阀和三通阀等。经常开关的调节阀有新风阀、一次和二次回风阀、排风阀等，要求其调节方便、灵活，还要严密。新风阀和排风阀最好采用电动阀，并与送风机连锁，以防误操作。

自动调节阀主要用于新风、一次回风和二次回风的自动调节，除了要符合经常开关的调节阀的要求外，还要有良好的调节特性，常用的是密闭对开多叶调节阀和顺开多叶调节阀；在需防火阀处可用防火调节阀替代调节阀，防火阀应坚固、开关灵活，并应采用当地消防部门认可的产品。

送风口处的百叶风口宜用带调节阀的送风口，要求不高的可采用双层百叶风口，用调节风口角度调节风量；新风进口处宜装设可严密开关的风阀，严寒地区应装设保温风阀，有自动控制时，应采用电动风阀。

4. 新风口的设置要求

新风口的设置应选择在室外较洁净的地点；尽量远离排风口，并应放在排风口的上风侧，而且新风口应低于排风口；为避免吸入室外地面灰尘，新风口底部距室外地坪不应低于2m，新风口布置在绿化带时，则也不可低于1m；为使夏季吸入室外空气的温度低一些，新风口应尽可能布置在背阴处，宜设在北面，避免设在屋顶和西面；为防止雨水倒灌，新风口应设固定的百叶窗，并在百叶窗上加装金属网，以阻挡鸟类飞入；进风口底部距室外地面不宜小于2m，当进风口布置在绿化地带时，则不宜小于1m，进风口应尽量布置在排风口的上风侧，且低于排风口，并尽量保持不小于10m的间距。

5. 吊顶内的风管布置原则

吊顶内的风管布置从上到下依次为排烟风管、排风管、送风管、水管。

6. 送排风管布置原则

空调房间并行送排风管时，送排风口尽量不要并列布置，最好交错布置。排风口与送风口至少保持3m的距离，以防止出现气流短路问题；风口与边墙的距离不应小于1m。

7. 三通与风管的搭接

与三通相接的风管管径要与三通的口径保持一致，避免管道变径使局部压力损失过大。

5.2.2 布置

5.2.2.1 绘制辅助线

在视图中绘制辅助线。

(1) 选择：【风系统】→【绘制辅助线】。

(2) 操作步骤：点击命令后，弹出界面如图5.2所示。

1)【图面选择方式】。设定辅助线绘制的图面选择方式。

2)【限定间距】【限定个数】。可按照间距或者行列数限定辅助线个数。

3)【边距设置】。设定行列边距。

4)【绘制样式】。可按照直线、弧线、参考平面三种样式进行绘制。

设定完毕，点击【绘制】按钮，按照选择方式选择视图中内容，即可完成绘制。

5.2.2.2 删除辅助线

一键删除图中辅助线。

(1) 选择：【风系统】→【删除辅助线】。

(2) 操作步骤：直接点击命令即可一键删除视图中所有辅助线。

图 5.2 绘制辅助线界面示意图

5.2.2.3 定义辅助线

将视图中已有的模型线转化为辅助线。

(1) 选择：【风系统】→【定义辅助线】。

(2) 操作步骤：点击命令后，直接选择视图中的模型线即可。

5.2.2.4 布置风口

对空调系统中各种送回风口进行布置。

(1) 选择：【风系统】→【布置风口】。

(2) 操作步骤：选择该命令，弹出布置界面如图 5.3 所示。

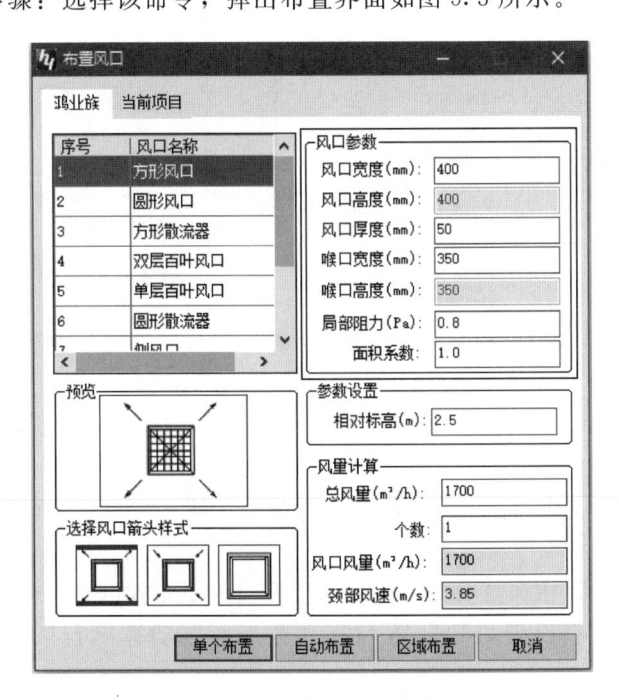

图 5.3 布置风口界面示意图

第5章 空气调节系统设计

选择风口类型，在右侧可进行风口参数修改，如图5.3右上部分所示。

1) 选择风口箭头样式。
2) 设置风口参数如相对标高、总风量、风口个数。
3) 选择布置方式进行风口的布置如单个布置、自动布置、区域布置等。单个布置可以在平面视图进行任意布置；自动布置对于规则的矩形房间，可以按照设定风口数量自动布置风口；区域布置分四种区域布置风口方式。

　　a. 沿线布置。沿线布置分为限定个数和限定间距两种，参数设置界面如图5.4所示。

进入布置命令以后，要求单击选择一条详图线。会以离鼠标单击点近的一端为起始点进行布置。

沿线布置效果如图5.5所示。

需要注意的是，限定个数布置数量为1，第一个风口与起点的距离和风口间距的比值为0.5时，风口将布置在线中点上。

　　b. 辅助线交叉点布置。进入布置命令以后，会要求框选网格，完成选择后，将在网格的交点处布置风口。

图5.4　区域布置界面示意图

网格布置效果如图5.6所示。

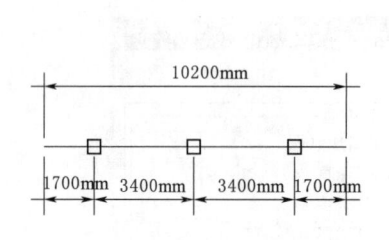

图5.5　沿线布置效果示意图　　图5.6　网格布置效果示意图

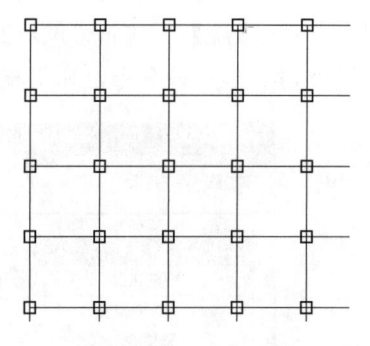

需要注意的是，网格须用详图线进行绘制，也可以用【绘制辅助线】功能进行快捷绘制。

　　c. 矩形布置。矩形布置分为限定个数和限定间距两种，参数设置界面如图5.7所示。

进入布置命令以后，点击矩形的两个对角点，即可完成布置。矩形布置效果如图5.8所示。

　　d. 居中布置。居中布置分为按行列布置和按间距布置两种。

按行列布置是在设置好边间距和行列数后，自动算出行间距和列间距，如图5.9所示。

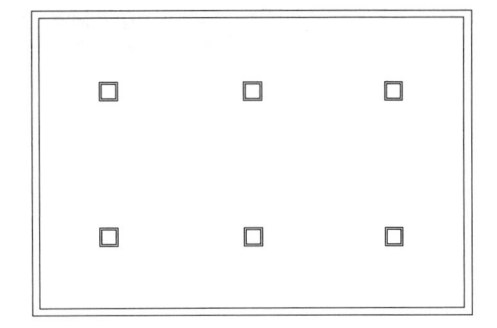

图5.7 沿线布置界面示意图　　　图5.8 矩形布置效果示意图

进入布置命令以后，点击矩形的两个对角点，即可完成布置。居中布置效果如图5.10所示。

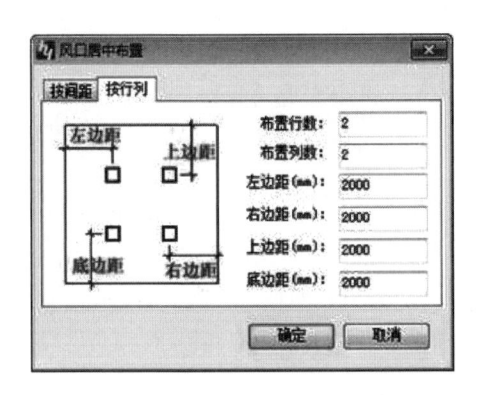

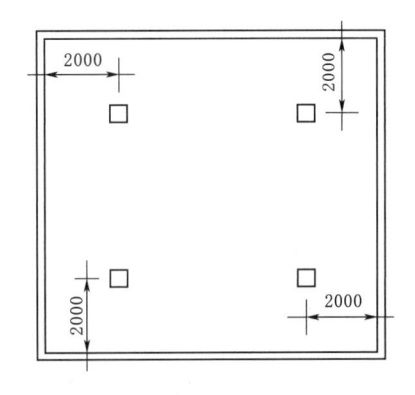

图5.9 按行列居中布置界面示意图　　　图5.10 居中布置效果示意图

按间距布置是在设置行间距和列间距后，会按照此间距自动算出上边距、下边距、左边距、右边距（上边距＝下边距，左边距＝右边距），布置界面如图5.11所示。

进入布置命令以后，点击矩形的两个对角点，即可完成布置。布置效果如图5.12所示。

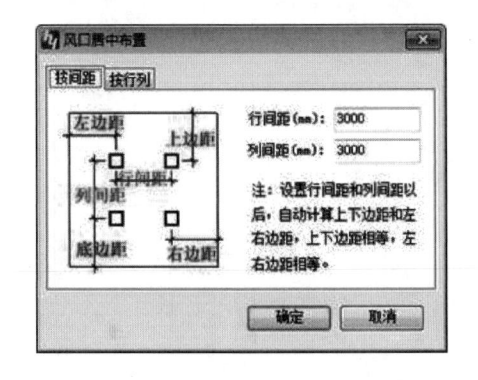

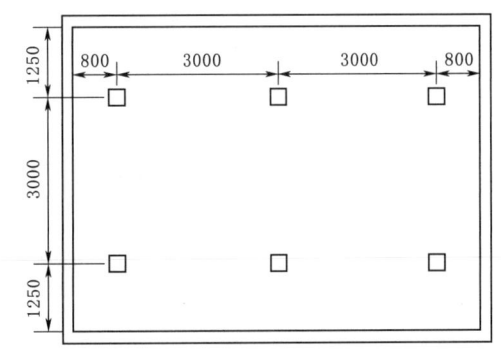

图5.11 按间距居中布置界面示意图　　　图5.12 按间距居中布置效果示意图

风口布置支持对用户项目中载入的族进行布置，界面如图5.13所示。

第 5 章 空气调节系统设计

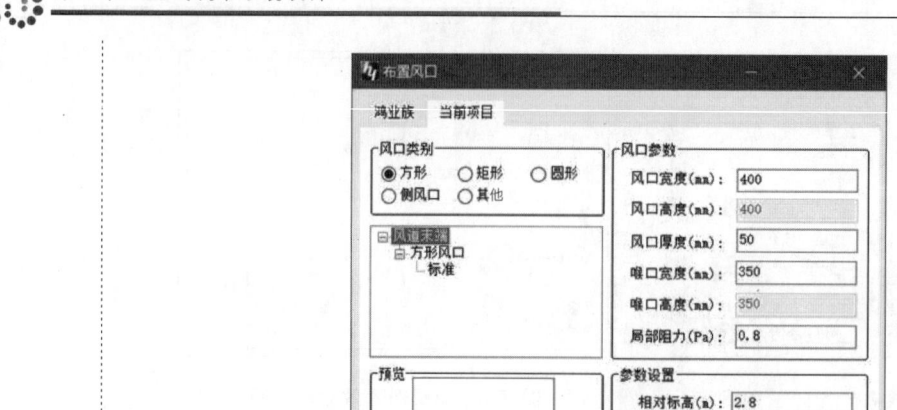

图 5.13 布置风口界面示意图

按照族名称关键字匹配到不同的风口类别中，可运用软件提供的布置方式布置当前项目中的族。

5.2.2.5 布置喷口

该功能可以对球形喷口、筒形喷口进行选型、布置。

（1）选择：【风系统】→【布置喷口】。

（2）操作步骤：单击该命令，弹出对话框如图 5.14、图 5.15 所示，提供球形喷口、筒形喷口两种喷口的选型布置。

图 5.14 球形喷口选型布置界面示意图

242

图 5.15 筒形喷口选型布置界面示意图

选择【自动选型】的选型方式，勾选【自动选型】作为选型匹配依据，下方列表中会显示满足要求的喷口，如图 5.16 所示。

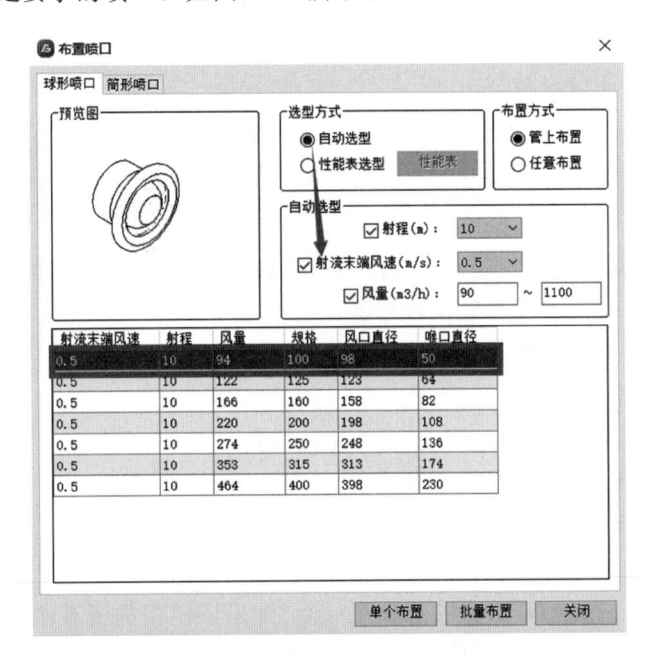

图 5.16 球形喷口自动选型布置界面示意图

选择【性能表选型】的选型方式，点击【性能表】弹出下列界面。双击其中满足要求的喷口型号，自动返回到主界面中，并列出所选型号，如图 5.17 所示。

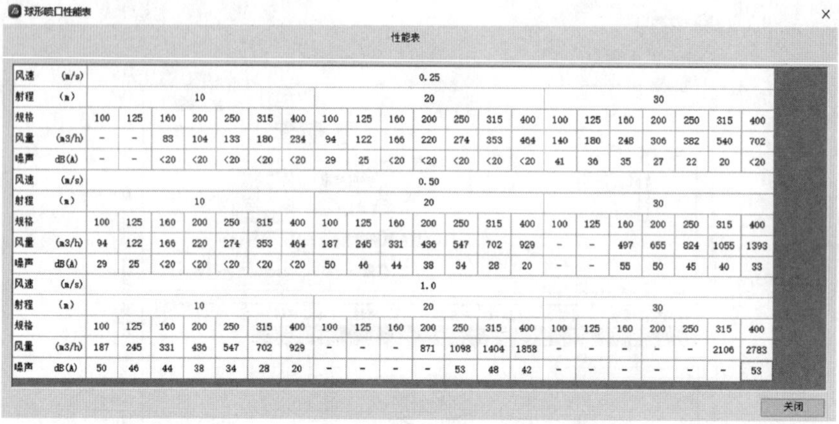

风速 (m/s)	0.25																				
射程 (m)	10							20							30						
规格	100	125	160	200	250	315	400	100	125	160	200	250	315	400	100	125	160	200	250	315	400
风量 (m3/h)	-	-	83	104	133	180	234	94	122	166	220	274	353	464	140	180	248	306	382	540	702
噪声 dB(A)	-	-	<20	<20	<20	<20	<20	29	25	<20	<20	<20	<20	<20	41	36	35	27	22	20	<20
风速 (m/s)	0.50																				
射程 (m)	10							20							30						
规格	100	125	160	200	250	315	400	100	125	160	200	250	315	400	100	125	160	200	250	315	400
风量 (m3/h)	94	122	166	220	274	353	464	187	245	331	436	547	702	929	-	-	497	655	824	1055	1393
噪声 dB(A)	29	25	<20	<20	<20	<20	<20	50	46	44	38	34	28	20	-	-	55	50	45	40	33
风速 (m/s)	1.0																				
射程 (m)	10							20							30						
规格	100	125	160	200	250	315	400	100	125	160	200	250	315	400	100	125	160	200	250	315	400
风量 (m3/h)	187	245	331	436	547	702	929	-	-	-	871	1098	1404	1858	-	-	-	-	-	2106	2783
噪声 dB(A)	50	46	44	38	34	28	20	-	-	-	-	53	48	42	-	-	-	-	-	-	53

图 5.17　球形喷口性能表选型布置界面示意图

喷口布置提供【单个布置】和【沿管布置】功能。选择【单个布置】，在模型中拾取需要布置的管道，进行喷口的单个布置。

在建筑平面图中设置好喷口布置间距，如不勾选【按个数布置】，点击【确定】，在模型中拾取管道上需要布置喷口的位置，选择沿管道布置的方向，即可按照间距将喷口布满管道。

在建筑平面图中设置好喷口布置间距，勾选【按个数布置】，选择需要布设喷口的个数，点击【确定】，在模型中拾取管道上需要布置喷口的位置，选择沿管道布置的方向，即可按照间距、个数对管道进行喷口的布置。

5.2.2.6　布置加压送风口

对加压送风口进行计算、布置。

（1）选择：【风系统】→【布置加压送风口】。

（2）操作步骤：单击该命令，弹出对话框如图 5.18 所示。

界面中可以调整风口参数、相对标高等信息，根据风量计算出风速。点击【布置】，在模型中完成对加压送风口的布置。

5.2.2.7　布置压差传感器

对压差传感器进行布置。

（1）选择：【风系统】→【布置压差传感器】。

（2）操作步骤：单击该命令，弹出对话框如图 5.19 所示。

界面中，设定好安装高度，勾选【拾取墙体】，点击【布置】，在模型中拾取墙体，完成对压差传感器的布置，如图 5.20 所示。界面中，设定好安装高度，勾选【拾取墙体】【多层布置】；点击【选择楼层】，弹出该模型的所有楼层，选择与当前楼层布置压差传感器位置相同且需要布置的楼层。

点击【布置】，在模型中拾取墙体进行布置工作，完成对当前楼层及所选楼层的压差传感器的布置工作，如图 5.21 所示。

当不勾选【拾取墙体】时，可以对压差传感器进行任意位置的布置。

图 5.18 加压送风口
界面示意图

图 5.19 压差传感器拾取
墙体界面示意图

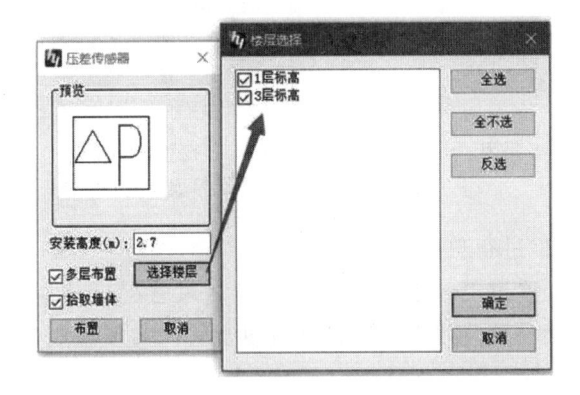

图 5.20 楼层选择界面示意图

图 5.21 压差传感器任意
布置界面示意图

5.2.3 连接

5.2.3.1 风管计算

可根据风量和截面尺寸计算风速。

(1) 选择：【风系统】→【风管计算】。

(2) 操作步骤：点击命令，输入风量和选取截面尺寸，自动计算风速，如图 5.22 所示。

5.2.3.2 绘制风管

将风管的系统类型、风量、风管类型、截面尺寸、标高、对齐方式、计算结果集中到一个界面，实现对风管的正确绘制。

(1) 选择：【风系统】→【绘制风管】。

(2) 操作步骤：

1) 点击【绘制风管】功能按钮，如图5.23所示。

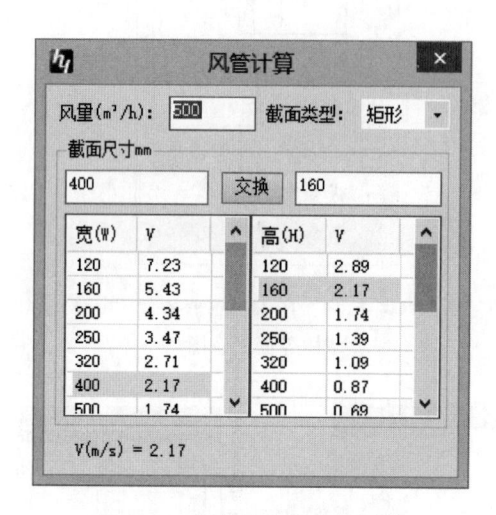

图5.22 风管计算界面示意图

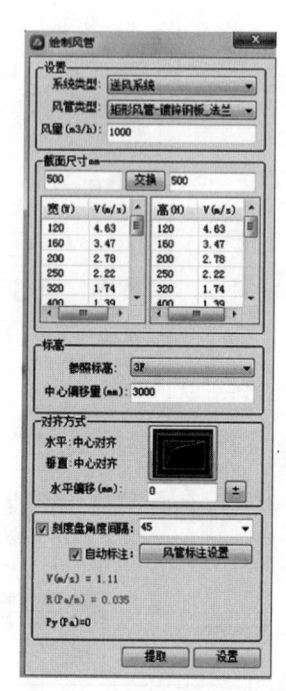

图5.23 绘制风管参数选择界面示意图

2) 弹出界面，按照需要的规格进行选择。

3) 离开界面，选取合适的位置进行绘制。绘制时，确定风管起点的位置后，通过鼠标的移动确定方向，有极轴和预览效果，支持在键盘上输入需要绘制的带刻度的长度数值，完成绘制。

4) 在绘制过程中，可以随时改变管径继续绘制。

5) 按一次"Esc"键，退出当前绘制，但不退出功能。

6) 再按一次"Esc"键，退出功能。

5.2.3.3 绘制竖风管

绘制竖风管功能与绘制风管功能一样，将风管的系统类型、风管类型、风量、截面尺寸、标高、计算结果集中到一个界面，实现对竖风管的正确绘制。

(1) 选择：【风系统】→【绘制竖风管】。

(2) 操作步骤：

1) 点击【绘制竖风管】功能按钮，如图5.24所示。

2) 弹出界面，按照需要的规格进行选择。

3) 离开界面，焦点出现在模型中，选取合适的位置进行绘制。

4）按一次"Esc"键，退出当前绘制，但不退出功能。

5）再按一次"Esc"键，退出功能。

5.2.3.4 风管连风口

对单个或两个风口与风管直接地连接。分为弯头连风口、侧连接风口、三通连风口、四通连风口、直接连风口、贴管连风口。

（1）选择：【风系统】→【风管连风口】。

（2）操作：点击命令，出现界面如图5.25所示，有六种不同的连接方式以供选择。

图5.24 绘制竖风管参数选择界面示意图

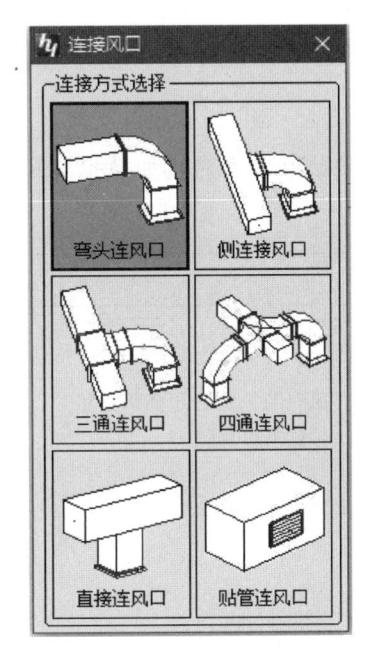

图5.25 连接风口界面示意图

1）弯头连风口中。风口弯头连接效果示意图如图5.26所示。

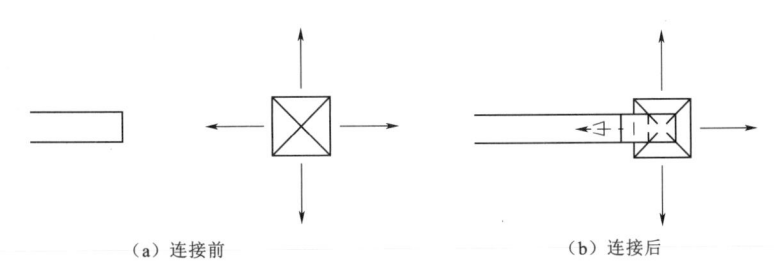

(a) 连接前　　　　　　　　　(b) 连接后

图5.26 风口弯头连接效果示意图

需要注意的是，连接时，风管和风口需在一条直线上。

2）侧连接风口。选择风管与风口后，弹出界面如图5.27所示。

连接时，可以选择新生成的风管与原有风管的对齐方式进行正确连接。当风口和风管的距离较远时,连接效果如图 5.28 所示。

图 5.27 风管连风口对齐方式界面示意图

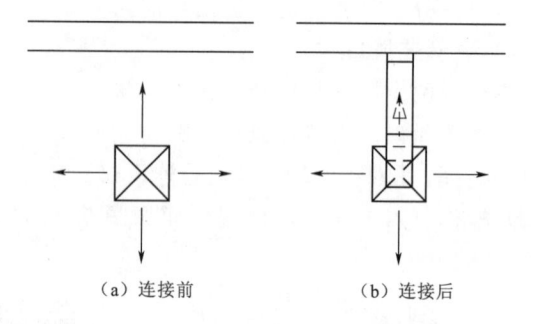

图 5.28 风口与风管远距离侧连接效果示意图

当风口紧贴风管壁时,如模拟在风管上开洞(其实是侧连接),连接效果如图 5.29 所示。

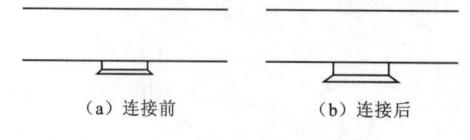

图 5.29 风口与风管近距离侧连接效果示意图

3)三通连风口。选择风管与风口后,弹出风管连接口对齐方式界面,可以选择新生成的风管与原有风管的对齐方式,进行正确连接,如图 5.30 所示。

4)四通连风口。选择风管与风口后,弹出风管连接口对齐方式界面,可以选择新生成的风管与原有风管的对齐方式,进行正确连接,如图 5.31 所示,但两风口须在一条直线上。

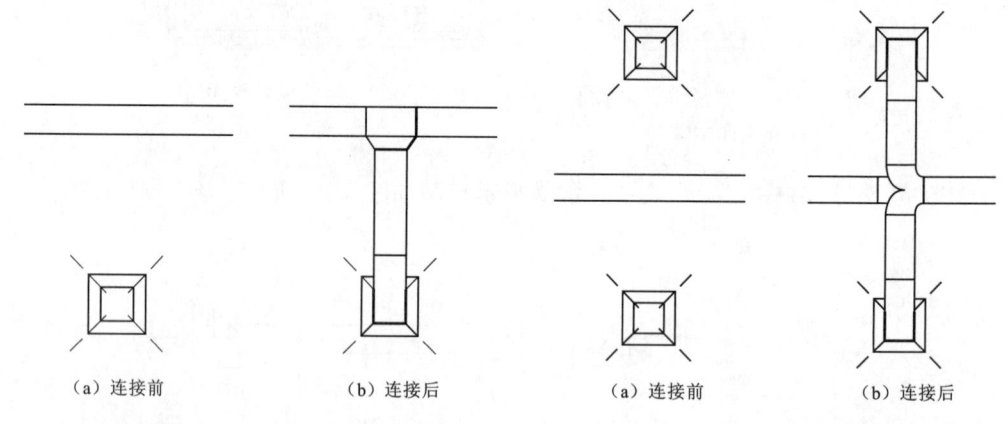

图 5.30 风口三通连接效果示意图

图 5.31 风口四通连接效果示意图

5)直接连风口。当风口在风管下方时,选择风管与风口后,可将风口与风管直接相连生成竖风管,如图 5.32 所示。

当风口在风管侧方时,选择风管与风口后,弹出连接口对齐方式界面,选择对齐方式,生成横管并与风口进行连接,生成弯头和竖风管,如图 5.33 所示。

6)贴管连风口。当风口在风管正下方时,可以将风口直接贴到风管上进行连接。

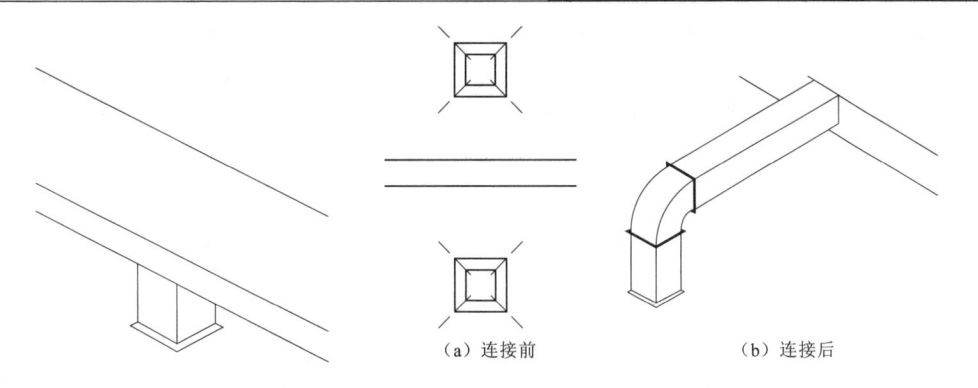

图 5.32　风口直接连接效果示意图　　图 5.33　风口三通连接效果示意图

5.2.3.5　批量连风口

多个风口同时连接风管，根据风口跟风管的位置自动选择连接方式。

(1) 选择：【风系统】→【批量连风口】。

(2) 操作步骤：点击该命令，弹出界面如图 5.34 所示。界面中可以对连接方式、接管方式以及新生成的风管与原有风管之间的对齐方式进行选择，保证生成的管件正确且满足设计出图要求。框选风管及风口，即可按照设定快速进行连接。

5.2.3.6　风管连接

用于风管之间的管件连接。

(1) 选择：【风系统】→【风管连接】。

(2) 操作步骤：点击风管连接菜单，如图 5.35 所示。

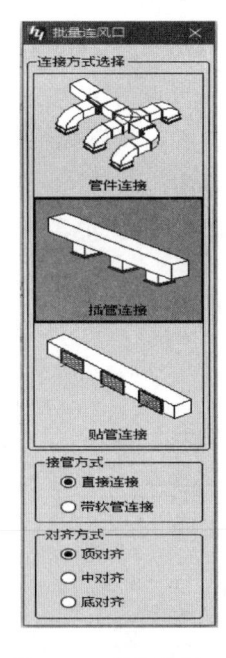

图 5.34　批量连风口界面示意图　　图 5.35　风管连接界面

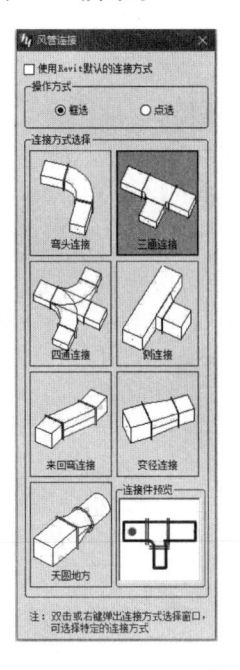

1) 双击连接方式图片,直接进入连接命令模式,如图 5.36 所示。

2) 若要更换连接件,可在相应的连接方式图片上右键点击,调出相应的管件选择界面,如图 5.37、图 5.38 所示。

3) 出现管件选择界面后,选中要使用的连接件,双击返回到连接界面。

4) 在模型中框选需要连接的风管,部分管件需要选择主风管或点选即可快速进行连接,可重复操作。

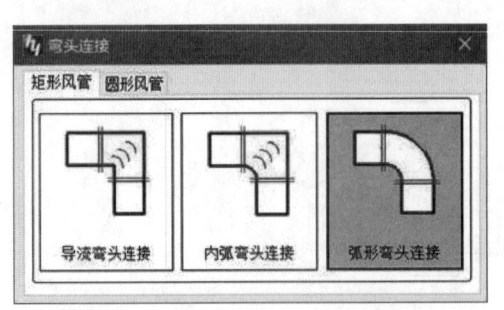

图 5.36 弯头连接界面示意图

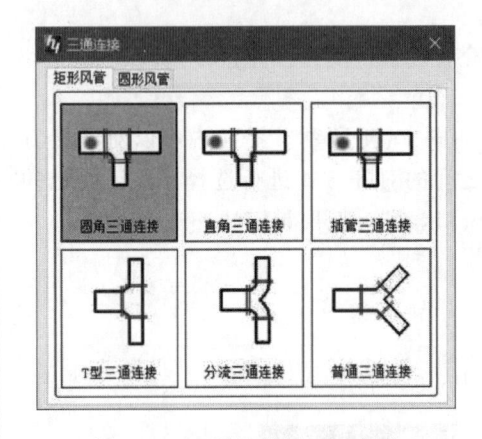

图 5.37 三通连接界面示意图

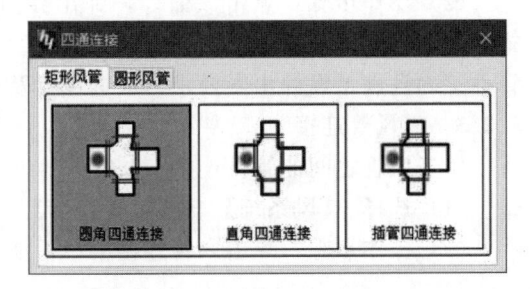

图 5.38 四通连接界面示意图

5.2.3.7 风管分类连接

两组风管之间的批量连接,对应的风管要具有相同的系统类型。

(1) 选择:【风系统】→【风管分类连接】。

(2) 操作步骤:点击该命令,连接图例如图 5.39 所示。

需要注意的是,此功能可支持不同标高的风管进行连接。

5.2.3.8 风管自动连接

风管在删除管件后,重新连接可以选择自动连接方式,自动连接也可用于多根风管直接的连接。

(1) 选择:【风系统】→【风管自动连接】。

(2) 操作步骤:点击该命令,框选需要连接的风管。风管断线重

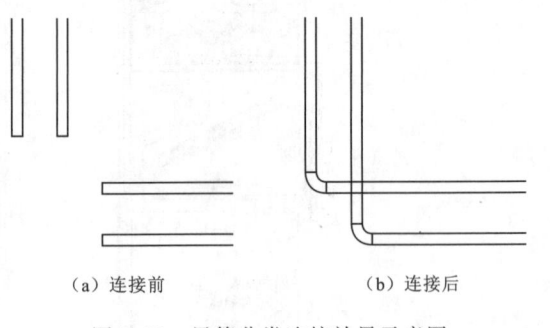

(a) 连接前　　　　(b) 连接后

图 5.39 风管分类连接效果示意图

连时,不区分系统类型;选择风管的个数不能超过 4 个,不能少于 2 个。常用连接图例如图 5.40、图 5.41、图 5.42 所示。

(a) 连接前　　　　　(b) 连接后

图 5.40　风管直接连接效果示意图

(a) 连接前　　　　　(b) 连接后

图 5.41　风管三通连接效果示意图

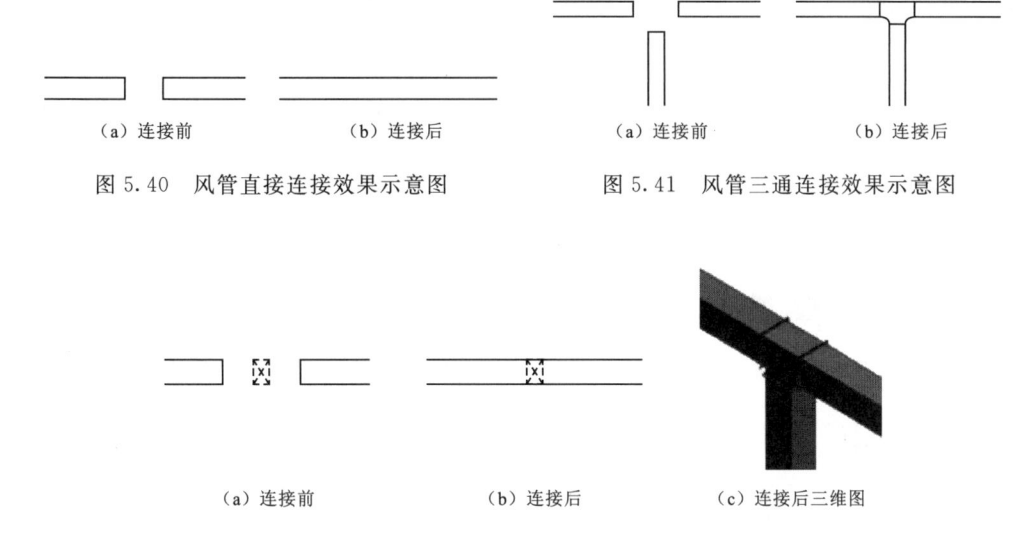

(a) 连接前　　　(b) 连接后　　　(c) 连接后三维图

图 5.42　风管带风阀连接效果示意图

5.2.4　阀件

可对风管进行阀件的布置。

(1) 选择：【风系统】→【风管阀件】。

(2) 操作步骤：选择该命令，弹出界面如图 5.43 所示，可通过图片及关键字搜索来找到相应风阀，双击图片，在视图中布置相应风阀。

该功能支持对用户项目中载入的族进行布置，界面如图 5.44 所示。

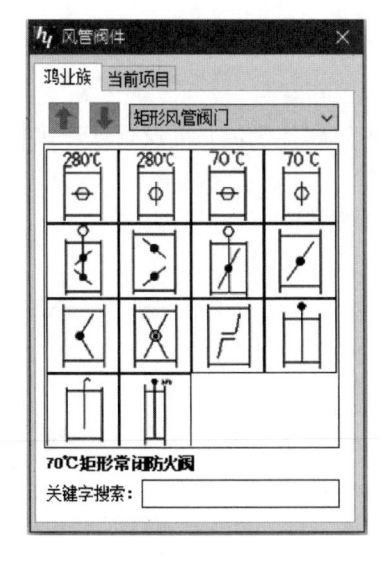

图 5.43　风管阀件鸿业族
界面示意图

图 5.44　风管阀件当前项目
界面示意图

5.2.5 风机

5.2.5.1 布置风机

对各种风机进行布置并支持项目族,可以在界面中输入相关外形参数。

(1) 选择:【风系统】→【布置风机】。

(2) 操作步骤:点击该命令,布置界面如图 5.45 所示。

单击图片弹出界面如图 5.46 所示。

图 5.45 布置风机鸿业族界面示意图

图 5.46 风机类型选择界面示意图

1) 选择需要布置的风机种类,设置风机参数。

2) 设置【相对标高】任意布置或勾选【管上布置】。

3) 当勾选【管上布置】时,可以选择是否带软连接,并可设置软连接长度。

4) 点击【布置】按钮,进入布置风机状态。

5) 退出布置风机命令,直接【取消】或者按"Esc"键退出。

该功能支持对用户项目中载入的族进行布置,界面如图 5.47 所示。

族名称关键字中包含"管道"的风机,自动归类到管道风机,可对风机进行任意布置或管上布置,并可对软连接进行添加;族名称关键字中不包含"管道"的风机,自动归类到其他风机,可对风机进行任意布置。

点击【布置】按钮,进入布置风机状态。直接【取消】或者按"Esc"键可退出布置风机命令。

5.2.5.2 连接风机

主要用于风机与风管的连接。

(1) 选择:【风系统】→【连接风机】。

(2) 操作步骤:点击该命令,布置界面如图 5.48 所示。

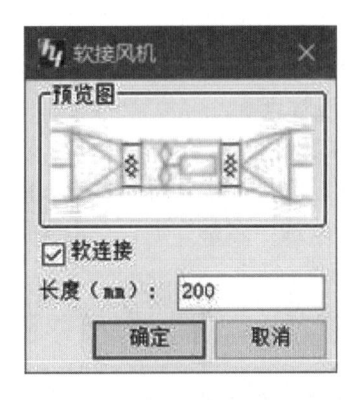

图 5.47 风管阀件当前项目界面　　图 5.48 软接风机界面示意图

点击【确定】后，框选需要连接的风管与风机，软件会根据所框选风机的风管接口方向自动寻找路径进行风管与风机的连接。并支持软连接和天圆地方的添加。

5.2.6 计算

5.2.6.1 风管水力计算

BIMSpace 暖通风系统水力计算采用假定流速法，可以快速地进行风系统的设计计算和校核计算。

（1）功能：【风系统】→【风管水力计算】。

该程序可以从模型中提取风系统信息，进行自动计算。程序自动计算弯头、三通等管件的局部阻力系数。提供风管宽高比、风管高度等尺寸优化设计条件，以便得到更为合理的风管尺寸。允许用户对任一管段进行手动的校正以获取更加优化的系统。计算完成后，可以生成 Excel 格式的计算书，方便后期编辑、修改。同时，将风管的计算数据赋回到图面实体，直接调整模型尺寸数据，大大提高了建模效率。利用该计算程序可以解决在风管水力计算过程中建模烦琐、计算量大的问题。

鸿业 BIM 风系统水力计算主要功能如下：

1）计算核心。

a. 采用假定流速法自动优化设计。该算法在 HYACS 软件中应用多年，经广大用户反馈，计算结果准确可靠。

b. 可设置风管宽高比、固定高度等，优化风管尺寸。

c. 弯头、三通等管件局部阻力系数自动计算。

d. 可以支持圆形风管和矩形风管的计算。

2）系统构造。

a. 可以直接从 Revit 模型提取数据，对整个系统进行计算。

b. 提取系统时，可按照 Revit 系统类型，自动判断是合流还是分流系统。

c. 提取系统时，可直接提取 Revit 模型中的系统名称。

d. 图面提取整个系统完成时，可自动对风管进行编号。

3）数据管理。

a. 提供手册中的风管管径规格管理。计算出的风管规格都满足手册的要求。

b. 管件的局部阻力系数通过拟合公式自动计算，更为准确。计算完成后可点击管道局阻项进行查看。

4）操作改进。

a. 可以直接在计算界面编辑管段的尺寸数据。

b. 也可以选中多条管道，点击【编辑】按钮，实现批量编辑。

5）界面优化。

a. 提供菜单、工具条、状态栏，使界面更加美观。在状态栏可以查看当前的计算信息。

b. 用快捷键执行快速操作，F5 快捷键进行设计计算、F6 快捷键进行校核计算等。

6）计算结果。

a. 可生成 Excel 格式计算书。

b. 计算结果直接赋回模型，自动调整模型尺寸，大大提高了设计效率。

7）管道亮显。选中一条管道，Revit 窗口中对应的管道会闪烁，便于观察。

(2) 操作步骤。点击水力计算功能，根据命令行提示，选中风系统中任意一条管道。

(3) 设置。点击【设置】菜单下的【参数设置】，可以弹出系统参数设置窗口。

1）流体参数。流体参数界面如图 5.49 所示。

2）速度设置。默认了住宅、公共建筑和工厂的推荐风速三种建筑类型，切换建筑类型，风速会随之修改，也可进行编辑，如图 5.50 所示。

图 5.49　流体参数界面示意图　　图 5.50　速度设置界面示意图

3）计算参数。计算参数界面如图 5.51 所示。

（4）风管规格。点击【设置】菜单下的【管径规格】或者【设置】工具条，可以弹出管径规格设置窗口如图 5.52 所示。

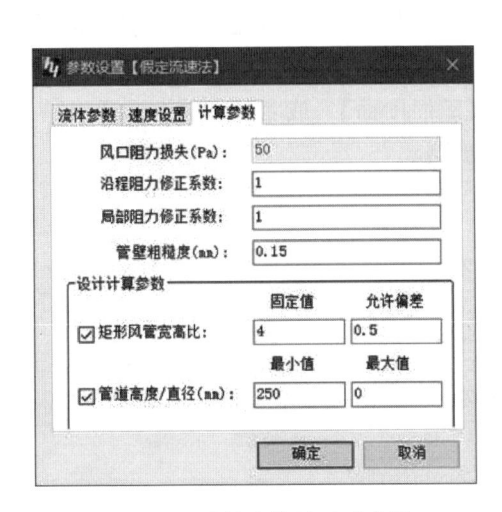

图 5.51　计算参数界面示意图

图 5.52　风管规格界面示意图

该窗口中列出了可供选择的矩形、圆形风管规格，用户可以通过添加、删除操作来扩充规格列表。

（5）图面提取。点击【编辑】→【图面提取】，或者主界面上的 按钮可以切换到 Revit 模型，提取要计算的整个系统。具体操作为点击选择要计算的分支的起点位置。选择成功后会把整个系统提取出来并显示在界面上。

（6）批量编辑。在管段信息列表中，选中要编辑的一行或者多行风管数据。然后点击【编辑】→【批量编辑】，或者点击工具条上的 按钮，弹出批量编辑界面如图 5.53 所示。

点击【修改】，则打钩项被修改。

（7）设计计算。点击【计算】→【设计计算】，或者主界面上的 按钮，或者按"F5"快捷键。实现风系统的设计计算。设计计算是根据风量及计算控制选择合适的风管尺寸，并且根据风管设置中的优化参数对系统管段进行优化处理。对已经进行过校核

图 5.53　风管批量编辑界面

255

计算的系统再进行设计计算时，修改的管径尺寸将丢失。

（8）校核计算。点击【计算】→【校核计算】，或者【计算】工具条中的 按钮，程序会根据用户设定的风管管段尺寸对系统进行校核计算。校核计算仅仅根据管段尺寸、风量计算管段风速等其他数据。校核计算时如果用户改变了管段尺寸，修改信息不会丢失。

（9）计算书。点击【计算结果】→【Excel计算书】，或者【计算】工具条中的 按钮，可以输出风管水力计算的Excel计算书。

（10）赋回图面。点击【计算结果】→【赋回图面】，或者【计算】工具条中的 按钮，可以计算风管管径数据赋回Revit模型。

计算前，风系统如图5.54所示。

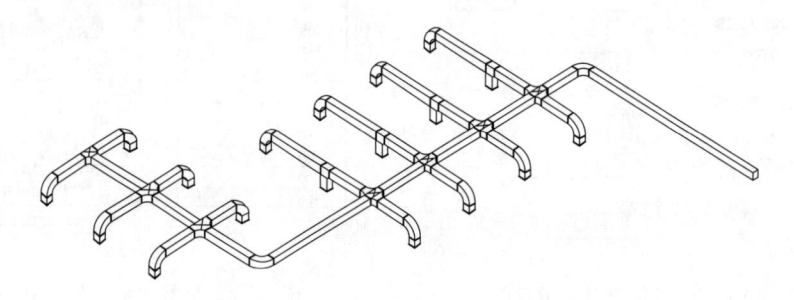

图5.54 风管计算赋回图面前效果

经过设计计算，赋回图面后如图5.55所示。

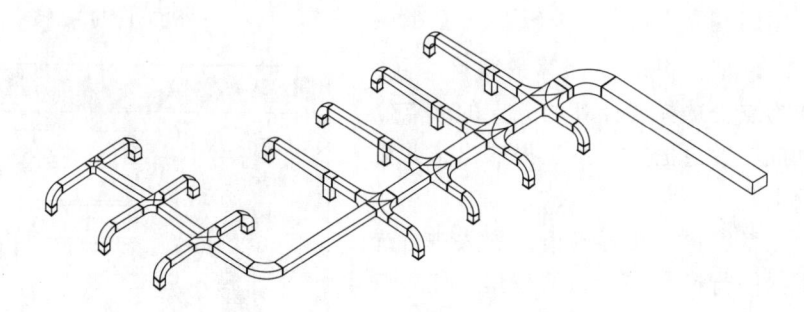

图5.55 风管计算赋回图面后效果

5.2.6.2 计算结果赋回

可以导入链接文件将风管水力计算的结果赋回到管道系统。

（1）选择：【风系统】→【计算结果赋回】。

（2）操作步骤：点击命令，提示导入链接文件进行更新，赋回即可。

5.2.6.3 喷口校核

可以根据设定的参数，对喷口的阿基米德数、喷口送风速度等进行计算。

（1）选择：【风系统】→【喷口校核】。

（2）操作步骤：单击该命令，弹出对话框如图5.56所示。

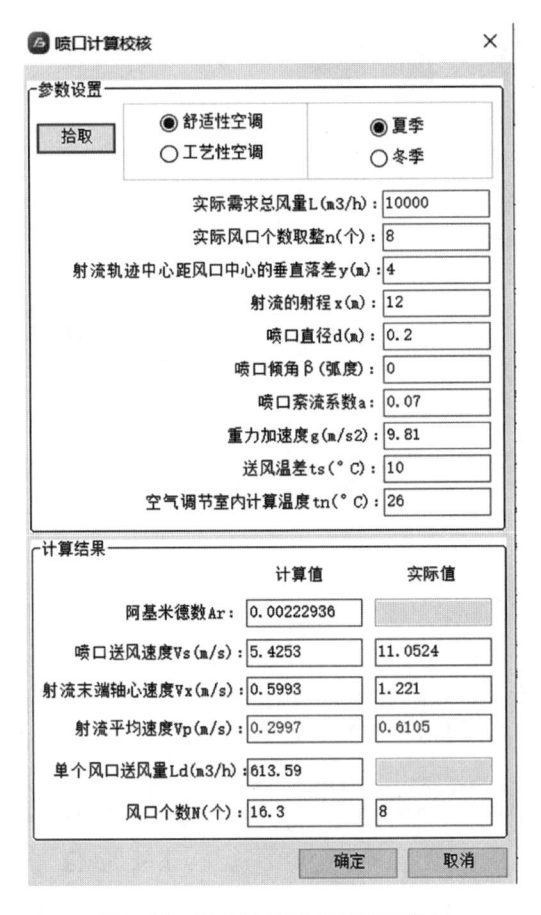

图 5.56 喷口计算校核界面示意图

可对参数设置内的数据按照实际情况进行修改，计算结果会按照设定时更新。点击【拾取】，在模型中拾取需要计算校核的喷口，可以直接将喷口的射程、喷口的直径读取到参数设置中，得到计算结果。

5.2.7 编辑

5.2.7.1 面积显隐

在指定视图快速地完成面积显隐的工作。

（1）选择：【风系统】→【面积显隐】。

（2）操作步骤：选择【面积显隐】命令，弹出界面如图 5.57 所示。

选择需要显隐面积的视图平面后，弹出界面如图 5.58 所示，该功能需在平面视图中使用。

1)【显示】。相对应面积视图中的面积轮廓及相应的填充样式出现在视图内正确位置。

2)【隐藏】。相应面积轮廓及相应的填充样式将隐藏。

3)【关闭】。此功能结束。

图 5.57　切换视图界面示意图 　　　　　　图 5.58　面积显隐界面示意图

5.2.7.2　测量工具

测量长度及面积。

(1) 选择：【通用工具】→【测量工具】。

(2) 操作步骤：单击【测量工具】按钮，弹出界面如图 5.59 所示。

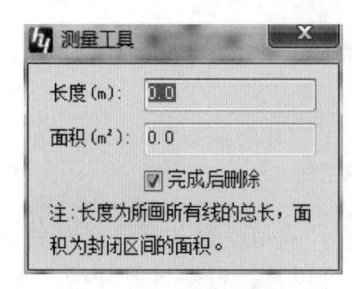

5.2.7.3　拉伸

对选择的实体进行拉伸。

(1) 选择：【风系统】→【拉伸】。

(2) 操作步骤：单击【拉伸】按钮，框选需要拉伸的风管实体，即可按照拖动方向对所选风管实体进行拉伸。

5.2.7.4　调节风口位置

可批量调整风口距离风管的水平以及垂直位置。

图 5.59　测量工具界面示意图

(1) 选择：【风系统】→【调节风口位置】。

(2) 操作步骤：点击命令，出现界面如图 5.60 所示。

框选需要调整的风口以及定位用的风管（此处只能选择一根风管），风口会按照设置的位置自动调整，如图 5.61 所示。

图 5.60　调整风口位置界面示意图 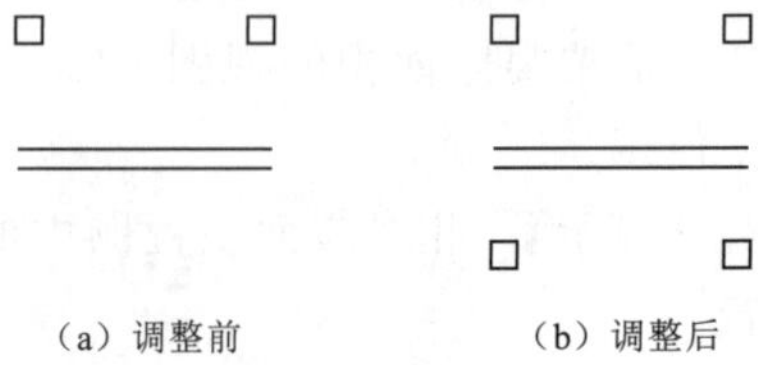　　　　图 5.61　风口位置调整效果示意图

5.2.7.5 风管对齐

主要用于对风管进行"顶平"或"底平"等位置上的调整。

(1) 选择:【风系统】→【风管对齐】。

(2) 操作步骤:单击该命令,弹出界面如图5.62所示。

可以选择对齐方式是边线对齐、顶对齐、底对齐或者中心线对齐。

1) 边线对齐。选择边线上的两点组成一条线,作为边线对齐的依据。然后再选择风管的一条边线即可实现分支的边线对齐。系统会自动搜索,分支共线平行的均会自动与选择的边线对齐。

2) 顶对齐。选择一根风管作为依据,然后再选择一个风系统分支,这样就会自动实现该分支与依据风管的顶对齐。如果自定义高度,则该分支顶部高度与自定义的高度一样。

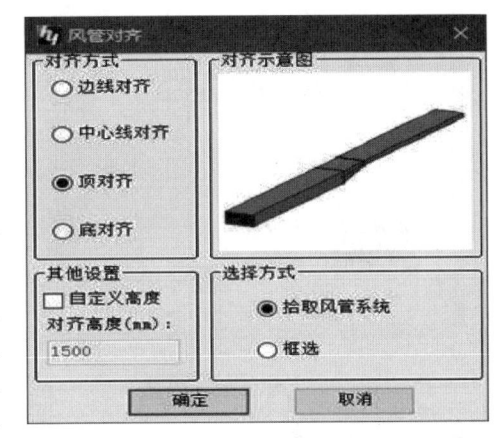

图 5.62 风管对齐界面示意图

3) 中心对齐、底对齐参考顶对齐。

5.2.7.6 升降偏移

可对管道按照指定的区域及角度进行升降及偏移。

(1) 选择:【风系统】→【升降偏移】。

(2) 操作步骤:单击该功能,然后选择一根风管,按命令提示,在风管上选择要升降的两个起始点,会弹出界面如图5.63所示。

1) 升降。如图5.63所示,该命令中可指定管道升降高度及管道升降所使用的弯头角度。对于升降方式可采用两侧升降,也可采用单侧升降,如图5.64所示。

图 5.63 两侧升降界面

图 5.64 单侧升降界面

2) 偏移。如图5.65所示,该命令中可指定管道偏移距离及管道偏移所使用的弯头的角度。

对于偏移可进行单侧偏移或两侧的偏移，图 5.65 为单侧偏移，两侧偏移如图 5.66 所示。

图 5.65　单侧偏移界面

图 5.66　两侧偏移界面

5.2.7.7　自动升降

可根据避让原则一键式框选自动升降。

（1）选择：【风系统】→【自动升降】。

（2）操作步骤：点击该命令，弹出对话框如图 5.67 所示。

升降高度、角度、间距可以在该对话框中进行修改调整，软件也会自动判断给出一个最小的间距进行调整。

5.2.7.8　风管贴梁

可以自动根据设定的风管与梁或板的间距值调整风管的安装高度。

（1）选择：【风系统】→【风管贴梁】。

（2）操作步骤：点击该命令，弹出对话框如图 5.68 所示。

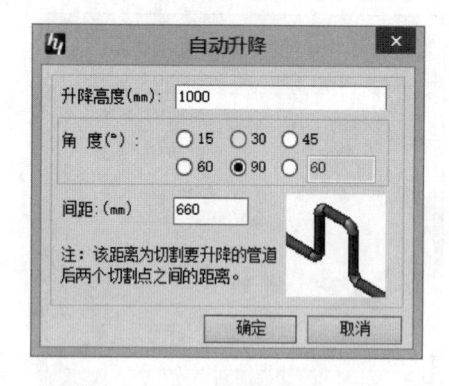

图 5.67　自动升降界面示意图

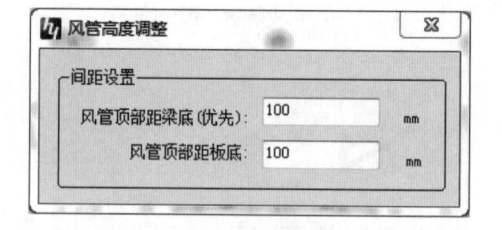

图 5.68　风管高度调整界面示意图

（3）参数说明。

1)【风管顶部距梁底（优先）】。风管顶部距梁底距离取值范围为自然数，不做小数位保留；"优先"是指优先依据梁进行高度调整。

2)【风管顶部距板底】。风管顶部距板底距离取值范围为自然数,不做小数位保留。

5.2.7.9 风管编辑

允许用户修改风管的送风类型、截面尺寸、标高等。

(1) 选择:【风系统】→【风管编辑】。

(2) 操作步骤:单击【风管编辑】按钮,进入 Revit 模型操作,框选或者单选要修改的风管,弹出对话框如图 5.69 所示。

编辑需要修改的风管参数信息,并勾选修改项前的复选框;点击【修改】按钮或者按下"Enter"键,弹出修改信息提示框如图 5.70 所示。

图 5.69 风管编辑界面示意图

图 5.70 风管编辑修改成功界面示意图

点击【确定】之后,继续上面步骤执行;点击 选管线< 按钮,操作同上;点击【退出】或 ✗ 或按"Esc"键退出命令。

5.2.7.10 风管刷

操作步骤请参考 5.3.6.9 水管刷。

5.2.7.11 宽高互换

可对风管宽高进行互换,用在风管宽高有误的情况下使用。

(1) 选择:【风系统】→【宽高互换】。

(2) 操作步骤:单击【宽高互换】按钮,选择要修改的风管,如图 5.71 所示。

5.2.8 绝热层

5.2.8.1 风管绝热层

对风管进行保温层的添加,可通过计算方式确定厚度,也可自定义厚度进行添加。

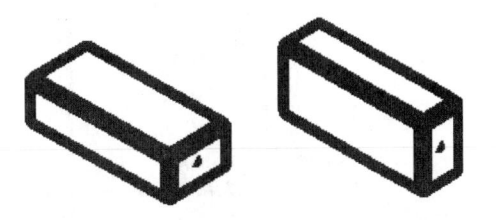

图 5.71 风管宽高互换效果示意图

(1) 选择:【风系统】→【风管绝热层】。

(2) 操作步骤：点击该命令，布置界面如图 5.72 所示，通过计算方式确定绝热层厚度，并对绝热层进行添加。

选择需要添加的绝热层用途为【保温】或【防结露】，对需要添加保温或防结露的房间进行参数设置。

点击下图位置，可以对工程所在地点进行选择，如图 5.73 所示。

图 5.72　风管绝热层界面示意图　　图 5.73　风管绝热层地区选择界面示意图

绝热层材料选择，如图 5.74 所示。

软件根据有无采暖及地点，自动匹配出计算风管保温需用参数（部分可手动修改），自动计算出风管绝热层厚度。也通过自定义方式确定绝热层厚度，如图 5.75 所示。

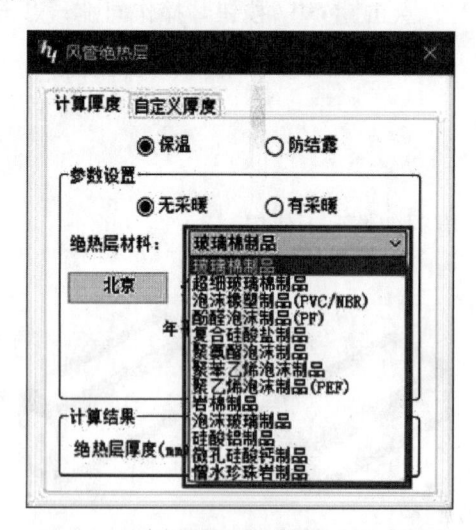

图 5.74　风管绝热层材料选择界面示意图　　图 5.75　风管绝热层自定义厚度界面示意图

厚度确定后，在模型中选择需要添加保温的风管系统，框选该系统内需要添加保温的管道，即可快速进行添加，可多次框选进行添加。

按【Esc】键可退出对当前风管系统的添加，重新选择新的风管系统，重复上面的步骤。

5.2.8.2 删除绝热层

主要用于对添加的绝热层进行删除。

（1）选择：【风系统】→【删除绝热层】。

（2）操作步骤：点击该命令，布置界面如图 5.76 所示，可按系统对绝热层进行删除，在模型拾取一根风管，与之相连的系统上的绝热层都将被删除，可重复进行操作。

风管绝热层可按框选范围进行删除，选择【框选】，在模型中框选位置风管，绝热层将被删除，可重复进行操作，如图 5.77 所示。

图 5.76　按系统删除绝热层界面示意图　　图 5.77　框选删除绝热层界面示意图

实训内容：

（1）启动 Revit 软件、鸿业 BIM 软件。

（2）练习风系统布置设置操作。

（3）练习风系统连接设置操作。

（4）练习风系统阀件设置操作。

（5）练习风机设置操作。

（6）练习风系统水力计算设置操作。

（7）练习风系统编辑设置操作。

（8）练习风系统绝热层设置操作。

（9）练习风系统专业标注/协同设置操作。

（10）练习风系统标注/出图设置操作。

（11）练习风系统快模设置操作。

（12）总结操作规律，填写实训报告。

5.3　空调水系统 BIM 设计实训

实训目的：

（1）熟悉空调水系统设计内容。

（2）熟悉空调水系统 BIM 软件绘制方法。

（3）掌握空调水系统 BIM 软件设计要点。

实训内容：

5.3.1 空调水系统设计

空调水系统的功能是输送冷热量，以满足空调设备处理空气的需要。一般指主要由冷热源（如冷水机组和锅炉）、水泵、冷热水管道和空调设备组成的水循环回路系统。空调水系统设计流程如图5.78所示。

5.3.1.1 空调水系统的种类

对于无供热功能的系统，通常又称为冷水系统或冷冻水系统。

《暖通空调规范》第8.5.1条规定，空调冷水、空调热水参数应考虑对冷热源装置、末端设备、循环水泵功率的影响等因素。

冷却水系统主要由水冷冷水机组、冷却塔和冷却水泵组成的水循环回路。

《暖通空调规范》第8.6.4条规定，冷却水系统设计时应符合下列规定：

（1）应设置保证冷却水系统水质的水处理装置。

（2）水泵或冷水机组的入口管道上应设置过滤器或除污器。

（3）采用水冷管壳式冷凝器的冷水机组，宜设置自动在线清洗装置。

（4）当开式冷却水系统不能满足制冷设备的水质要求时，应采用闭式循环系统。

图5.78 空调水系统设计流程示意图

各种空调设备在湿工况下运行时都会不断产生冷凝水，需要及时排放。因此，在进行空调水系统设计时，同时也要进行冷凝水排放系统的设计。

《暖通空调规范》第8.5.23条规定，冷凝水管道的设置应符合下列规定：

（1）当空调设备冷凝水积水盘位于机组的正压段时，凝水盘的出水口宜设置水封；位于负压段时，应设置水封，且水封高度应大于凝水盘处正压或负压值。

（2）凝水盘的泄水支管沿水流方向坡度不宜小于0.010；冷凝水干管坡度不宜小于0.005，不应小于0.003，且不允许有积水部位。

（3）冷凝水水平干管始端应设置扫除口。

（4）冷凝水管道宜采用塑料管或热镀锌钢管；当凝结水管表面可能产生二次冷凝水且对使用房间有可能造成影响时，凝结水管道应采取防结露措施。

（5）冷凝水排入污水系统时，应有空气隔断措施；冷凝水管不得与室内雨水系统直接连接。

(6) 冷凝水管管径应按冷凝水的流量和管道坡度确定。

5.3.1.2 空调水系统的形式

空调水系统的形式由于分类方式不一样,有很多类型,常见的有:闭式系统和开式系统;两管制系统、三管制系统和四管制系统;同程式系统和异程式系统;定流量系统和变流量系统;一次泵系统、二次泵系统和混合式系统。

5.3.1.3 空调水系统的设计

在进行空调水系统设计时,应尽量考虑周全,在注意减少投资的同时也不忘为方便日后的运行管理和减少水泵的能耗创造条件。设计步骤为:

(1) 根据各个空调房间的使用功能和特点,确定用水供冷或采暖的空调设备形式。

(2) 确定每台空调设备的布置位置和作用范围,然后计算出由作用范围的空调负荷决定的供水量,并选定空调设备的型号和规格。

(3) 选择水系统形式,进行供回水管线布置,画出系统轴测图或管道布置简图。

(4) 进行管路计算(含水泵的选择)。

(5) 进行绝热材料与绝热层厚度的选择与计算。

(6) 进行冷凝水系统的设计。

(7) 绘制工程图。

5.3.1.4 空调水系统的管路计算

管路计算又称为水力计算、阻力计算。目的是在已知水流量和选定的流速下确定水系统各管段的管径及水流阻力,计算出选水泵所需要的系统总阻力。

《暖通空调规范》第 8.5.14 条规定,空调水系统布置和选择管径时,应减少并联环路之间压力损失的相对差额。当设计工况中并联环路之间压力损失的相对差额超过 15% 时,应采取水力平衡措施。

5.3.1.5 空调水系统设计中应注意的问题

1. 水系统的分区

(1) 按压力分区。由于机械制造和使用材料的原因,空调水系统采用的各种设备、附件、管件及管道的工作压力是有一定限制的。设备的压力等级一般有 0.8MPa、1.2MPa、1.6MPa、2.0MPa、2.5MPa 5 个等级;国产附件如阀门等的压力等级一般有 0.6MPa、1.0MPa、2.5MPa、4.0MPa 4 个等级。从附件的制造来看,当工作压力达到 2.5MPa 以上时,其造价将成倍上升。设备的工作压力达到 2.0MPa 以上时,也会出现类似情况。

为了减少投资,空调水系统通常以 1.6MPa 作为工作压力划分的界限,即在设计时,使水系统内所有设备、附件、管件及管道的压力都处于 1.6MPa 以下。考虑到水泵扬程大约 40m(相当于 0.4MPa)左右,因此水系统的静压应在 120m(相当于 1.2MPa)以下,这相当于室外高度 100m 左右的建筑(含地下室高度 10m 左右)。当建筑高度较高,使得水静压大于 1.2MPa 时,水系统宜按竖向进行分区以减少系统内的设备、附件、管件及管道承压。

（2）按使用时间分区。在综合性建筑中，不同房间的空调使用时间通常有较大的差别。建筑中的公共部分如餐厅、商场、银行等本身在使用时间上也存在一定的差别。

（3）按空调负荷性质分区。空调负荷的性质与房间使用性质以及房间所处的位置有一定关系。从朝向上来说，南北朝向的房间由于日照不同，在过渡季节时的负荷要求有可能不一致；东西朝向的房间由于出现负荷最大值的时间不一致，在同一时刻也会有不同的要求。从内、外区看，建筑外区负荷随室外气候的变化而变化，有时需要供冷，有时需要采暖；建筑内区的负荷则相对比较稳定，全年以供冷的时间较多。

在某些建筑中，采用既有竖向分区，又有水平分区的空调水系统属正常现象。

2. 管道的布置

管道的布置应尽可能选用同程式系统，虽然初投资略有增加，但易于保持环路的水力稳定性。若采用异程式系统，设计中应注意各并联管路间的压力平衡问题。

3. 管道的坡度和水系统的排气

空调水系统的管道在进行平面敷设时，要有一定的坡度，通常为 0.003，一般不小于 0.002。如受条件限制无坡度敷设时，管内水流速度不得小于 0.25m/s。

在每个坡顶和每根立管顶端设置自动排气装置。在排气装置的接管上应加装一个阀门；为避免排气装置漏水，排气装置最好接排气管并引至水池或室外。

4. 膨胀水箱的设置

闭式系统必须设置膨胀水箱。膨胀水箱的标高应至少高出系统最高点 1m。作为系统定压、补水和容纳水膨胀余量的装置，其与系统连接的管道（称为膨胀管）通常是连接在水泵的入口处。

为避免因误操作造成系统超压事故发生，膨胀管上不能设任何阀门。工程实际中若将膨胀水箱连接在集水器上和回水总管上，此时也要注意不能在连接管上设阀门，以免造成危害。

5. 水系统泄水装置的设置

为了能放水检修，水系统最低点和需要单独放水设备（如表冷器、水加热器等）的下部应设置带阀门的放水管，并应接入地漏。

6. 管道补偿器的设置

在水系统中，管道的热胀冷缩现象是比较明显的，应尽量利用管道本身转向与弯曲的自然补偿作用来消除由此产生的管道应力。当无弯曲可利用（如高层建筑的供回水立管）或自然补偿还不能满足要求时，就需采用管道补偿器。

7. 温度计、压力表、水过滤器的设置

大型空调设备（如组合式空调机、柜式风机盘管）的进出水口应设温度计和压力表，便于掌握空调设备的工作状况。此外，在进水口还应装设过滤器，保护空调设备的热交换器不被水中的杂质堵塞。

8. 分水器和集水器的设置

在集中供水系统中，通常都要采用分水器和集水器，其目的是对各空调环路（分区）所需流量进行分配和汇集，便于对各空调环路的水流量进行调节和必要时的关断。

9. 冷热源侧管径的确定方法

冷热源侧各设备间的管道管径确定方法与负荷侧的相同，只是管道内的流量要采用冷热源设备的额定流量。

10. 管材选择

一般空调供回水干管多采用焊接钢管，当采用开式冷冻水循环系统时，冷冻供回水管宜采用镀锌钢管，与风机盘管连接的支管宜采用镀锌钢管丝扣连接。

冷却水系统管道多采用焊接钢管，连接方式为焊接。

凝结水管可采用镀锌钢管或塑料管。镀锌钢管采用丝扣连接，塑料管采用承插黏接或套箍黏接等形式。但需保证管道直管段不得弯曲。

11. 阀门选择

空调供回水干管阀门宜采用闸板阀或蝶阀，接至风机盘管或空调机组的进出水管控制阀宜采用铜制闸阀或截止阀。

5.3.2 布置

5.3.2.1 布置风机盘管

对各种风机盘管进行布置，可以选择结构形式和安装形式，快速选择合适的风机盘管。

（1）功能：【水系统】→【布置风盘】。可以查看所选择族类型的关键参数。布置界面如图 5.79 所示。

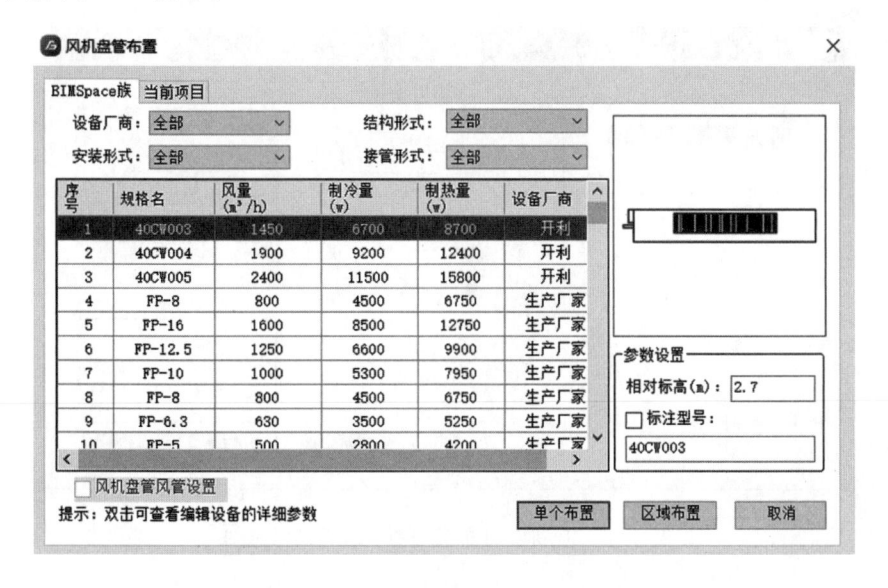

图 5.79 风机盘管布置族界面示意图

(2)操作步骤：根据【设备厂商】【结构形式】【安装形式】【接管形式】过滤选择风机盘管型号。

设置盘管参数为相对标高；在风机盘管表格上双击，即可查看风机盘管的详细信息，如图 5.80 所示。

1）单个布置。可以在平面视图进行任意布置。

2）区域布置。区域布置分为限定个数和限定间距两种，参数设置界面如图 5.81 所示。进入布置命令以后，点击矩形的两个对角点，即可完成布置。

矩形布置效果如图 5.82 所示。

图 5.80　风盘参数界面示意图

图 5.81　风盘区域布置界面示意图

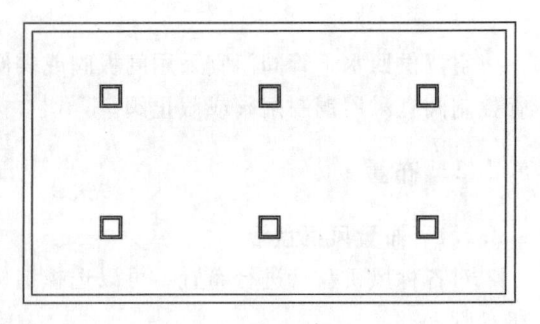

图 5.82　矩形布置效果示意图

该功能支持对用户项目中载入的族进行布置，设置界面如图 5.83 所示。

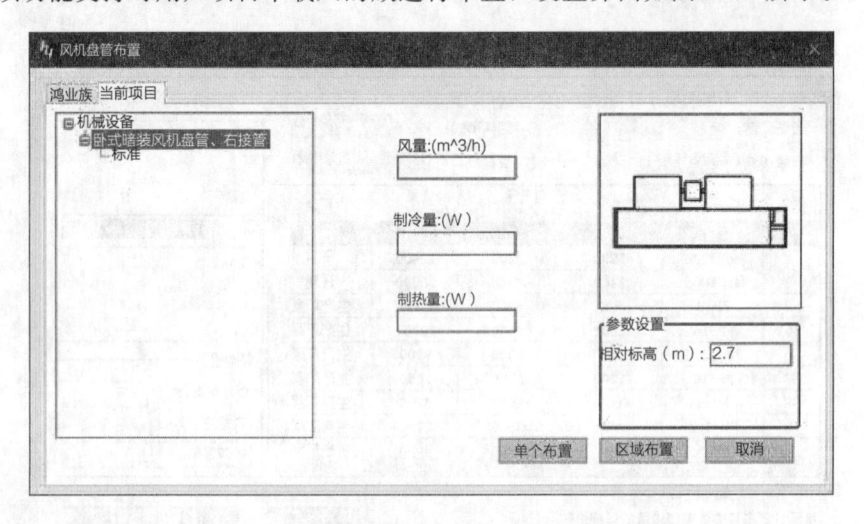

图 5.83　风机盘管布置当前项目界面示意图

可运用软件提供布置方式，布置当前项目中的族。

5.3.2.2 连接风机盘管

提供盘管和管道的连接功能。

(1) 功能：【水系统】→【连接风盘】。

(2) 操作步骤：点击该命令，弹出界面如图 5.84 所示。在此界面中，可对风机盘管接管长度分别进行固定值设定。

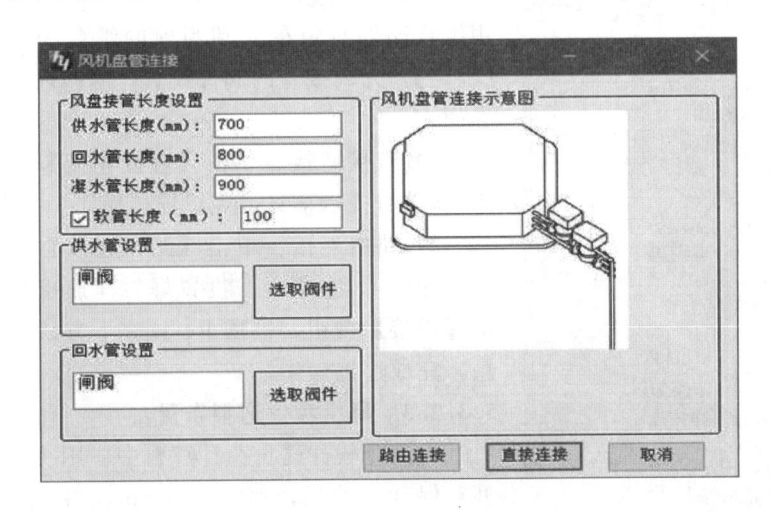

图 5.84 风机盘管连接界面示意图

对于供回水接管的阀件可在阀件族库进行调用。点击【选取阀件】按钮，出现界面如图 5.85 所示。

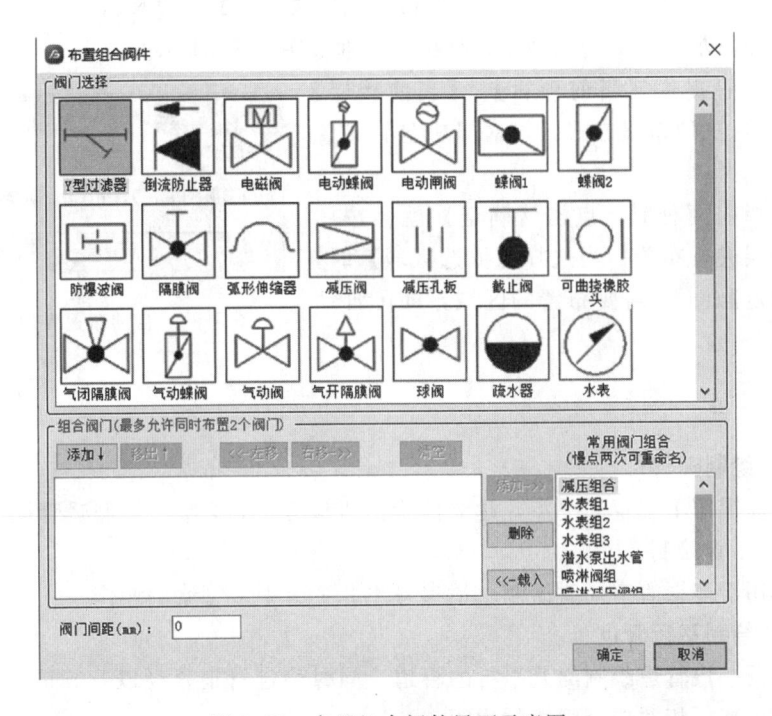

图 5.85 布置组合阀件界面示意图

可选中需要的阀件,通过点击 [添加↓] 或 [移出↑] 按钮进行添加或删除,也可以通过双击某阀件图标的方式来进行添加或者删除。

可通过点击 [添加->>] 按钮将现有的阀件组合添加到常用组合阀件中,慢点两次可对常用阀件组合进行重命名;通过点击【删除】,将常用组合阀件对象进行删除;通过点击 [<<载入] 按钮或快速双击,将所选择的常用组合阀件对象载入到当前的组合阀件中;单击【确定】,完成接管的阀件设置,返回风机盘管连接界面。

1)直接连接。单击【直接连接】按钮,根据 Revit 下方提示信息,完成连接操作。

2)路由连接。单击【路由连接】按钮,弹出界面如图 5.86 所示。设置好界面连接数据后,单击【连接】按钮,根据 Revit 左下方状态栏提示信息,完成连接操作。

5.3.2.3 风机盘管选型布置

将鸿业软件【负荷计算】中应用【风机盘管选型】保存的结果,通过 BIMSpace 中【导入结果】功能进行导入。

通过【风盘选型布置】功能,一键式对保存的风机盘管进行布置。

(1)功能:【负荷】→【风盘选型布置】。

图 5.86 路由连风盘设置界面示意图

(2)操作步骤:单击该命令,弹出对话框如图 5.87 所示。

自动布置提供【当前项目】【当前楼层】【框选区域】三种布置方式,可对风机盘管布置范围进行选择。

当选择前两种时,点击【确定】就会按照项目、楼层进行布置;当选择【框选区域】时,点击【确定】,框选需要布置的区域,即可自动进行布置。

图 5.87 自动布置界面示意图

5.3.3 连接

5.3.3.1 绘制暖管

在平面视图下确定起终点,建立横管。请参考 4.2.2 节中绘制暖管操作。

5.3.3.2 多管绘制

主要用于多根管道同时绘制。请参考 4.2.2 节中多管绘制操作。

5.3.3.3 绘制平行管道

可根据一根管道绘制与其平行的管道,同时确定管道直径以及管道类型、系统类型及其标高、相对选择管道的间距。

（1）功能：【水系统】→【绘制平行管道】。

（2）操作步骤：点击该命令后，提示选择一条管道，弹出界面如图 5.88 所示。

标高、直径和管道类型为默认所选择管道的标高、直径和管道类型。第一列为创建列，通过勾选选择需要创建的管道系统类型。单击【绘制】按钮创建所勾选的管道。标高以及间距均可正可负，用户可自定义输入。

需要注意的是，当管道倾斜时，间距为正，则向上方绘制，当管道垂直时，间距为正，则向左绘制。反则反之，如图 5.89 所示。

勾选多根管道绘制的效果图如图 5.90 所示。

图 5.88 创建平行管道界面

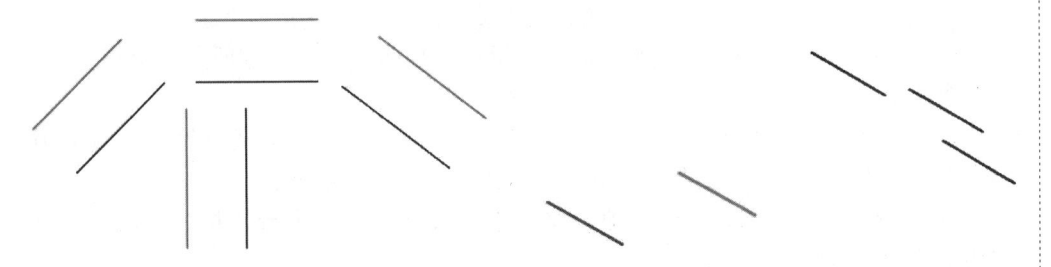

图 5.89 平行管道绘制效果示意图

图 5.90 多根勾选管道平行绘制效果示意图
注：中间管道为所选择的管道。

继续点击其他管道会再次弹出绘制界面，可实现循环绘制，按下"Esc"键会返回到上一步的操作窗口界面，再次填写信息并再次点击【绘制】后可继续绘制该信息的管道。

绘制完成后，连续按两次"Esc"键，退出绘制平行管道命令，或在每次出现第一步的操作窗口时点击【取消】按钮或者在该操作窗口的右上角点击【关闭】按钮也可退出绘制平行管道命令。

5.3.3.4 绘制暖立管

在平面视图下创建暖立管。请参考 4.2.2 节中创建暖立管操作。

5.3.3.5 横立连接

用于立管与水平管道的连接。

（1）功能：【水系统】→【横立连接】。

（2）操作步骤：点击该命令，出现界面如图 5.91 所示。

1）选择连接方式。

2）选择连接三通。

3）根据 Revit 左下方状态栏提示信息进行交互连接操作。

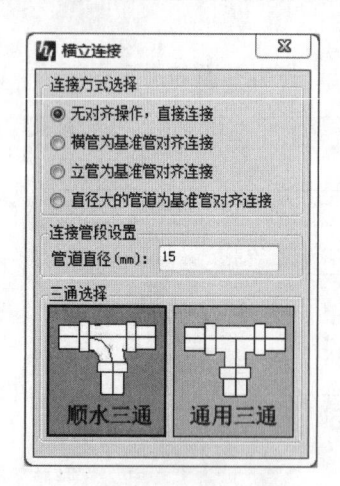

图 5.91 横立连接界面示意图

5.3.3.6 水管连接

用于水管之间的管件连接。请参考 5.2.3.6 节中风管连接操作。

5.3.3.7 水管分类连接

两组水管之间的批量连接，对应的水管要具有相同的系统类型。请参考 5.2.3.7 节中风管分类连接操作。

5.3.3.8 水管自动连接

水管在删除管件后重新连接可以选择自动连接方式，也可用于多根水管直接的连接。请参考 5.2.3.8 节中风管自动连接操作。

5.3.3.9 坡度管连接

主要解决两根水管带有坡度、无法连接的问题。

（1）功能：【水系统】→【坡度管连接】。

（2）操作步骤：带坡度连接有以下三种情况：

1）若两条水管中心线是在水平面上的线段，且同一条直线或两条投影线平行，则不能连接。

2）如果两条水管的投影线有交点，且交点在两条水管上的竖直投影点的 Z 值差小于两条水管较大直径值的 2 倍，则可以连接，否则不能连接。

3）连接时，以两条水管交点值较小的水管坡度为基础进行连接，两根水管可连接条件及具体效果如图 5.92 所示。

5.3.3.10 支管复制

用于在器具上创建连接用的支管。

（1）功能：【水系统】→【支管复制】。

（2）操作步骤：点击该命令，可以将支管复制到其他目标楼层，如图 5.93 所示。

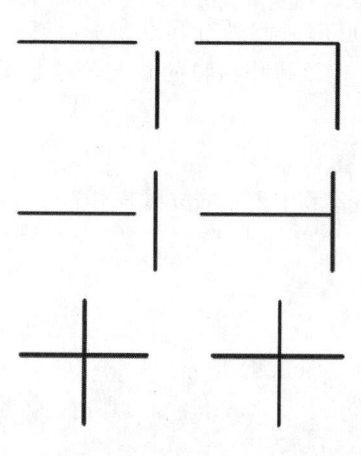

图 5.92 两条水管连接效果

图 5.93 支管复制界面示意图

5.3.4 阀件

5.3.4.1 水管阀件

用于布置水管阀件。

(1) 功能：【水系统】→【水管阀件】。

(2) 操作步骤：点击该命令，出现界面如图 5.94 所示。可通过图片及关键字搜索来找到相应水阀。双击图片，在视图中布置相应水阀。

该功能支持对用户项目中载入的族进行布置，布置界面如图 5.95 所示。可运用软件提供的布置方式布置当前项目中的族。

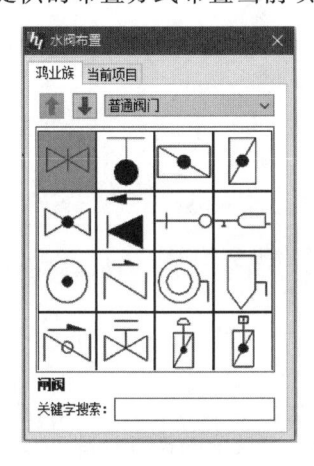

图 5.94　水阀布置鸿业族界面示意图　　图 5.95　水阀布置当前项目界面示意图

5.3.4.2 水管附件

用于布置水管附件。

(1) 功能：【水系统】→【水管附件】。

(2) 操作步骤：点击该命令，出现界面如图 5.96 所示。可通过名称列表、三维列表及关键字搜索来查找相应附件。点击【布置】按钮，在视图中布置相应水管附件。

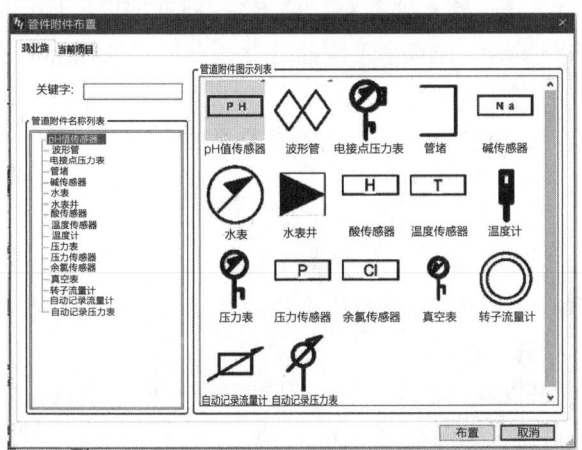

图 5.96　管道附件布置鸿业族界面示意图

该功能支持对用户项目中载入的族进行布置，界面如图 5.97 所示。可运用软件提供的布置方式布置当前项目中的族。

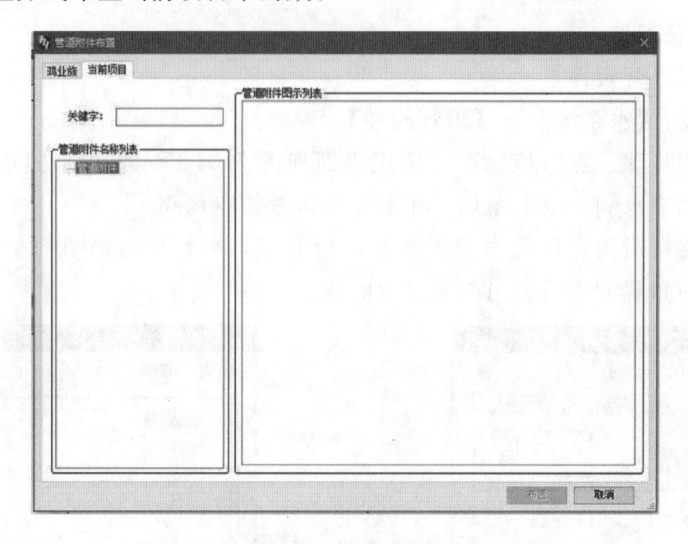

图 5.97 管道附件布置当前项目界面示意图

5.3.5 计算

5.3.5.1 水管水力计算

运用鸿业 BIM 水系统水力计算可以快速地进行水系统的设计计算和校核计算。

（1）功能：【水系统】→【水管水力计算】。该程序可以从模型中提取水系统信息进行自动计算。程序自动计算弯头、三通等管件的局部阻力系数。允许用户对任一管段进行手动的校正，来获取更加优化的系统。计算完成后，同时将水管的计算数据赋回到图面实体，直接调整模型尺寸数据，大大提高了建模效率。利用该计算程序，可以解决在水管水力计算过程中建模烦琐、计算量大的问题。

鸿业 BIM 水系统水力计算主要功能如下：

1）计算核心。自动计算水管管径。该系统分析计算方法在 HYACS 软件中应用多年，经广大用户反馈，计算结果准确可靠。可设置公称直径范围，优化水管尺寸。管件局部阻力系统自动进行计算。

2）系统构造。可以直接从 Revit 模型提取数据，对整个系统进行计算。提取系统时，可直接提取 Revit 模型中的系统名称。图面提取整个系统完成后，可自动对水管进行编号。

3）数据管理。提供手册中的水管管径规格管理。计算出的水管规格均满足手册的要求。管件的局部阻力系数通过拟合公式自动计算，更为准确。计算完成后可点击管道局部阻力项进行查看。

4）操作改进。可以直接在计算界面编辑管段的尺寸数据。也可以选中多条管道，点击【编辑】按钮，实现批量编辑。

5）界面优化。提供菜单、工具条、状态栏等信息，使界面更加美观。在状态栏可以查看当前的计算信息。有快捷键执行快速操作、F5 快捷键进行设计计算、F6 快捷键进行校核计算等。

6). 计算结果。可生成 Excel 格式计算书，计算结果直接赋回模型，自动调整模型尺寸，大大提高设计效率。

7）管道亮显。选中一条管道，Revit 窗口中对应的管道会闪烁，便于观察。

8）操作改进。增加了对水管阀件的提取和调整。

操作具体内容可参考鸿业风系统选项下水力计算操作内容，这里仅作不同处的叙述。

点击【鸿业水系统】系统计算菜单项，根据命令行提示，选中水系统中任意一条管道，弹出窗口如图 5.98 所示。

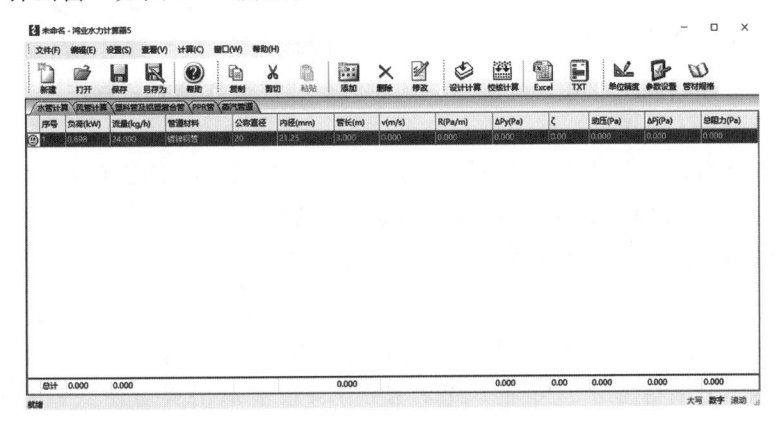

图 5.98 水管水力计算界面示意图

（2）设置。点击水管水力计算窗口中【设置】菜单下的【参数设置】，可以弹出系统参数设置窗口如图 5.99 所示。

（3）水管规格。点击【设置】菜单下的【管径规格】，可以弹出水管规格设置窗口如图 5.100 所示。

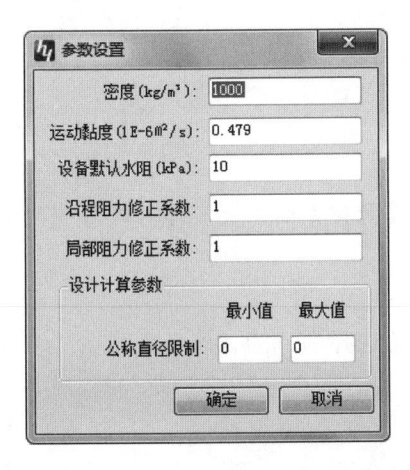

图 5.99 参数设置界面示意图

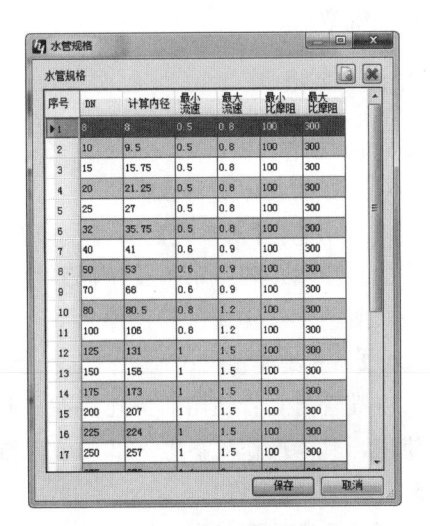

图 5.100 水管规格界面示意图

该窗口中列出了可供选择的水管规格，用户可以通过添加、删除操作来扩充规格列表。

（4）图面提取。点击【编辑】→【图面提取】，或点击者主界面上的 按钮可以切换到 Revit 模型。具体操作为点击选择要计算的分支的起点位置。选择成功后会把整个系统提取出来，显示在界面上。

（5）设计计算。点击【计算】→【设计计算】，或者点击主界面上的 按钮，或者按【F5】快捷键，可实现水系统的设计计算。设计计算会根据流量及计算控制选择合适的水管尺寸。

（6）校核计算。点击【计算】→【校核计算】，或者点击【计算】工具条中的 按钮，程序会根据用户设定的水管管段尺寸对系统进行校核计算。校核计算仅仅根据管段尺寸、流量计算管段流速等其他数据。校核计算时，若用户改变了管段尺寸，修改信息不会丢失。

（7）计算书。点击【计算结果】→【Excel 计算书】，或者点击【计算】工具条中的 按钮，可以输出水管水力计算的 Excel 计算书。

（8）赋回图面。点击【计算结果】→【赋回图面】，或者点击【计算】工具条中的 按钮，可以计算水管管径数据赋回 Revit 模型。

（9）查看模式操作。点击窗口右上方最小化按钮，将计算界面最小化，进入查看模式，界面上闪烁显示选中的风管；按"Esc"键退出查看模式，并显示计算界面。

5.3.5.2 计算结果赋回

可将水管计算的结果赋回到图面管道系统。

（1）功能：【水系统】→【计算结果赋回】。

（2）操作步骤：点击该功能，可以导入计算结果文件进行结果赋回操作，更新管道系统数据。

5.3.6 编辑

5.3.6.1 拉伸

对选择的实体进行拉伸。

（1）功能：【水系统】→【拉伸】。

（2）操作步骤：单击【拉伸】按钮，框选需要拉伸的水管实体，即可按照拖动方向对所选水管实体进行拉伸。

5.3.6.2 三维修剪

将横管与立管使用弯头连接在一起，仅保留选择的一端。该命令可在三维视图下使用，具体操作可参考 2.2.1 节三维修剪。

5.3.6.3 升降偏移

可对管道按照指定的区域及角度进行升降及偏移。请参考 5.2.7.6 节偏移升降操作。

5.3.6.4 自动升降

可根据避让原则一键式框选自动升降。请参考 5.2.7.7 节自动升降操作。

5.3.6.5 管道贴梁

可以自动根据设定的管道与梁或板的间距值调整管道的安装高度。

（1）功能：【水系统】→【管道贴梁】。

（2）操作步骤：点击该命令，可以弹出窗口如图 5.101 所示。

（3）参数说明。

1）【水管顶部距梁底（优先）】。管道顶部距梁底距离取值范围为自然数，不做小数位保留；"优先"是指优先依据梁进行高度调整。

2）【水管顶部距板底】。管道顶部距板底距离取值范围为自然数，不作小数位保留。

5.3.6.6 排列

对多根平行管道进行排列。

（1）功能：【水系统】→【排列】。

（2）操作步骤：点击命令，先在图面选择一根水平基准管，出现界面如图 5.102 所示。

图 5.101 水管高度调整界面示意图

图 5.102 间距设置界面示意图

可选择管中等距、管体等距，选中【管中等距】，即管中心间距；选中【管体等距】，即管外壁的间距，点击【确定】，再框选需要调整位置进行按间距排列的管道，软件会自动按照设定的管道间距调整水平管的水平距离。

需要注意的是，该功能不会影响管道的标高。

5.3.6.7 对齐

用于对管道进行对齐，可选择多种对齐方式。

（1）功能：【水系统】→【对齐】。

（2）操作步骤：

1）横管对齐。选择横管对齐方式后，单击【确定】，点选基准水管，再选择要对齐的横管，即可按要求完成对齐，如图 5.103 所示。可选用顶对齐、中心线对齐、底对齐、边线对齐四种方式。

2）立管对齐。选择立管对齐方式后，单击【确定】，点选基准水管，再选择要对齐的立管,即可按要求完成对齐,如图 5.104 所示。可选用对正、上/下/左/右边缘对齐共五种方式。

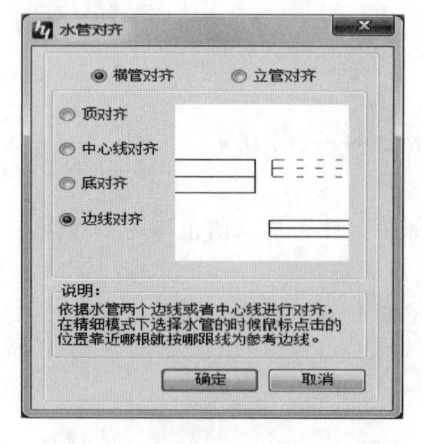

图 5.103 水管横管对齐界面示意图

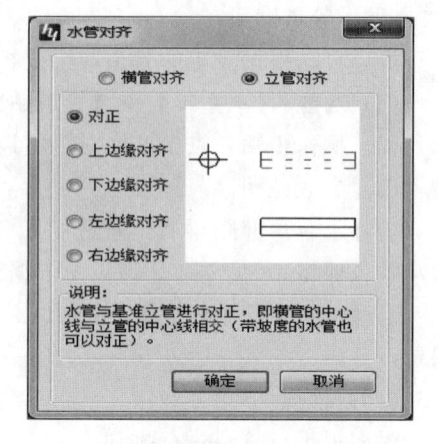

图 5.104 水管立管对齐界面示意图

5.3.6.8 水管编辑

可进行图面水管的编辑。

(1) 功能:【水系统】→【水管编辑】。

(2) 操作步骤:点击该功能,框选目标水管,选择要修改的部分进行修改即可。

5.3.6.9 水管刷

可将源水管的参数选择赋予目标水管。

(1) 功能:【水系统】→【水管刷】。

(2) 操作步骤:点击该功能,点选原水管,框选目标水管,出现界面如图 5.105 所示。勾选相应参数,点击【确定】,即可把原目标勾选的参数赋予目标水管。

图 5.105 属性格式刷界面示意图

5.3.7 绝缘层

5.3.7.1 管道绝热层

主要用于对管道进行保温层的添加,可通过计算方式确定厚度,也可自定义厚度进行添加。

(1) 功能:【水系统】→【管道绝热层】。

(2) 操作步骤:点击该命令,布置界面如图 5.106 所示。通过计算方式确定绝热层厚度,并对绝热层进行添加。选择需要添加的绝热层用途为【保温】或【防结露】,对需要添加保温或防结露的房间进行参数设置。

点击下图位置,可以对工程所在地点进行选择,如图 5.107 所示。

图 5.106　管道绝热层计算厚度界面示意图

图 5.107　管道绝热层工程地点选择界面示意图

点击绝热层材料右侧下拉菜单，可对绝热层材料进行选择，如图 5.108 所示。

软件根据有无采暖及地点可自动匹配出计算水管保温需用的参数（部分可手动修改），并自动计算出绝热层厚度。也可通过自定义方式确定绝热层厚度。厚度确定后，在模型中选择需要添加保温的管道系统，框选该系统内需要添加保温的管道即可快速进行添加，可多次框选进行添加。

按"Esc"键可退出对当前水管系统的添加，重新选择新的水管系统，重复上述步骤。

5.3.7.2　删除绝热层

主要用于对添加的绝热层进行删除。

（1）功能：【水系统】→【删除绝热层】。

（2）操作：点击该命令，在弹出界面中可按系统对绝热层进行删除，在模型中拾取一根管道，与之相连系统上的绝热层都将被删除，可重复进行操作。

水管绝热层可按框选范围进行删除，选择【框选】，模型中选中位置的水管绝热层将被删除，可重复进行操作。

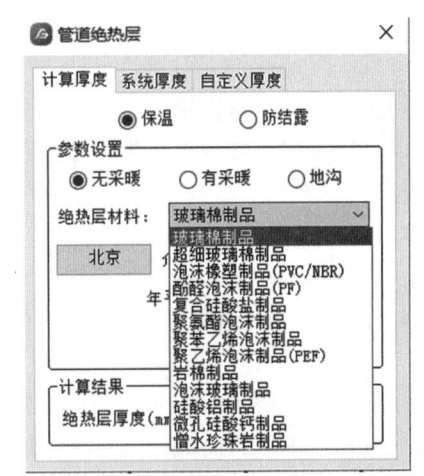

图 5.108　管道绝热层材料选择界面示意图

实训内容：

（1）启动 Revit 软件、鸿业 BIM 软件。

（2）练习水系统布置设置操作。

（3）练习水系统连接设置操作。

（4）练习水系统阀件设置操作。

(5) 练习水系统水力计算设置操作。
(6) 练习水系统编辑设置操作。
(7) 练习水系统绝热层设置操作。
(8) 练习水系统专业标注/协同设置操作。
(9) 练习水系统标注/出图设置操作。
(10) 总结操作规律，填写实训报告。

5.4 多联机系统 BIM 设计实训

实训目的：
(1) 熟悉多联机系统设计内容。
(2) 了解 BIM 软件多联机模块功能。
(3) 熟悉多联机系统设计及制图规范。
(4) 掌握多联机系统 BIM 绘制方法。

实训内容：

5.4.1 多联机系统设计

多联机系统是由室外机组连接多台室内机组成的冷剂式空调系统。适用于具有室内温度不同、室内机启停控制自由、分户计量、空调系统分期投资等个性化要求的建筑物中。

5.4.1.1 多联机系统构成

由室内机、室外机、制冷剂管（气、液管）、凝水管、控制系统构成。

5.4.1.2 多联机系统设计选型

1. 负荷计算

根据客户要求对房间空调面积进行计算（每个功能房间）；空调的冷负荷估算值（W）等于空调面积（m^2）乘以空调单位冷负荷估算指标（W/m^2）。

2. 室内机选型

确定室外机、管道井的大体位置后，管路长度可基本确定，同时，管长修正也可以确定。计算出房间内由室内机负担的冷负荷与热负荷值后，进行修正计算出房间所需额定制冷量、制热量，综合名义制冷、制热量查询室内机规格型号，选取室内机。

室内机形式需根据本身功能房间的特点（层高、装修形式、房间形状、用途、用户资金要求等）进行选择。

3. 室外机选型

根据室内机选型和划分的系统的服务房间，计算室外机的名义制冷量和名义制热量，选择室外机。室外机和室内机的连接容量配比控制在 80%～130% 范围内，若配比不合适，则重新划分系统，重复以上步骤，直到选出合适的室外机为止。

4. 系统划分和布置

对于多联机系统划分时应注意冷媒配管长度和落差的限制、室内外机组的配置比例的要求以及各室外机可连接的最大室内机台数,且同一系统室外机之间的配管应保持水平。

5. 室内外机能力校核

对于同一型号的系统室内机,尽管在技术资料中标定了其制冷(暖)能力,但是由于各种实际使用状况会对其最终能力产生影响;故必须在初步选定室内外机组的条件下进行能力校验。室内机实际能力计算公式为

室内机实际能力=修正后室外机额定能力×(室内机能力/系统室内机总能力)

如果室内机的实际能力低于设计标准,应对室内机进行重新选择并进行核算,直到满足设计标准为止。

6. 冷凝水管设计计算

空调机在制冷运行的过程中,由于盘管温度过低,其附近空气中的水蒸气遇冷,在盘管表面凝结成小水珠。根据经验值,每1kW冷负荷每1小时约产生0.4kg左右冷凝水;在潜热负荷较高的场合,每1kW冷负荷每1小时约产生0.8kg冷凝水;换算成流量为每匹冷量每1小时产生2L左右冷凝水。冷凝水管管径也可按表5.3进行选择。

表5.3　　　　　　　　　　　冷凝水管管径选择表

末端设备冷量 Q/kW	冷凝水管的公称直径 DN/mm
≤7.0	20
7.1～17.6	25
17.7～100.0	32
101.0～176.0	40
177.0～598.0	50
599.0～1055.0	80
1056.0～1512.0	100
1513.0～12462.0	125
≥12463.0	150

水管管路应设计简单、尽可能短,排水就近排放到附近卫生间;水管沿水流方向有不小于3‰的坡度,且不允许有积水部位;为防止冷凝水管道表面结露,管道应保温或选择传热性能较差的PVC(U-PVC)管;冷凝水立管的顶部应设计通向大气的透气管。

5.4.1.3 多联机系统设计要求

多联机系统对室内外机的高差、内机之间的高差、配管连接总长度、分歧管到室内机的长度等均有要求,设计选型时需要符合各品牌多联机设备相关参数要求。

5.4.2 设置

可对分歧管样式、自动连管长度、标注样式及厂家进行设置。

（1）功能：【多联机】→【设置】。

（2）操作步骤：点击命令后软件弹出界面如图5.109所示。可对界面参数进行设置，方便后续功能正确调用。

5.4.3 室内机

可对室内机进行选型，快速完成布置工作，并可进行标注。

（1）功能：【多联机】→【室内机】。

（2）操作步骤：点击命令后软件弹出界面如图5.110所示。

1）点击【布置室内机】功能，弹出界面。

2）选择需要布置的室内机型号。

3）可以输入承担负荷值，或通过按钮返回图形选择空间提取负荷，查看所需室内机台数。

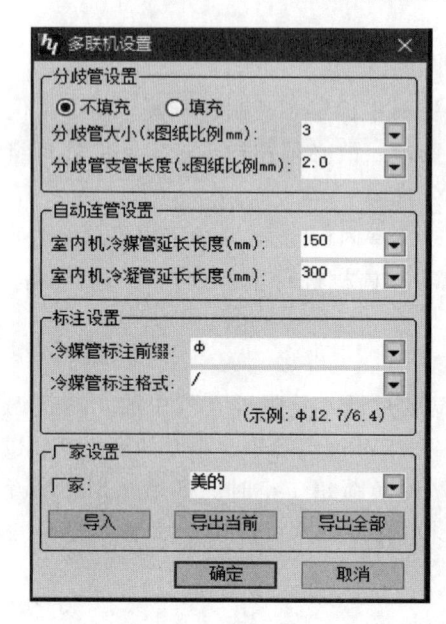

图5.109 多联机设置界面示意图

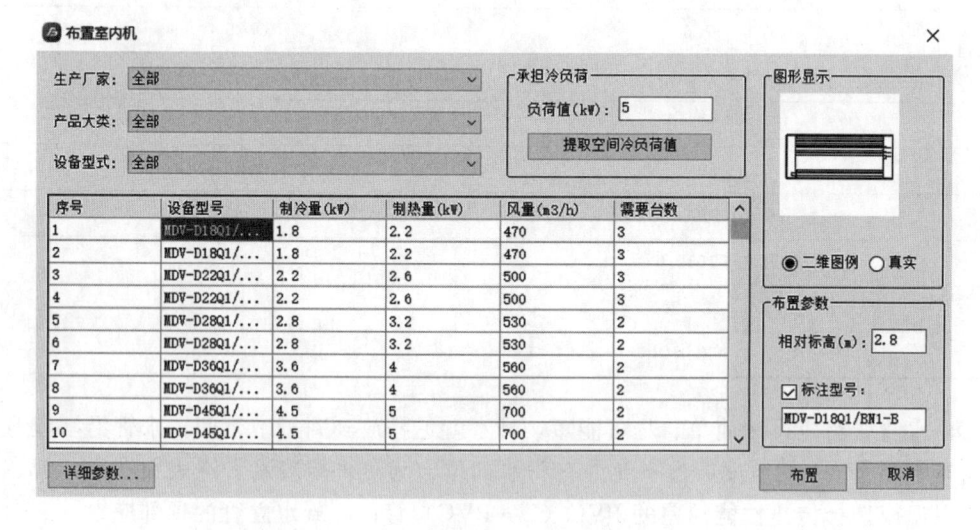

图5.110 布置室内机界面示意图

4）通过切换二维图例来查看示意图。

5）选择合适的室内机型号，可以点击【详细参数…】按钮，查看详细参数情况。

6)设定标高及是否标注型号,或修改标注内容。

7)最后布置设备,支持连续布置,可通过"Esc"命令返回主界面。

5.4.4 室外机

可对室外机进行选型,快速完成布置工作,并可进行标注。

(1)功能:【多联机】→【室外机】。

(2)操作步骤:点击命令后软件弹出界面如图 5.111 所示。

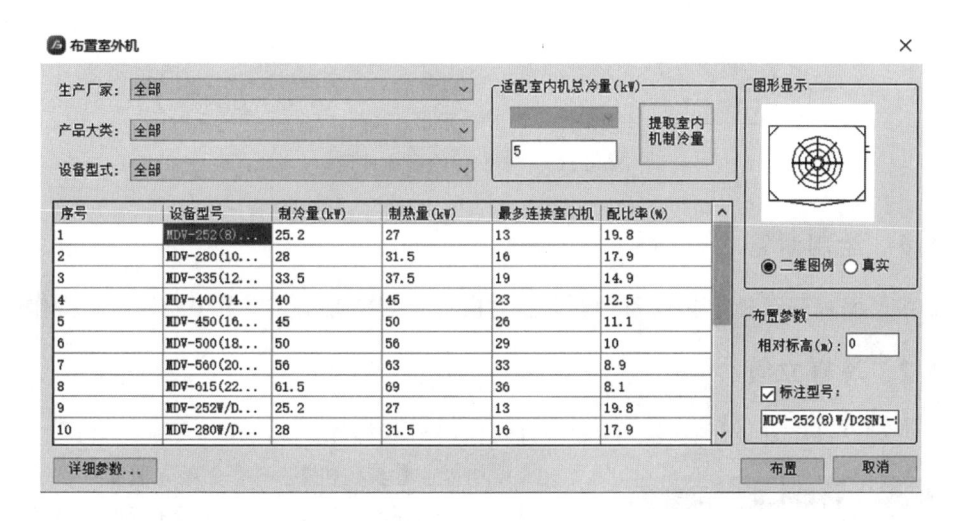

图 5.111 布置室外机界面示意图

1)点击【布置室外机】功能,弹出界面。

2)选择需要布置的室外机型号。

3)可以输入适配冷量值,或通过按钮返回图形选择多台室内机提取制冷量,查看各型号计算的配比率。

4)通过切换二维图例来查看示意图。

5)选择合适的室外机型号,可以点击【详细参数…】按钮,查看详细参数情况。

6)设定标高及是否标注型号,或修改标注内容。

7)最后布置设备,支持连续布置,可通过"Esc"命令返回主界面。

5.4.5 冷媒管

可对冷媒管管道信息进行设置、绘制。不仅支持气液一体绘制成一根冷媒管形式,也支持气液分开绘制。

(1)功能:【多联机】→【冷媒管】。

(2)操作步骤:点击命令后软件弹出界面如图 5.112、图 5.113 所示。

图 5.112 冷媒横管界面示意图

第5章 空气调节系统设计

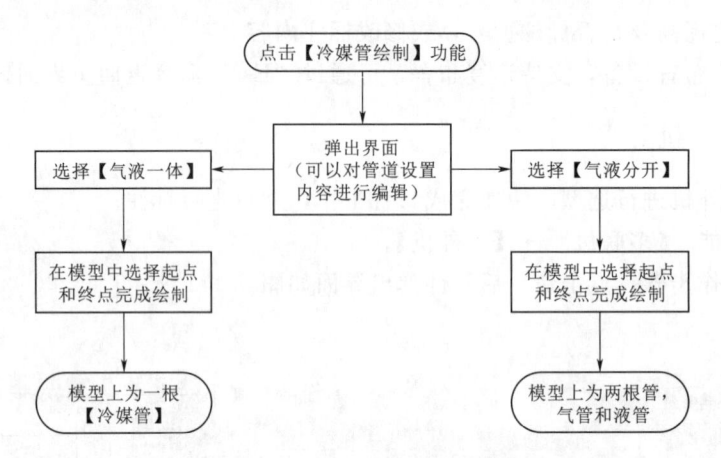

图5.113 冷媒管绘制流程图

5.4.6 绘制暖管

在平面视图下确定起点和终点,建立横管。请参考4.2.2节中绘制暖管操作。

5.4.7 冷媒立管

可对冷媒立管进行定位、绘制,并可同时进行标注。

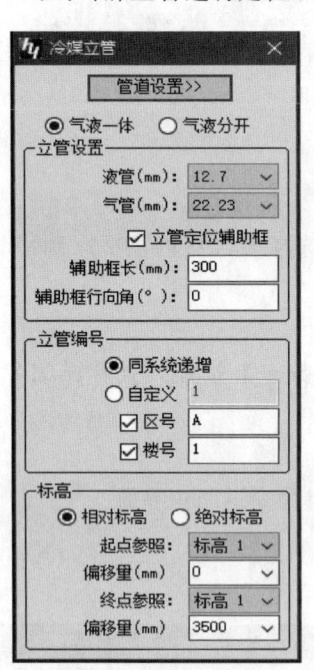

(1) 功能:【多联机】→【冷媒立管】。

(2) 操作步骤:点击命令后软件弹出界面如图5.114所示。

1) 点击【冷媒立管】功能,弹出界面。

2) 选择需要绘制的立管。

3) 设定标高及是否绘制辅助框。

4) 选择模型合适位置绘制冷媒立管。

5.4.8 分歧管

用分歧管对冷媒管进行连接。点击两根管道,可快速生成所需分歧管。

(1) 功能:【多联机】→【分歧管】。

(2) 操作步骤:点击命令后,选择主管,再选择支管,完成连接。

5.4.9 连接设备

框选设备及管道,可将室内外机与冷媒管进行快速连接。

(1) 功能:【多联机】→【连接设备】。

(2) 操作步骤:点击命令后软件弹出界面如图5.115所示。

图5.114 冷媒立管界面示意图

1) 点击【连接设备】功能，弹出窗口，同时命令行提示："请框选要连接的多联机和管道"。

2) 选择模式采用框选立刻返回模式，成功选择后，程序先判断选择实体情况，因不支持立管连接，所以程序会先过滤掉立管。根据不同情况及界面设置选项进行相应的连接。如果需要用分歧管，则提示："请选取主管端方向"。连接完毕后，继续命令行提示下一次连接。

若选择实体中有室外机，则按室外机位置确定主管端方向，此时，系统不再提示选择主管端方向，如图中圈注位置，如图 5.116 所示。

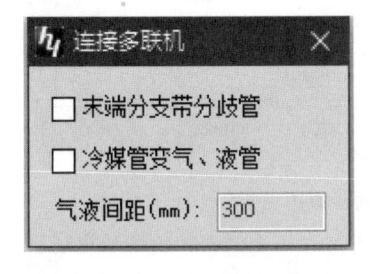

图 5.115 连接多联机界面示意图

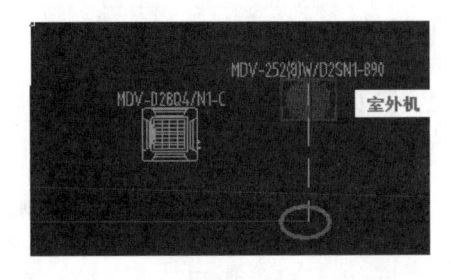

图 5.116 按室外机位置确定主管端方向效果示意图

若选择实体中有多台室外机，室外机主管端的选择需根据任一台室内机位置来确定，如果没有室内机，则提示选择主管端位置。

3) 选择实体中，如果符合以下情况则不支持连接：①没有任何室内机或室外机；②没有选择任何管道；③冷媒管、气管、液管、冷凝管任何类型管道超过1根；④同时有冷媒管和气液管；⑤只有冷凝管和室外机。并分别弹出消息框提示相应不同的错误信息，确定后继续进行下一次选择实体、连接操作。

5.4.10 系统划分

可对室内机进行系统划分，得到该区域制冷量，自动匹配出所需室外机，并可调用室外机功能进行布置。

(1) 功能：【多联机】→【系统划分】。

(2) 操作步骤：点击命令后软件弹出界面如图 5.117 所示。

1) 点击【系统划分】功能，弹出系统划分界面。

2) 新建或管理分区。

3) 通过选择设备或添加设备隐藏窗口，返回视图中选择多联机设备，添加到当前分区列表中，并更新下面总制冷量值和右侧室外机配比率。

4) 系统分区的确认和保存需要通过点击【确认系统划分】按钮来实现。

5) 划分分区后，可以在右侧的选型室外机列表中查看，并选择合适的室外机型号。然后可以通过点击【布置室外机】按钮，直接转到布置室外机界面，并且在布置室外机界面中自动选中当前选择的室外机型号，便于直接布置。布置完毕后，可再返回系统划分界面。

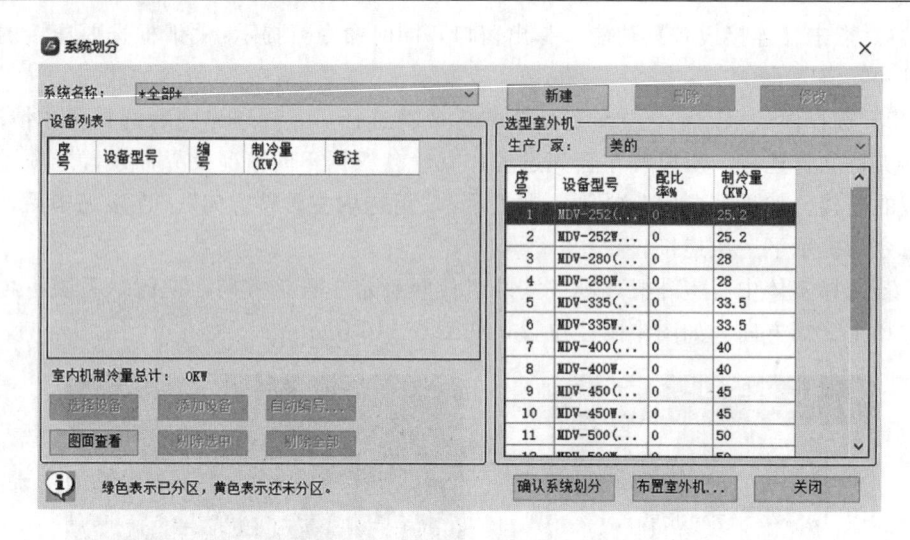

图 5.117　系统划分界面示意图

5.4.11　系统计算

对多联机系统进行计算，并可完成对整个系统的校核。

(1) 功能：【多联机】→【系统计算】。

(2) 操作步骤：点击命令后，拾取系统，弹出界面如图 5.118 所示。

1) 点击【系统计算】命令。

2) 选择多联机系统中任一管道，弹出系统计算窗口。

3) 显示提取的管道、设备列表。

4) 提取后，通过【自动计算】功能，可根据选择的配管规则自动计算管道管径和分歧管型号，并提示是否赋回图形。

5) 计算时，同时可以检查配管规则中一些警告限值和进行设备实际能力校核计算，结果及警告提示都输出在提示区域。

6) 对于计算后的结果，也可以手动再修改管径或分歧管型号，修改后，通过点击【手动调整赋回】按钮再次写入图形。

7) 对于不同厂家可以使用不同的配管计算规则，通过点击【计算规则】按钮，打开计算规则界面，在计算规则界面中，可以修改当前规则参数，或切换使用其他计算规则。

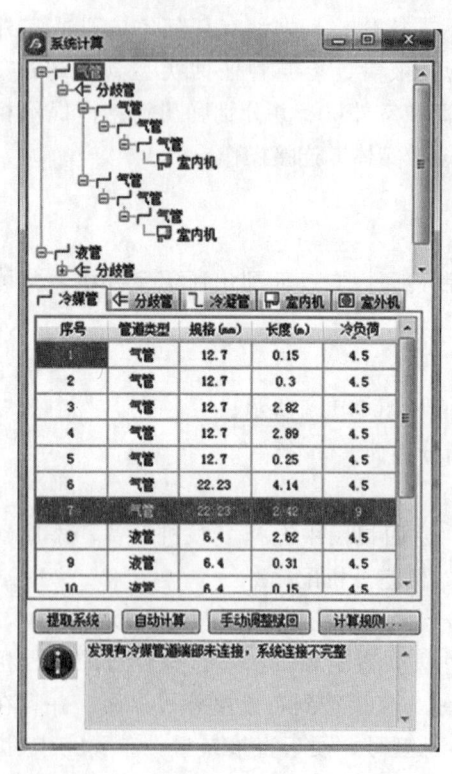

图 5.118　系统计算界面示意图

5.4.12 冷媒管标注

对冷媒管进行标注。

（1）功能：【多联机】→【冷媒管标注】。

（2）操作步骤：点击命令后软件弹出界面如图5.119所示。

1）点击【冷媒管标注】功能，弹出界面。

2）选择是否需要对管径进行赋值以及标注位置。

3）框选需要标注的管道。

4）按"Esc"键退出功能。

5.4.13 冷凝管标注

对冷凝管进行标注。

（1）功能：【多联机】→【冷凝管标注】。

（2）操作步骤：点击命令后软件弹出界面如图5.120所示。

图 5.119 冷媒管标注界面示意图　　图 5.120 冷凝管标注界面示意图

1）点击【冷凝管标注】功能，弹出界面。

2）选择是否需要对管径进行赋值以及标注位置。

3）框选需要标注的管道。

4）按"Esc"键退出功能。

5.4.14 立管标注

管道上显示系统类型的缩写。请参考2.10.2节水系统标注操作。

5.4.15 多联机标注

对多联机进行标注。

（1）功能：【多联机】→【多联机标注】。

（2）操作步骤：点击命令后软件弹出界面如图 5.121 所示。

1）点击【功能】按钮，弹出界面，进行选择设置。

2）框选需要标注的室内机或室外机。

3）完成标注。

5.4.16 编号标注

对多联机进行编号标注。

（1）功能：【多联机】→【标注编号】。

（2）操作步骤：点击命令后，选择需要标注的室内机、室外机，软件弹出界面如图 5.122 所示。

1）点击【标注编号】功能。

2）拾取需要标注的室内机、室外机，如图 5.123 所示。

3）拾取后弹出界面如图 5.124 所示。

界面中的文本自动读取室内机或室外机中的"分区编号"参数并显示在文本中，用户可以手动修改内容；当室外机或室内机无此共享参数时，界面中的文本对话框为空，用户可以手动输入。

图 5.121 多联机标注示意图

图 5.122 多联机标注编号界面示意图

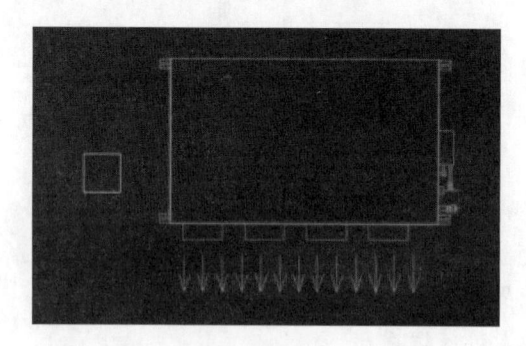

图 5.123 拾取需要标注室内机、室外机效果示意图

图 5.124 自动显示分区编号效果示意图

4）点击界面上标注，在模型合适位置放置。

5）可以继续拾取下一个设备，进行编号标注。

6）按"Esc"键退出命令。

实训内容：

(1) 启动 Revit 软件、鸿业 BIM 软件，熟悉软件界面。

(2) 练习设置操作。

(3) 练习室内机设置操作。

(4) 练习室外机设置操作。

(5) 练习冷媒管设置操作。

(6) 练习绘制暖管设置操作。

(7) 练习冷媒立管设置操作。

(8) 练习分歧管设置操作。

(9) 练习连接设备操作。

(10) 练习系统划分设置操作。

(11) 练习系统计算设置操作。

(12) 练习冷媒管标注设置操作。

(13) 练习冷凝管标注设置操作。

(14) 练习立管标注设置操作。

(15) 练习多联机标注设置操作。

(16) 练习编号标注设置操作。

(17) 总结操作规律，填写实训报告。

第6章 通风系统设计

6.1 通风系统设计实训

实训目的:
(1) 熟悉通风系统工作原理。
(2) 掌握通风系统设计内容。

实训内容:

6.1.1 通风系统工作原理

通风的目的是减少区域内的湿气、异味、烟尘、细菌及二氧化碳,并补充氧气。通风也包括建筑物内的空气循环,避免室内气体停滞,是维持室内空气品质的重要因素之一。采用循环空气的目的是在节能的前提下,保证室内的温度和风速分布比较均匀。送、排风量的大小和送、排风口的布置对通风房间的空气温度、湿度、速度和污染物浓度的分布影响极大。合理地布置送、排风口及分配送、排风量称为室内的气流组织。

6.1.2 通风系统功能

(1) 用室外的新鲜空气更新室内由于居住及生活过程而污染了的空气,以保持室内空气的洁净度达到某一最低标准的水平。
(2) 增加体内散热及防止因皮肤潮湿引起的不舒适,此类通风可称为热舒适通风。
(3) 当室内气温高于室外的气温时,使建筑构件降温,此类通风称为建筑的降温通风。

6.1.3 通风系统应用领域

通风系统可应用领域较广,部分应用领域见表6.1。

表 6.1　　　　　　　　通风系统应用领域

应用领域	举　例
地下空间	城市轨道交通(含地铁)、地下综合体、隧道、人防工程等
洁净技术	半导体工业、精密机械、宇航、印刷、医药、制药、基因工程等

续表

应用领域	举例
安全通风	矿井通风、防火排烟、防恐怖袭击通风等
工业建筑通风	卷烟厂、汽车制造、铸造车间等
农业领域	蔬菜大棚、规模化养殖、植物园、动物园等
特殊领域	水电站、通信机房等

6.1.4 通风系统设计的基本任务

首先，根据生产工艺和建筑物对通风系统的要求，确定通风系统的形式、风管的走向、在建筑空间内的位置以及风口的布置，并选择风管的断面形状和风管的尺寸（对于公共建筑，风管高度的选取往往受到吊顶空间的制约）；然后计算风管的沿程（摩擦）压力损失和局部压力损失，最终确定风管的尺寸并选择通风机或空气处理机组。

实训步骤：

对通风系统按以下流程进行设计：

(1) 仔细阅读设计任务书和已提供的相关资料，了解设计要求。

(2) 根据设计需要收集设计原始资料。

(3) 方案确定。根据要求控制的有害物种类及危害性、散发点及散发量、法定控制标准、可行的技术及设备、允许的现场空间和条件、运行和维护的方便性、捕集的有害物的处理及可能的投资及运行费用等技术和经济综合指标来确定通风方案。

(4) 针对所确定的方案划分系统及系统布置。系统划分的一般原则如下：

1) 对送风参数要求相同或相近的可作为一个系统。

2) 对排除的有害物可用同一种净化或回收设备的可作为一个系统。

3) 可以不做空气处理或净化的可作为一个系统。

4) 同一运行时间、同一流程的可作为一个系统。

5) 两种或两种以上的有害物混合后会产生燃烧、爆炸、腐蚀、凝结等危害或可能性的或散发危险性物质的、要求防止交叉感染的，以及有其他特殊要求的应单独设系统。

(5) 通风量设计计算。针对所确定的方案划分系统，计算各系统所需的通风量。通风量按每人每小时需要的新风量计算或按换气次数计算。

1) 按每人每小时需要的新风量计算是根据室内经常活动的人数确定，国家规定保证每人不小于 $30m^3/h$ 的新风量。例如，一个家庭有 4 口人，房间每小时所需要的风量应不低于 $120m^3/h$。

2) 按换气次数计算，一般来说家庭住宅换气次数一般在每小时 1~2 次，公共场所因为人流大，换气次数一般选择每小时 3~5 次。对于特殊行业，如医院的手术室、特护病房、实验室、工厂的车间等，要按照国家的相关规范要求来确定所需要的新风量。

通过系统的风量与热量平衡计算，确定送风参数、送风系统，选择净化设备和风机。

(6) 确定通风系统的气流组织形式。通风效果的好坏不仅取决于通风量的大小，还与气流组织是否合理密切相关，合理的气流组织可以用较小的通风量达到很好的控制效果。气流组织是通过合理选用送、排风口的数量、位置及形式来实现的，相关设计计算可参考空调工程的有关内容。对于通风系统而言，气流组织的基本原则是：

1) 排风口应尽量靠近有害物源或有害物浓度高的区域，把有害物迅速从室内排出。

2) 送风口应尽量接近人员工作地点。送入通风房间的清洁空气，要先经过人员工作地点，再经污染区域排至室外。

3) 在整个通风房间内，尽量使送风气流均匀分布，减少涡流，避免有害物在局部地区的积聚。

通风管道输送空气需要在建筑物外墙上打孔，作为进风口与出风口。外墙风口一般使用不锈钢或者塑料制成，不锈钢外墙风口使用最为普遍，可以防雨、防蚊虫及其他小动物和阻挡灰尘杂物，也可作为室内通风系统、空调系统的出风口。

(7) 风管设计。布置系统风管和设备，在确定了系统的风量、风口及设备位置后，要设计通风管道来将其连成系统。风管设计不仅要给出各段风管的尺寸，还要计算出系统的总阻力，以便选择通风机。

1) 选择合理的空气流速。风管内的风速对系统的经济性有较大影响。流速高，风管断面小，材料消耗少，建造费用小；但系统压力损失增大，动力消耗增加，有时还可能加速管道的磨损。流速低，压力损失小，动力消耗少；但风管断面大，材料和建造费用增加。对除尘系统，流速过低会造成粉尘沉积，堵塞管道。

2) 合理选择设计管道的风量和风压两个重要参数。风量设计是为了确定送风管道截面积大小，风管设计应尽可能小，同时保证主管风速不低于 5m/s，支管风速不低于 3m/s。

风管计算公式为

$$\frac{\text{所选设备风量}}{3600 \times \text{风速}} = \text{风管截面积}$$

一般情况下，应保证风管的长边与短边之比小于等于 4，特殊情况可大于 4。

风压设计也叫机外静压，是为了计算在送风过程中克服阻力所需的参数。简单来说，就是能将风输送某一距离所需的动力。风压估算值在弯头、三通、变径等较少的情况下，每米的风压损失按 8Pa 左右计算。

(8) 选择风机计算。选择风管材料，选定风机型号。根据设计流量和阻力计算的结果就可以按照产品样本选择风机。

(9) 绘制施工图。

实训题目：

1. 某办公楼地下车库通风排烟设计

某工程位于市中心，为营业及办公建筑。地下一层为车库，建筑面积 $2700m^2$，层高 3.2m，停车位超过 300 个，防火类别为一级，分四个防火分区，每个防火分区分为八个防烟分区。动力与能源完备，照明用电充足，自来水和天然气由城市管网供应。试对该办公楼地下车库进行通风排烟设计。

2. 某地下车库通风及排烟系统设计

某地下车库为负一层，抗震设防类别为丙类，建筑面积为 $13189.00m^2$，防火设计的建筑分类为地下车库，建筑耐火等级为一级，建筑防水等级为一级，合理使用年限为 50 年，抗震设防烈度为七度，建筑层高为 3.3m。试对该地下车库的通风及排烟系统进行设计。

3. 某电机公司电镀车间通风系统工程设计

车间为单层电镀车间，建筑面积为 $1088.6m^2$。车间分为生产部和辅助部分。生产部分包括准备部、喷砂部、抛光部、溶液配置室、电镀部等，辅助部分为发电室、生活间等。试对该电机公司电镀车间通风系统工程进行设计。

4. 某加工车间通风除尘设计

某加工车间内有 $1^\#$、$2^\#$、$3^\#$、$4^\#$、$5^\#$ 工作台，高度均为 1m。已知 $1^\#$、$2^\#$ 工作台均是磨削机，尺寸为 $0.5m\times0.5m$；$3^\#$ 工作台为振动筛，尺寸为 $1.0\times0.8m$；粉尘散发速度为 0.7m/s，周围气流干扰速度 $v=0.4m/s$；$4^\#$、$5^\#$ 工作台为高温炉，尺寸为 $1.0m\times1.0m$，炉内温度为 450℃，室温为 20℃。所处理粉尘粒径主要分布在 $10\sim20\mu m$。房间层高为 8.0m，窗台高度为 0.9m，窗户高为 5.0m。试对该加工车间进行通风除尘设计。

6.2 通风系统 BIM 设计实训

实训目的：

(1) 了解 BIM 软件通风模块功能。
(2) 熟悉通风系统设计及制图规范。
(3) 掌握通风系统 BIM 绘制方法。

实训内容：

6.2.1 通风管道设计计算

(1) 确定通风除尘系统方案，绘制管路系统轴测图。
(2) 对管路系统分段，注明并对管段长度、风量管部件位置等进行编号。
(3) 假定管路系统不同管段的风速。
(4) 根据假定速度和已知管段的风量确定各管段管径，计算管路阻力。
(5) 通风除尘系统中的各并联支管的阻力平衡计算，其差值不宜大于 10%；一般通风系统管路阻力不超过 15%。

(6) 计算系统管路总阻力。

(7) 除尘设备和通风机的选择。

6.2.2 系统设置

方便地在 Revit 平台上获得类似于 CAD 平台上 MEP 软件的设置体验，包括参数设置、管件设置、类图层设置等内容。

(1) 选择：【风系统】→【系统设置】。

(2) 操作步骤：在风系统下点击【系统设置】按钮，选择后会弹出界面如图 6.1 所示。

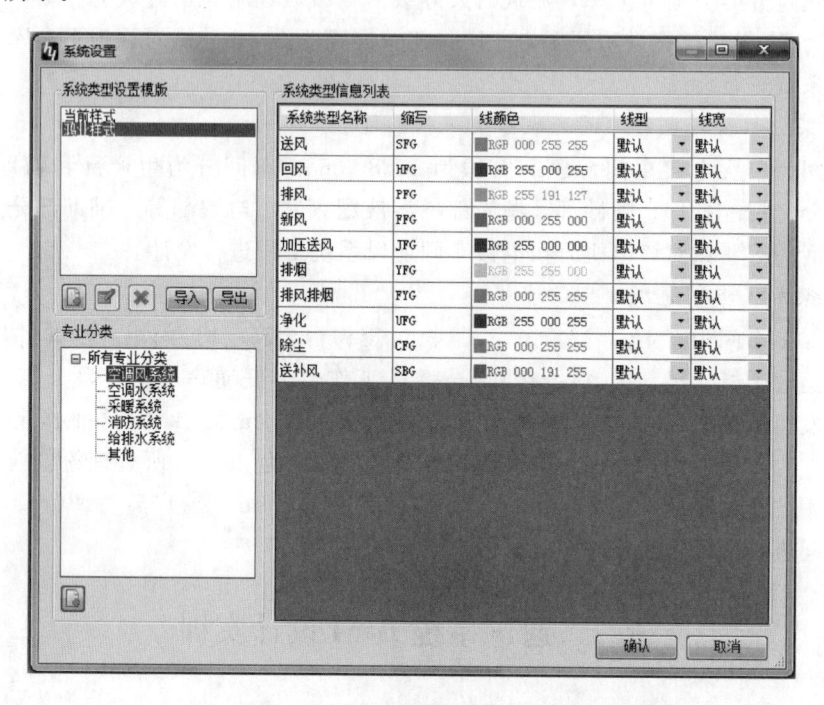

图 6.1 通风系统设置界面示意图

图 6.2 添加系统类型界面示意图

系统类型设置模板下方依次为复制按钮、修改按钮、删除按钮、【导入】按钮、【导出】按钮。选中默认模板（即经典配置）时，复制按钮、修改按钮、删除按钮灰显、禁用。

点击复制按钮可以复制选中模板的全部信息；点击修改按钮可修改类型模板的名称；点击删除按钮可删除选中模板的所有信息；点击【导入】按钮可从外部导入已有的模板配置；点击【导出】按钮可导出所有配置信息。

专业分类下，为添加按钮，点击后显示窗口如下，可添加类型信息，如图 6.2 所示。

6.2.3 布置通风风口

请参考 5.2.2.4 节对通风系统各种风口进行布置。

6.2.4 布置通风风管

请参考 5.2.3.1 节风管计算及 5.2.3.2 节绘制风管内容进行绘制。

6.2.5 布置风机

对各种风机进行布置并支持项目族，可以在界面中输入相关外形参数，请参考 5.2.5.1 节布置风机操作。

6.2.6 连接

6.2.6.1 风管连风口

请参考 5.2.3.4 节风管连风口操作。

6.2.6.2 风管连接

请参考 5.2.3.6 节风管连接操作。

6.2.6.3 连接风机

进行风机与风管的连接，请参考 5.2.5.2 节连接风机操作。

6.2.7 标注

请参考 2.10.3 节风系统标注操作。

6.2.7.1 风管标注

对风管进行标注，标注内容可以从标注界面选取。

6.2.7.2 风口标注

对风口进行标注，标注的内容为风口的风量、名称、尺寸、数量。

6.2.7.3 风口间距

对风口与轴网、墙进行尺寸标注、定位。

6.2.7.4 设备标注

对风机、其他设备进行标注。其他设备标注内容为自定义。

实训内容：

(1) 启动 Revit 软件、鸿业 BIM 软件。
(2) 练习通风系统设置操作。
(3) 练习通风口设置操作。
(4) 练习通风管设置操作。
(5) 练习通风机设置操作。
(6) 练习通风系统连接设置操作。
(7) 练习通风系统标注设置操作。
(8) 总结操作规律，填写实训报告。

参 考 文 献

[1] 中华人民共和国住房和城乡建设部，中华人民共和国国家质量监督检验检疫总局. 民用建筑供暖通风与空气调节设计规范：GB 50736—2012 [S]. 北京：中国建筑工业出版社，2012.

[2] 中华人民共和国住房和城乡建设部，中华人民共和国国家质量监督检验检疫总局. 公共建筑节能设计标准：GB 50189—2015 [S]. 北京：中国建筑工业出版社，2005.

[3] 中华人民共和国住房和城乡建设部，中华人民共和国国家质量监督检验检疫总局. 工业建筑供暖通风与空气调节设计规范：GB 50019—2015 [S]. 北京：中国计划出版社，2015.

[4] 国家市场监督管理总局，中国国家标准化管理委员会. 室内空气质量标准：GB/T 18883—2022 [S]. 北京：中国标准出版社，2022.

[5] 中华人民共和国生态环境部，中华人民共和国国家质量监督检验检疫总局. 环境空气质量标准：GB 3095—2012 [S]. 北京：中国环境科学出版社，2012.

[6] 中华人民共和国住房和城乡建设部，国家市场监督管理总局. 民用建筑工程室内环境污染控制规范：GB 50325—2020 [S]. 北京：中国计划出版社，2020.

[7] 中华人民共和国住房和城乡建设部，国家市场监督管理总局. 绿色建筑评价标准：GB/T 50378—2019 [S]. 北京：中国建筑工业出版社，2019.

[8] 中华人民共和国住房和城乡建设部. 辐射供暖供冷技术规程：JGJ 142—2012 [S]. 北京：中国建筑工业出版社，2012.

[9] 中华人民共和国住房和城乡建设部. 低温辐射电热膜供暖系统应用技术规程：JGJ 319—2013 [S]. 北京：中国建筑工业出版社，2013.

[10] 中华人民共和国住房和城乡建设部. 低温辐射电热膜：JG/T 286—2010 [S]. 北京：中国标准出版社，2010.

[11] 中华人民共和国国家质量监督检验检疫总局，中国国家标准化管理委员会. 铸铁供暖散热器：GB/T 19913—2018 [S]. 北京：中国标准出版社，2018.

[12] 中华人民共和国国家质量监督检验检疫总局，中国国家标准化管理委员会. 钢制采暖散热器：GB/T 29039—2012 [S]. 北京：中国标准出版社，2013.

[13] 国家市场监督管理总局，中国国家标准化管理委员会. 风机盘管机组：GB/T 19232—2019 [S]. 北京：中国标准出版社，2019.

[14] 国家市场监督管理总局，中国国家标准化管理委员会. 房间空气调节器：GB/T 7725—2022 [S]. 北京：中国标准出版社，2022.

[15] 国家市场监督管理总局，中国国家标准化管理委员会. 单元式空气调节机：GB/T 17758—2023 [S]. 北京：中国标准出版社，2023.

[16] 中华人民共和国国家质量监督检验检疫总局，中国国家标准化管理委员会. 多联式空调（热泵）机组：GB/T 18837—2015 [S]. 北京：中国标准出版社，2015.

[17] 中华人民共和国卫生部. 工业企业设计卫生标准：GBZ 1—2010 [S]. 北京：人民卫生出版社，2010.

[18] 中华人民共和国住房和城乡建设部. 通风管道技术规程：JGJ/T 141—2017 [S]. 北京：中国建筑工业出版社，2017.

[19] 陆亚俊. 暖通空调 [M]. 3版. 北京：中国建筑工业出版社，2015.
[20] 黄翔. 空调工程 [M]. 3版. 北京：中国机械工业出版社，2017.
[21] 秦学礼. 空气调节设计手册 [M]. 3版. 北京：中国建筑工业出版社，2017.
[22] 戴路玲. 空调系统及设计实例 [M]. 2版. 北京：化学工业出版社，2016.
[23] 姜湘山，李刚. 暖通空调设计实例指导 [M]. 北京：中国机械工业出版社，2016.
[24] 郑瑞澄，路宾，李忠，等. 太阳能供热采暖工程应用技术手册 [M]. 北京：中国机械工业出版社，2012.